2016—2020 年

海南省生态环境质量报告

海南省生态环境监测中心 / 编

中国环境出版集团 · 北京

图书在版编目（CIP）数据

2016—2020 年海南省生态环境质量报告/海南省生态环境监测中心编. —北京：中国环境出版集团，2022.7
ISBN 978-7-5111-5139-1

Ⅰ. ①2… Ⅱ. ①海… Ⅲ. ①区域生态环境—环境质量评价—研究报告—海南—2016-2020 Ⅳ. ①X321.266

中国版本图书馆 CIP 数据核字（2022）第 072201 号

出 版 人 武德凯
责任编辑 孙 莉
责任校对 薄军霞
封面设计 岳 帅

出版发行 中国环境出版集团
（100062 北京市东城区广渠门内大街 16 号）
网 址：http://www.cesp.com.cn
电子邮箱：bjgl@cesp.com.cn
联系电话：010-67112765（编辑管理部）
发行热线：010-67125803，010-67113405（传真）

印 刷 北京中献拓方科技发展有限公司
经 销 各地新华书店
版 次 2022 年 7 月第 1 版
印 次 2022 年 7 月第 1 次印刷
开 本 787×1092 1/16
印 张 20
字 数 374 千字
定 价 95.00 元

编委会

主 编 单 位：海南省生态环境监测中心
参加编写单位：海南省辐射环境监测站
海南省地质环境监测总站
提供资料单位：海南省环境科学研究院
海南省海洋监测预报中心
海南省海洋与渔业科学院
国家海洋局海口海洋环境监测中心站
海南省各市（县、自治县、区）环境监测站（环境保护监测站、生态环境监测站、生态环境保护监测站）

前 言

Preface

“十三五”期间，海南省生态环境系统及有关部门深入贯彻落实习近平生态文明思想，按照海南省委、省政府决策部署，坚持以改善生态环境质量为核心，开拓创新、扎实工作，推动国家生态文明试验区建设、两轮中央生态环境保护督察问题整改以及污染防治攻坚战并取得积极成效，在“十三五”收官之年向全省人民交出了一份生态环境质量与保护的优异答卷。全省生态环境保护事业取得空前发展，生态环境质量总体改善。

《2016—2020年海南省生态环境质量报告》是基于“十三五”期间海南省生态环境监测网络监测数据，并结合相关部门提供的环境状况内容编制而成。

本书共分为六篇。第一篇为监测概况及评价方法，主要内容是介绍生态环境质量监测与评价方法；第二篇为生态环境质量状况，主要内容是分析海南省环境空气、降水、地表水、饮用水水源地、地下水、海洋、声环境、生态、辐射等环境要素的质量现状、变化规律、变化趋势和原因；第三篇为生态环境质量关联分析，主要内容是运用统计方法与模型分析近十年海南省生态环境质量与社会经济、农业、林业等指标的关联性；第四篇为生态环境质量预测与形势分析，主要内容是利用模型预测“十四五”时期生态环境质量，研判风险，分析自由贸易港建设背景下的生态环境形势；第五篇为总结，主要内容是凝练海南省生态环境质量状况，找出变化原因和主要问题，提出对策和建议；第六篇为专题，主要内容是展示生态环境监测新领域与地方特色监测工作成果。

在海南省生态环境厅的领导下，在海南省生态环境厅相关处室、海南省辐射环境监测站、海南省地质环境监测总站的配合、参与下，海南省生态环境监测中心具体组织并完成了本书的编写工作。在本书的编写过程中，编者除了参考和使用生态环境系统各级环境监测站、海南省海洋监测预报中心、海南省海洋与渔业科学院、国家海洋局海口海洋环境监测中心站的监测数据和海南省生态环境厅组织编写的生态环境保护规划、计划等有关资料外，还借鉴了海南省自然资源、统计、水务、气象、农业、林业、住建、公安、交通运输等其他部门的相关数据和相关文献资料，特此向有关部门和人员表示感谢！

编　者

目　录

Contents

第一篇　监测概况及评价方法

第二篇　生态环境质量状况

第六篇 专 题

第一篇

监测概况及评价方法

JIANCE GAIKUANG JI
PINGJIA FANGFA

第一章 环境空气

第一节 监测情况

“十三五”期间，海南省环境空气评价城市点共 32 个，覆盖全省 18 个市县（不含三沙市）。

上述站点均已开展了环境空气自动监测，监测项目包括二氧化硫（SO_2）、二氧化氮（NO_2）、可吸入颗粒物（PM_{10}）、细颗粒物（$PM_{2.5}$）、臭氧（O_3）、一氧化碳（CO）6 项指标，自动监测频率为每天 24 小时连续监测（表 1-1-1）。

表 1-1-1 海南省环境空气质量监测项目及其数据有效性规定

序号	项目	数据有效性规定
1	SO_2、NO_2	每小时至少有 45 分钟的采样时间，该小时的监测结果才有效；每日至少有 20 个小时平均浓度值或采样时间；每月至少有 27 个日平均浓度值（2 月至少有 25 个日平均浓度值）；每年至少有 324 个日平均浓度值
2	PM_{10}、$PM_{2.5}$	每日至少有 20 个小时平均浓度值或采样时间；每月至少有 27 个日平均浓度值（2 月至少有 25 个日平均浓度值）；每年至少有 324 个日平均浓度值
3	O_3	每小时至少有 45 分钟的采样时间，该小时的监测结果才有效；每 8 小时至少有 6 个小时平均浓度值；每日至少有 14 个有效 8 小时平均浓度值；每月至少有 27 个日最大 8 小时平均浓度值（2 月至少有 25 个日最大 8 小时平均浓度值）；每年至少有 324 个日最大 8 小时平均浓度值
4	CO	每小时至少有 45 分钟的采样时间，该小时的监测结果才有效；每日至少有 20 个小时平均浓度值或采样时间；每月至少有 27 个日平均浓度值（2 月至少有 25 个日平均浓度值）；每年至少有 324 个日平均浓度值

第二节　评价方法和依据标准

海南省各市县城市空气质量根据《环境空气质量标准》（GB 3095—2012）及其修改单①和《环境空气质量评价技术规范（试行）》（HJ 663—2013）进行评价。同时按照《关于印发〈城市环境空气质量排名技术规定〉的通知》（环办监测〔2018〕19 号）的要求计算 6 项指标的综合指数，并对各市县环境空气质量进行综合污染评价及排名（表 1-1-2）。

表 1-1-2 《环境空气质量标准》（GB 3095—2012）主要污染物标准

污染物名称	取值时间	浓度限值	
		一级标准	二级标准
SO_2/（μg/m^3）	年平均	20	60
	24 小时平均	50	150
	1 小时平均	150	500
NO_2/（μg/m^3）	年平均	40	40
	24 小时平均	80	80
	1 小时平均	200	200
PM_{10}/（μg/m^3）	年平均	40	70
	24 小时平均	50	150
$PM_{2.5}$/（μg/m^3）	年平均	15	35
	24 小时平均	35	75
CO/（mg/m^3）	24 小时平均	4	4
	1 小时平均	10	10
O_3/（μg/m^3）	日最大 8 小时平均	100	160
	1 小时平均	160	200

① 本书中修改单发布前的监测数据，均按修改单要求转换后参与评价。

第二章 降 水

第一节 监测情况

"十三五"期间，海南省 18 个市县（不含三沙市）均开展了大气降水监测，共有监测点位 27 个，所有测点逢雨必测，必测项目为降水量、pH、电导率。其中，海口市、三亚市、五指山市、东方市、琼海市增测硫酸根（SO_4^{2-}）、硝酸根（NO_3^-）、氟离子（F^-）、氯离子（Cl^-）、铵离子（NH_4^+）、钙离子（Ca^{2+}）、镁离子（Mg^{2+}）、钠离子（Na^+）、钾离子（K^+）等离子组分。

第二节 评价方法和依据标准

通常采用降水 pH 作为酸雨的判断依据，当降水 pH 低于 5.6 时为酸雨，pH 低于 5.0 时为较重酸雨，pH 低于 4.5 时为重酸雨。采用降水 pH 年均值和酸雨出现的频率来评价酸雨状况。酸雨城市是指降水 pH 年均值低于 5.6 的城市，较重酸雨城市是指降水 pH 年均值低于 5.0 的城市，重酸雨城市是指降水 pH 年均值低于 4.5 的城市。

降水 pH 平均值按下式采用雨量加权平均值计算。

$$\mathrm{pH} = -\log\left[\mathrm{H}^+\right]$$

$$\left[\mathrm{H}^+\right]_{平均} = \frac{\sum\left[\mathrm{H}^+\right]_i \cdot V_i}{\sum V_i}$$

$$\mathrm{pH}_{平均} = -\log\left[\mathrm{H}^+\right]_{平均}$$

式中，$\left[H^{+}\right]_{i}$——第 i 次降水中的氢离子浓度，mol/L；

V_i——第 i 次降水的降水量，mm。

酸雨率是 pH 小于 5.6 的降水样品个数占降水样品总个数的百分比。

阴、阳离子浓度平均值按下式采用雨量加权平均值计算。

$$[X]=\frac{\sum_{i=1}^{n}[X]_{i}\cdot V_{i}}{\sum_{i=1}^{n}V_{i}}$$

式中，$[X]_i$——第 i 次降水中某离子的浓度，mg/L；

V_i——第 i 次降水中的实测降水量，mm。

第三章 地表水

第一节 监测情况

一、地表水环境质量监测

“十三五”期间，海南省地表水环境质量常规监测断面（点位）共计 142 个，含 36 个国控断面（点位），其中 33 个为国家网考核断面、3 个为国控趋势科研断面。142 个断面（点位）中包括 110 个河流监测断面、32 个湖库监测点位。

国控断面（点位）每月监测 1 次，其余 106 个省控断面（点位）每逢单月监测 1 次。

河流断面水质常规监测项目共 25 项，包括水温、pH、溶解氧（DO）、电导率、浊度、高锰酸盐指数、化学需氧量（COD_{Cr}）、五日生化需氧量（BOD_5）、氨氮、总磷、总氮、铜、锌、氟化物、硒、砷、汞、镉、铬（六价）、铅、氰化物、挥发酚、石油类、阴离子表面活性剂和硫化物。湖库点位在此基础上增测叶绿素 a 和透明度，入海河流断面在河流断面监测项目的基础上增测盐度、硝酸盐氮和亚硝酸盐氮，选测硫酸盐、氯化物、铁、锰。

二、水功能区水质监测

根据生态环境部《关于做好入河排污口和水功能区划相关工作的通知》（环办水体〔2019〕36 号）的要求，为加强水功能区监测与考核，2019 年 6 月，海南省水功能区相关工作正式由海南省水务厅移交至海南省生态环境厅。自 2019 年 7 月起，海南省生态环境监测中心组织开展全省水功能区的监测工作。

根据《海南省水功能区划》，海南省共划分 66 个水功能区，其中 24 个纳入国家重要水功能区进行考核。全省 66 个水功能区包括一级水功能区 28 个、二级水功能区 38 个，共布设 71 个监测断面（点位），其中 24 个重要江河湖泊水功能区纳入国家考核，设有 29 个监测断面（点位）。

水功能区每月监测 1 次，监测项目包括水温、pH、溶解氧、电导率、浊度、高锰酸盐指数、化学需氧量、五日生化需氧量、氨氮、总磷、总氮、铜、锌、氟化物、硒、砷、汞、镉、铬（六价）、铅、氰化物、挥发酚、石油类、阴离子表面活性剂、硫化物共 25 项。具有饮用水功能的水功能区，增测硫酸盐、氯化物、硝酸盐、铁、锰，共监测 30 项。

第二节 评价方法和依据标准

海南省地表水水质评价执行《地表水环境质量标准》（GB 3838—2002）和《地表水环境质量评价办法（试行）》（环办〔2011〕22 号）的规定。

一、评价项目

参与的评价项目为pH、溶解氧、高锰酸盐指数、化学需氧量、五日生化需氧量、氨氮、总磷、铜、锌、氟化物、硒、砷、汞、镉、铬（六价）、铅、氰化物、挥发酚、石油类、阴离子表面活性剂、硫化物。水温、总氮、粪大肠菌群作为参考指标单独评价（河流不评价总氮）。

二、水质评价方法

（一）河流断面水质评价

河流断面水质类别判定采用单因子类别评价法，凡有一项评价指标超过Ⅰ类标准的水质即被评价为Ⅱ类水质，依此类推，将河流断面水质划分为Ⅰ类、Ⅱ类、Ⅲ类、Ⅳ类、Ⅴ类、劣Ⅴ类。

（二）河流、流域水质评价

当河流、流域的断面总数少于 5 个时，计算河流、流域所有断面各评价指标浓度算术平均值，然后按照河流断面水质评价方法评价河流的水质类别及状况。当河流、流域的断面总数在5个（含5个）以上时，采用断面水质类别比例法，即根据评价河流、流域中各水质类别的断面数占河流、流域所有评价断面总数的百分比来评价水质状况。采用《地表水环境质量标准》（GB 3838—2002）中的III类水质标准计算水质超标率、超标倍数和综合污染指数（表1-3-1）。

表1-3-1　地表水断面、河流水质评价

断面水质类别	断面评价	河流水质类别	河流水质评价	代表颜色
Ⅰ～Ⅱ类水质	优	Ⅰ～Ⅲ类水质比例≥90%	优	蓝色
Ⅲ类水质	良好	75%≤Ⅰ～Ⅲ类水质比例＜90%	良好	绿色
Ⅳ类水质	轻度污染	Ⅰ～Ⅲ类水质比例＜75% 且劣Ⅴ类水质比例＜20%	轻度污染	黄色
Ⅴ类水质	中度污染	Ⅰ～Ⅲ类水质比例＜75% 且20%≤劣Ⅴ类水质比例＜40%	中度污染	橙色
劣Ⅴ类水质	重度污染	Ⅰ～Ⅲ类水质比例＜60% 且劣Ⅴ类水质比例≥40%	重度污染	红色

（三）湖库水质评价

单个点位按照河流断面水质评价方法进行。当1个湖泊、水库有多个监测点位时，可计算湖泊、水库多个监测点位各评价指标浓度的算术平均值，然后按照河流断面水质评价方法进行评价。

（四）湖库富营养化评价

湖库富营养化评价采用综合营养状态指数法［TLI（Σ）］。

三、水质优良比例和达标率计算方法

水质优良比例是指达到Ⅰ～Ⅲ类水质标准的断面数与监测断面总数的百分比，达标率是指达到《海南省水污染防治行动计划实施方案》中制定的2020年水质目标的断面数与监测断面总数的百分比。

水功能区达标情况的判定根据《地表水资源质量评价技术规程》（SL 395—2007），当高锰酸盐指数（当化学需氧量＞30 mg/L时，采用化学需氧量评价）和氨氮双因子达标，评价结果达到《海南省水功能区划》规定的水质目标的水功能区时即为达标水功能区。年度水功能区达标评价是指基于各水功能区单次达标评价结果，评价年度内监测次数不应少于 6 次，按全年实际监测频次进行统计，达标频次占总频次的比例不小于 80% 的水功能区即为年度达标水功能区。海南省按照《海南省实行最严格水资源管理制度考核办法》（琼府办〔2014〕112 号）及《海南省“十三五”水资源消耗总量和强度双控行动实施方案》（琼水资源〔2017〕98 号）规定的“主要江河水库水功能区水质达标率控制目标”要求，对全省及各市县进行达标考核。

四、主要污染指标的确定

（一）断面（点位）主要污染指标

评价时段内，当断面（点位）水质为“优”或“良好”时，不评价主要污染指标。当断面（点位）水质超过Ⅲ类标准时，先按照不同指标对应水质类别的优劣，选择水质类别最差的前 3 项指标作为主要污染指标。当不同指标对应的水质类别相同时，计算超标倍数，并将超标指标按其超标倍数大小依次排列，取超标倍数最大的前 3 项作为主要污染指标。当氰化物或铅、铬等重金属超标时，其优先作为主要污染指标。

（二）河流、流域（水系）主要污染指标

将水质超过Ⅲ类标准的指标按其断面超标率大小依次排列，一般取断面超标率最大的前 3 项为主要污染指标。对于断面数少于 5 个的河流、流域（水系），按断面（点位）主要污染指标的确定方法确定每个断面的主要污染指标。

（三）海南省主要污染指标

海南省主要污染指标同“河流、流域（水系）主要污染指标”。

五、河流及水系水质综合污染指数计算

河流、水系综合污染指数

$$P = \frac{1}{m}\sum_{j=1}^{m} P_j$$

断面综合污染指数

$$P_j = \frac{1}{n}\sum_{i=1}^{n} P_{ij}$$

除溶解氧外，单项污染指数

$$P_{ij} = \frac{C_{ij}}{C_{i0}}$$

溶解氧污染指数

$$P_{ij} = \begin{cases} 0, C_{ij} \geqslant C_{饱(t)} \\ \dfrac{C_{饱(t)} - C_{ij}}{C_{饱(t)} - C_{标(t)}}, C_{ij} < C_{饱(t)} \end{cases}$$

式中，P—— 河流、水系的综合污染指数；

m—— 参与评价的河流断面数；

P_j—— 第 j 个断面的综合污染指数；

n—— 参与评价的污染项目数；

P_{ij}—— 第 j 个断面第 i 个指标的污染指数；

C_{ij}—— 第 j 个断面第 i 个指标的浓度；

C_{i0}—— 第 i 个指标的评价标准值；

$C_{饱(t)}$—— t 温度下的饱和溶解氧值，$C_{饱(t)}$=477.8/（t+32.26）；

$C_{标(t)}$—— t 温度下相应水质类别的溶解氧标准值，$C_{标(t)}=C_{饱(t)}$×饱和度，III类标准对应的饱和度为 60%。

选取海南省地表水中具有代表性的污染物水质定类指标，按照《地表水环境质量标准》（GB 3838—2002）III类标准限值计算水质综合污染指数以评价水质的综合污染程度。评价指标包括高锰酸盐指数、化学需氧量、氨氮、总磷、生化需氧量和溶解氧，这 6 项指标足以反映出海南省地表水的污染特征。

第四章
饮用水水源地

第一节　监测情况

“十三五”期间，海南省 18 个市县（不含三沙市）共监测 30 个在用集中式生活饮用水水源地，其中地表水型水源地 29 个（河流型 12 个，湖库型 17 个）、地下水型水源地 1 个，每月监测 1 次。

一、监测点位

（一）地表水水源地

河流型水源在水厂取水口上游 100 m 附近设置 1 个监测断面，湖库型水源在每个水源取水口周边 100 m 处设置 1 个监测断面。河流及湖库采样深度为水面下 0.5 m 处。

（二）地下水水源地

海口秀英水厂水源布设 3 个监测点位，在抽水井采样。

二、监测项目

（一）地表水水源地

地级城市每月监测项目为《地表水环境质量标准》（GB 3838—2002）中表 1 的基本项目（23 项，化学需氧量除外）、表 2 的补充项目（5 项）和表 3 的优选特定项目

（33 项），共 61 项。县及县级市每季度第一个月监测项目为《地表水环境质量标准》（GB 3838—2002）中表 1 的基本项目（23 项，化学需氧量除外）、表 2 的补充项目（5 项）和表 3 的优选特定项目（33 项），共 61 项；其余月份监测项目为《地表水环境质量标准》（GB 3838—2002）中表 1 的基本项目（23 项，化学需氧量除外）和表 2 的补充项目（5 项），共 28 项。另外，河流型水源不测总氮，湖库型水源增测叶绿素 a 和透明度。同时统计当月取水量。

（二）地下水水源地

监测项目为《地下水质量标准》（GB/T 14848—2017）中表 1 的常规指标（37 项，不含总 α 放射性、总 β 放射性），并统计当月取水量。

第二节 评价方法和依据标准

地表水型饮用水水源地评价依据《地表水环境质量标准》（GB 3838—2002），基本项目按照《地表水环境质量评价办法（试行）》（环办〔2011〕22 号）进行评价，执行III类水质标准；33 项补充项目和优选特定项目执行相应水质标准限值。

地下水型饮用水水源地评价依据《地下水质量标准》（GB/T 14848—2017），执行III类水质标准。

水质评价采用单因子评价法，分达标和不达标两类。城市（镇）集中式饮用水水源地达标率为年度达标水源数量之和占水源总数量的百分比，水源年度评价采用年内各月累计评价结果加和。

第五章
地下水

第一节　监测情况

海南省地下水监测点（省级地下水监测工程井）共 121 个，主要分布在海口、澄迈、临高、儋州等市县。“十三五”期间，每年选取部分点位定期对监测井的水位、水温、水质开展常规监测，其中水位：人工监测点 3 次/月，自动监测点 1 次/天；水质和水温：2 次/年（枯水期和丰水期），分析项目主要有 pH、总硬度、氯化物、硫酸盐、铁、锰、氨氮、硝酸盐、亚硝酸盐、挥发性酚类、氰化物、汞、砷、硒、偏硅酸等 35 项反映本地区主要水质特征的项目。

第二节　评价方法和依据标准

地下水质量评价采用地下水质量综合评价法，按单指标评价结果最差的类别确定综合评价结果，评价指标浓度超过III类水质标准限值即为超标，并指出最差类别的指标。自 2016 年起，海南省依据地质矿产行业标准《地下水水质标准》（DZ/T 0290—2015）进行评价；自 2018 年起，海南省依据《地下水质量标准》（GB/T 14848—2017）进行评价。

第六章 海 洋

第一节 监测情况

一、海水水质

“十三五”期间，由于2019年海洋监测职能转划到生态环境部门，原由海洋部门监测的37个近岸海域水质监测点位被纳入生态环境监测网络，所以海南省近岸海域海水水质监测点位由原来的88个增至125个。2020年，根据国家“十四五”海洋环境监测网络布设方案，海南省近岸海域海水水质监测点位优化为115个，其中国控点位由75个调整为67个、省控点位由50个调整为48个（2个上升为国控点位）。

监测时间及频次：国控点位全年开展3期近岸海域海水水质监测，具体监测时间为春季（4—5月）、夏季（7—8月）、秋季（10—11月）；其余点位于春季、夏季开展2期监测。

春季、秋季监测项目：风速、风向、海况、天气现象、水深、水温、水色、盐度、透明度、叶绿素a、pH、溶解氧、化学需氧量、活性磷酸盐、亚硝酸盐氮、硝酸盐氮、氨氮、石油类、悬浮物质、总氮、总磷、铜、锌、总铬、汞、镉、铅、砷。2020年秋季，受天气影响，海南省西沙的4个国控点位未开展监测。

夏季监测项目：全项目即漂浮物质，色，臭，味，悬浮物质，盐度，pH，溶解氧，生化需氧量，石油类，铬（六价），汞，砷，氰化物，硫化物，挥发酚，苯并[*a*]芘，阴离子表面活性剂，营养盐项目（活性磷酸盐、亚硝酸盐氮、硝酸盐氮、氨氮、无机氮、化学需氧量、非离子氨），菌类（大肠菌群、粪大肠菌群），重金属（铜、锌、总铬、镉、铅、硒、镍），有机氯［六六六、滴滴涕（DDT）］，有机磷（马拉硫磷、甲基对硫磷），总氮，总磷，叶绿素 a，以及水文及气象指标（风向、风速、天气现象、水温、水色、水深、透明度、海况）。

二、海洋沉积物

“十三五”期间，海南省在 2017 年共布设 40 个沉积物监测点位，实际采集样品 35 个；2019 年保持 40 个监测点位，实际采集样品 38 个；2020 年点位优化，新增 5 个监测点位，减去 4 个监测点位，共布设 41 个监测点位，实际采集样品 39 个。

监测时间及频次：夏季（7—8 月）监测 1 次。

监测项目：按照《海洋沉积物质量》（GB 18668—2002）开展 1 期全项监测（病原体除外），监测项目包括大肠菌群、粪大肠菌群、汞、镉、铅、锌、铜、铬、砷、有机碳、硫化物、石油类、六六六、滴滴涕、多氯联苯。

三、海洋生物多样性

2011—2020 年，海南省近岸海域海洋生物监测年度为 2011 年、2013 年、2015 年、2017 年和 2019 年。2011 年、2013 年和 2015 年均布设 29 个监测点位，2017 年和 2019 年均布设 34 个监测点位。

监测时间及频次：全年监测 2 次，于 5 月、8 月各进行 1 次。

监测项目：浮游植物包括浅水III型网网样的种类组成、密度；浮游动物包括浅水 I 型网网样的种类组成、密度、总生物量（湿重），浅水 II 型网网样的种类组成、密度；浅海底栖生物包括种类组成、密度、生物量。

四、典型海洋生态系统健康状况

“十三五”期间，海南省对西沙群岛的宣德群岛（永兴岛、西沙洲、赵述岛、北岛）和永乐群岛（晋卿岛、甘泉岛）6 个海域以及海南岛东海岸的铜鼓岭、长圮港、龙湾、蜈支洲岛、亚龙湾、大东海、小东海、鹿回头、西瑁州岛、红塘湾等 10 个珊瑚礁海域进行了珊瑚礁生态系统监测，晋卿岛、甘泉岛和红塘湾海域均为 2016 年新增的监测海域；对海南岛东海岸的高隆湾、长圮港、龙湾、新村港及黎安港等 5 个海草床分布海域进行了海草床生态系统监测。

监测时间及频次：每年监测 1 次，西沙群岛珊瑚礁生态系统在 8 月开展监测，东海岸珊瑚礁生态系统在 6—8 月开展监测，东海岸海草床生态系统在 7—8 月开展监测。

监测项目：对珊瑚礁生态系统开展软/硬珊瑚的种类、密度、覆盖度、补充量、病害、珊瑚礁鱼类、大型底栖藻类盖度、敌害生物的种类和密度等监测，对海草床生态系统开展海草种类、密度、覆盖度、生物量等监测。

五、重点港湾

“十三五”期间，海南省对全省 12 个沿海市县（不含三沙市）的 12 个重点港湾近岸海域开展了海水质量监测，分别为海口湾、清澜港、琼海博鳌港、石梅湾、陵水湾、三亚湾、龙栖湾、东方八所港、昌化港、洋浦湾—白马井、后水湾和马村港。2016 年布设 88 个监测点位，2017 年和 2018 年均布设 84 个监测点位，2019 年和 2020 年均布设 76 个监测点位。

监测时间及频次：春季（4—5 月）和夏季（7—8 月）各监测 1 次，其中重金属在 8 月监测 1 次。

监测项目：盐度、pH、溶解氧、化学需氧量、活性磷酸盐、亚硝酸盐氮、硝酸盐氮、氨氮、石油类、叶绿素 a、悬浮物、总氮、总磷、重金属。

六、海水浴场

“十三五”期间，海南省对海口市假日海滩浴场和三亚市大东海浴场、亚龙湾浴场 3 个国家重点海水浴场开展了水质监测，6—9 月每周监测 1 次，监测项目包括水温、pH、石油类、粪大肠菌群、漂浮物质和溶解氧共 6 项，其中溶解氧为 2020 年新增监测项目。

七、海洋垃圾

“十三五”期间，海南省对三亚湾海域开展海洋垃圾监测，8—9 月监测 1 次，监测项目包括海面漂浮垃圾、海滩垃圾、海底垃圾的种类、数量、重量、来源。

八、海水增养殖区

“十三五”期间，海南省对海口东寨港、临高后水湾、陵水黎安港、陵水新村港 4 个海水增养殖区和文昌冯家湾、万宁小海 2 个养殖用海区开展了环境质量综合监测。其中，2016 年对海口东寨港、临高后水湾、陵水黎安港、陵水新村港 4 个海水增养殖区开展监测，2017 年起增加对文昌冯家湾养殖用海区的监测，2018 年起增加对万宁小海养殖用海区的监测，每个海水增养殖区和养殖用海区分别设 6 个监测点位。

监测时间及频次：5 月和 8 月各监测 1 次水环境，其中 2016—2018 年，临高后水湾和陵水新村港 2 个海水养殖区于 3 月和 10 月各增测 1 次；沉积物、养殖生物质量于 8 月监测 1 次。

监测项目：水环境监测项目包括水温，透明度，盐度，化学需氧量，pH，溶解氧，无机氮，活性磷酸盐，重金属（铜、锌、铬、汞、镉、铅、砷）、石油类、粪大肠菌群、弧菌总数。沉积物质量监测项目包括氧化还原电位，硫化物，有机碳，重金属（铜、铬、汞、镉、铅、砷），粪大肠菌群，滴滴涕，六六六，多氯联苯。生物质量监测项目包括粪大肠菌群，石油烃，重金属（铜、铬、总汞、镉、铅、砷），滴滴涕，六六六，多氯联苯，麻痹性贝毒，腹泻性贝毒。每个增养殖区生物质量监测至少做一个双壳贝类样品，养殖生物尽量采集贝类样品。

九、海洋工程建设项目

2017—2020 年，海南省对儋州海花岛、海口如意岛、海口南海明珠、文昌南海妈祖世界和平岛、三亚红塘湾和万宁日月岛 6 个海洋工程建设项目周边海域开展环境监测，其中，文昌南海妈祖世界和平岛在 2018 年未开展监测。2017 年儋州海花岛、海口如意岛、海口南海明珠和万宁日月岛各布设 6 个监测点位，文昌南海妈祖世界和平岛和三亚红塘湾各布设 5 个监测点位，共布设 34 个监测点位；2018 年儋州海花岛、海口如意岛、海口南海明珠、三亚红塘湾和万宁日月岛各布设 6 个监测点位，共布设 30 个监测点位；2019—2020 年，三亚红塘湾、海口如意岛、海口南海明珠、万宁日月岛、儋州海花岛等 5 个海域各布设 6 个监测点位，文昌南海妈祖世界和平岛布设 5 个监测点位，共布设 35 个监测点位。

监测频次：2017 年，三亚红塘湾水质全年监测 3 次，分别为 6 月、8 月和 10 月各监测 1 次，其余工程项目全年各监测 1 次，时间为 7—8 月；2018—2020 年，水质全年监测 2 次，分别为 4—5 月、7—8 月各监测 1 次；沉积物于 7—8 月监测 1 次。

监测项目：海水水质监测项目包括化学需氧量、活性磷酸盐、亚硝酸盐氮、硝酸盐氮、氨氮、悬浮物、石油类、叶绿素 a、铜、铅、镉，其中活性磷酸盐、亚硝酸盐氮、

硝酸盐氮、氨氮是2019年新增项目，沉积物监测项目包括石油类、铜、铅、镉、粒度。

第二节　评价方法和依据标准

一、海水水质

近岸海域海水水质评价依据《海水水质标准》（GB 3097—1997）、《近岸海域环境监测技术规范　第十部分　评价及报告》（HJ 442.10—2020）、《海水质量状况评价技术规程（试行）》（海环字〔2015〕25号）。

海水水质评价采用面积法和点位法，面积法评价指标为pH、无机氮、活性磷酸盐、化学需氧量、石油类、溶解氧、铜、汞、镉、铅共10项；点位法评价指标为pH、溶解氧、化学需氧量、石油类、活性磷酸盐、无机氮、汞、铜、镉、铅（第三方监测结果为存疑数据，未参与评价）、生化需氧量、非离子氨、铬（六价）、总铬、砷、锌、硒、镍、氰化物、硫化物、挥发性酚、六六六、滴滴涕、马拉硫磷、甲基对硫磷、苯并[*a*]芘、阴离子表面活性剂、粪大肠菌群和大肠菌群共29项。

海水水质类别采用单因子评价法，即某一监测点位任一评价指标超过一类海水标准值，该点位水质即为二类，超过二类海水标准值即为三类，依此类推。水质类别统计计算公式为：

某类别海水的百分率=某类别水质点位数或面积之和/监测点位总数或面积总和×100%

在描述某一监测点位或某一区域整体海水水质状况时，用表1-6-1中的方法表征。

表1-6-1　单个点位、区域海水水质状况分级

单个点位海水水质	区域海水水质	水质状况级别
一类	一类≥60%且一类、二类≥90%	优
二类	一类、二类≥80%	良好
三类	一类、二类≥60%且劣四类≤30%；或一类、二类＜60%且一～三类≥90%	一般
四类	一类、二类＜60%且劣四类≤30%；或30%＜劣四类≤40%；或一类、二类＜60%且一～四类≥90%	差
劣四类	劣四类＞40%	极差

（一）主要超标指标①的确定

超标倍数评价：按照点位或在一定的区域内，根据各监测项目（除 pH、DO）的实际监测结果与《海水水质标准》（GB 3097—1997）中各类海水标准值比较，以超标倍数和超标类别的百分率大小综合确定主要污染物，超标倍数计算公式如下：

$$超标倍数=某监测项目的均值/该监测项目的标准值-1$$

区域点位超标率评价：区域主要污染物在确定时，区域点位超标率≥5%的前 3 个监测项目为主要污染物；没有监测项目的超标率≥5%时，可不进行主要污染物描述，或选择超标率最大的前 3 个监测项目作为主要污染物。

（二）海水富营养化状况

根据《近岸海域环境监测技术规范　第十部分　评价及报告》（HJ 442.10—2020）的要求，当富营养化指数≥1 时进行富营养化评价，富营养化指数（E）的计算公式如下：

$$E=化学需氧量浓度\times 无机氮浓度\times 活性磷酸盐浓度/4\,500\times 10^6$$

式中，化学需氧量、无机氮、活性磷酸盐浓度单位为 mg/L。

水质富营养等级划分指标见表 1-6-2。

表 1-6-2　水质富营养等级划分指标

水质等级	轻度富营养化	中度富营养化	重度富营养化
E	$E\leqslant 3.0$	$3.0<E\leqslant 9.0$	$9.0<E$

二、海洋沉积物

海洋沉积物质量评价依据《海洋沉积物质量》（GB 18668—2002）和《海洋沉积物质量综合评价技术规程（试行）》（海环字〔2015〕26 号）。当低于 5%的点位的沉积物质量等级为较差，且不低于 70%的点位的沉积物质量等级为良好时，区域沉积物综合质量为良好；当 5%～15%的点位的沉积物质量等级为较差，或低于 5%的点位为较差且高于 30%的点位沉积物质量等级为一般和较差时，区域沉积物综合质量为一般；15%以

① “超标指标”指超过二类标准的指标。

上的点位的沉积物质量等级为较差时，区域沉积物综合质量为较差。

三、海洋生物多样性

海洋生物多样性评价依据《近岸海域海洋生物多样性评价技术指南》（HY/T 215—2017）。海洋生物多样性评价指标划分为 5 个等级，各等级对应的分值见表 1-6-3。

表 1-6-3 海洋生物多样性指标的赋值标准

单位：分

等级	V	Ⅳ	Ⅲ	Ⅱ	I
分值	0～＜25	≥25～＜50	≥50～＜75	≥75～＜100	100

按下式对海洋生物多样性的二级指标进行赋值：

$$Y_{ij}=\frac{Y_{ij\max}-Y_{ij\min}}{I_{ij\max}-I_{ij\min}}(I_{ij}-I_{ij\min})+Y_{ij\min}$$

式中，Y_{ij}——第 i 个一级指标中的第 j 个二级指标的赋值得分；

$Y_{ij\max}$——第 i 个一级指标中的第 j 个二级指标所隶属等级的分值上限；

$Y_{ij\min}$——第 i 个一级指标中的第 j 个二级指标所隶属等级的分值下限；

$I_{ij\max}$——第 i 个一级指标中的第 j 个二级指标所隶属等级的指标值上限；

$I_{ij\min}$——第 i 个一级指标中的第 j 个二级指标所隶属等级的指标值下限；

I_{ij}——第 i 个一级指标中的第 j 个二级指标的实测值。

按不同时期海洋生物多样性指标变化幅度（ΔY_{ij}）的方向和程度，将海洋生物多样性指标变化趋势划分为 3 个等级。当$|\Delta Y_{ij}|\leqslant 10$ 时，海洋生物多样性指标变化趋势不明显；当 $10<|\Delta Y_{ij}|<25$ 时，海洋生物多样性指标略有变化（当 $10<\Delta Y_{ij}<25$ 时，生物多样性略有提高；当$-25<\Delta Y_{ij}<-10$ 时，生物多样性略有下降）；当$|\Delta Y_{ij}|\geqslant 25$ 时，海洋生物多样性指标变化趋势显著（若 $\Delta Y_{ij}>25$，生物多样性显著提高；若 $\Delta Y_{ij}<-25$，生物多样性显著下降）。

四、典型海洋生态系统健康状况

典型海洋生态系统评价依据《近岸海洋生态健康评价指南》（HY/T 087—2005）。当生态健康指数（CEH_{indx}）≥75 时，典型海洋生态系统处于健康状态；当 $50\leqslant CEH_{indx}<75$

时，典型海洋生态系统处于亚健康状态；当 CEH_{indx}＜50 时，典型海洋生态系统处于不健康状态。

五、重点港湾

重点港湾水质评价依据《海水水质标准》（GB 3097—1997）。海水水质评价采用点位法时，评价指标为 pH、溶解氧、化学需氧量、石油类、活性磷酸盐、无机氮、铜、铅、镉、锌、汞、砷、总铬共 13 项。采用单因子评价法时，分春、夏两季进行数据处理和评价。

六、海水浴场

海水浴场近岸海域水质评价依据《海水浴场监测与评价指南》（HY/T 0276—2019）。

七、海洋垃圾

海洋垃圾评价依据《海洋垃圾监测与评价技术规程（试行）》（海环字〔2015〕31 号）。

八、海水增养殖区

海水增养殖区水质评价依据《海水水质标准》（GB 3097—1997）中第二类海水水质标准，沉积物质量评价依据《海洋沉积物质量》（GB 18668—2002）中第一类海洋沉积物质量标准，海洋生物质量评价依据《海洋生物质量》（GB 18421—2001）中第一类海洋生物质量标准。环境质量综合评价依据《海水增养殖区环境监测与评价技术规程（试行）》（海环字〔2015〕32 号）。当 90≤环境质量综合指数（EQI）≤100 时，养殖环境质量为优良，满足功能区环境质量要求；当 80≤EQI＜90 时，养殖环境质量为较好，一般能满足功能区环境质量要求；当 60≤EQI＜80 时，养殖环境质量为及格，个别时段不能满足功能区环境质量要求；当 0≤EQI＜60 时，养殖环境质量为较差，不能满足功能区环境质量要求。

九、海洋工程建设项目

海洋工程建设项目水质评价依据《海水水质标准》（GB 3097—1997）和沉积物质量评价依据《海洋沉积物质量》（GB 18668—2002）均采用单因子评价法。水质评价采用点位法，评价指标为化学需氧量、活性磷酸盐、无机氮、石油类、铜、铅、镉，其中活性磷酸盐和无机氮是 2019 年和 2020 年新增的评价指标，春、夏两季进行数据处理和评价。海洋沉积物评价采用点位法，评价指标为石油类、铜、铅、镉。

第七章 声环境

第一节 监测情况

一、区域声环境质量

“十三五”期间，海南省 18 个市县（不含三沙市）每年开展 1 次区域昼间声环境质量监测，夜间监测 5 年开展 1 次（2018 年）。2020 年全省区域声环境质量监测点位共有 1 723 个，覆盖市县建成区面积 300.02 km^2。监测指标主要包括等效声级（L_{eq}）、L_{10}、L_{50}、L_{90}、L_{max}、L_{min}、标准偏差（SD）。

二、道路交通声环境质量

“十三五”期间，海南省 18 个市县（不含三沙市）每年开展 1 次道路交通昼间声环境质量监测，夜间监测 5 年开展 1 次（2018 年）。2020 年全省道路交通声环境质量监测点位有 388 个，监测路段共有 300 条。监测指标主要包括 L_{eq}、L_{10}、L_{50}、L_{90}、L_{max}、L_{min}、SD、车流量。

三、功能区声环境质量

“十三五”期间，海南省 2016—2019 年仅在海口、三亚 2 个城市开展了城市功能区声环境质量监测，2020 年增加琼海、陵水、万宁、澄迈、临高等 5 个市县，每季度监测 1 次。其中，海口、琼海、陵水等 3 个市县声环境质量功能区划中无 0 类区、4b 类区，三亚、万宁、澄迈、临高等市县声环境质量功能区划中无 0 类区、3 类区、4b 类区。

2020 年各类功能区声环境质量监测点位总数为 48 个，共监测 384 点次，昼间、夜间各 192 点次。监测指标主要包括 L_{eq}、L_{10}、L_{50}、L_{90}、L_{max}、L_{min}、SD。

第二节　评价方法和依据标准

海南省声环境质量依据《环境噪声监测技术规范　城市声环境常规监测》（HJ 640—2012）进行评价。

一、区域声环境质量

区域声环境质量将城市全部网格测点测得的等效声级分昼间和夜间进行算术平均运算，所得到的昼间平均等效声级（$\overline{S}_d$）和夜间平均等效声级（$\overline{S}_n$）代表城市昼间和夜间的环境噪声总体水平，根据计算结果按城市区域环境噪声总体水平等级划分表进行评价（表 1-7-1）。

$$\overline{S}=\frac{1}{n}\sum_{i=1}^{n}L_i$$

式中，$\overline{S}$——城市区域昼间平均等效声级（$\overline{S}_d$）或夜间平均等效声级（$\overline{S}_n$），dB（A）；

L_i——第 i 个网格测得的等效声级，dB（A）；

n——有效网格总数。

表 1-7-1　城市区域环境噪声总体水平等级划分　　单位：dB（A）

等级	一级	二级	三级	四级	五级
昼间平均等效声级	≤50.0	50.1～55.0	55.1～60.0	60.1～65.0	＞65.0
夜间平均等效声级	≤40.0	40.1～45.0	45.1～50.0	50.1～55.0	＞55.0
评价等级	好	较好	一般	较差	差

二、道路交通声环境质量

道路交通声环境质量将道路交通噪声监测的等效声级采用路段长度加权算术平均法，计算城市道路交通噪声平均值，根据计算结果按道路交通噪声强度等级划分表进行评价（表 1-7-2）。

$$\bar{L}=\frac{1}{l}\sum_{i=1}^{n}(l_i \times L_i)$$

式中，$\bar{L}$ ——道路交通昼间平均等效声级（$\bar{L}_{\mathrm{d}}$）或夜间平均等效声级（$\bar{L}_{\mathrm{n}}$），dB（A）；

l——监测的路段总长，$l=\sum_{i=1}^{n} l_i$，m；

l_i——第 i 测点代表的路段长度，m；

L_i——第 i 测点测得的等效声级，dB（A）。

表 1-7-2　道路交通噪声强度等级划分　　单位：dB（A）

等级	一级	二级	三级	四级	五级
昼间平均等效声级	≤68.0	68.1～70.0	70.1～72.0	72.1～74.0	＞74.0
夜间平均等效声级	≤58.0	58.1～60.0	60.1～62.0	62.1～64.0	＞64.0
评价等级	好	较好	一般	较差	差

三、功能区声环境质量

功能区声环境质量将某一功能区昼间连续 16 小时和夜间 8 小时测得的等效声级分别进行能量平均，计算昼间等效声级和夜间等效声级，按《声环境质量标准》（GB 3096—2008）中的环境噪声限值进行独立评价，并按各功能区监测点次分别统计昼间、夜间声环境质量达标率（表 1-7-3）。

$$L_{\mathrm{d}}=10\lg\left\{\frac{1}{16}\sum_{i=1}^{16}10^{0.1L_i}\right\}$$

$$L_{\mathrm{n}}=10\lg\left\{\frac{1}{8}\sum_{i=1}^{8}10^{0.1L_i}\right\}$$

式中，L_{d} ——昼间等效声级，dB（A）；

L_{n} ——夜间等效声级，dB（A）；

L_i ——昼间或夜间小时等效声级，dB（A）。

表 1-7-3 《声环境质量标准》（GB 3096—2008）环境噪声限值 单位：dB（A）

声环境功能区类别		时段	
		昼间	夜间
0 类		50	40
1 类		55	45
2 类		60	50
3 类		65	55
4 类	4a 类	70	55
	4b 类	70	60

第八章 生 态

第一节 监测情况

数据来源：基于国产高分/资源卫星影像（分辨率优于 3 m），采用目视解译的方法对空间分布信息遥感进行提取，形成原始影像数据、空间分布矢量数据。

监测频次：每年 1 次。

主要步骤：遥感影像数据的收集及预处理；基于典型要素遥感解译标志，经目视判别，实现信息面向对象的遥感解译与分类提取；对遥感分类结果进行实地核查和精度验证，并对其进行修正和优化，最终获得空间分布矢量数据；基于 ArcGIS 软件空间分析功能，对所得数据进行统计计算，并结合水资源公报、环境统计等数据，计算得出海南省及各市县生态环境状况指数及分指数。

第二节 评价方法和依据标准

海南省生态质量评价以地市级和县（市）级为单元，主要通过构建生物丰度指数、植被覆盖指数、水网密度指数、土地胁迫指数、污染负荷指数 5 个分指数和 1 个环境限制指数来计算生态环境状况指数（EI），并根据 EI，将生态质量分为五级，即优、良、一般、较差和差。具体评价指标、方法和权重执行《生态环境状况评价技术规范》（HJ 192—2015）。

一、生物丰度指数

海南省至今尚未做县域生物多样性评价，生物丰度指数暂使用生境质量指数。

$$生物丰度指数=（BI+HQ）/2$$

式中，BI —— 生物多样性指数，评价方法执行 HJ 623；

HQ —— 生境质量指数。

当生物多样性指数没有动态更新数据时，生物丰度指数变化等于生境质量指数的变化。

$$生境质量指数=A_{bio}×（0.35×林地+0.21×草地+0.28×水域湿地+0.11×耕地+0.04×建设用地+0.01×未利用地）/区域面积$$

式中，A_{bio}——生境质量指数的归一化系数，值为 511.264 213 106 7。

二、植被覆盖指数

$$植被覆盖指数=\mathrm{NDVI}_{区域均值}=A_{veg}\times\left(\frac{\sum_{i=1}^{n}P_i}{n}\right)$$

式中，P_i——5—9 月像元 NDVI 月最大值的均值；

n——区域像元数；

A_{veg}——植被覆盖指数的归一化系数，参考值为 0.012 116 512 4。

三、水网密度指数

$$水网密度指数=［A_{riv}×河流长度/区域面积+A_{lak}×水域面积（湖泊、水库、河渠和近海）/区域面积+A_{res}×水资源量/区域面积］/3$$

式中，A_{riv}——河流长度的归一化系数，值为 84.370 408 398 1；

A_{lak}——湖库面积的归一化系数，值为 591.790 864 200 5；

A_{res}——水资源量的归一化系数，值为 86.386 954 828 1。

其中，区域河流长度通过 1∶250 000 基础地理信息数据提取，区域湖库面积通过遥感影像数据解译得到，水资源量数据来自《海南省水资源公报》。

四、土地胁迫指数

土地胁迫指数=A_{ero}×（0.4×重度侵蚀面积+0.2×中度侵蚀面积+0.2×建设用地面积+0.2×其他土地胁迫）/区域面积

式中，A_{ero}——土地胁迫指数的归一化系数，值为 236.043 567 794 8。

五、污染负荷指数

污染负荷指数=0.20×A_{COD}×COD 排放量/区域年降水总量+0.20×A_{NH_3}×氨氮排放量/区域年降水总量+0.20×A_{SO_2}×二氧化硫排放量/区域面积+0.10×A_{YFC}×烟（粉）尘排放量/区域面积+0.20×A_{NO_x}×氮氧化物排放量/区域面积+0.10×A_{SOL}×固体废物丢弃量/区域面积

式中，A_{COD}——COD 的归一化系数，值为 4.393 739 728 9；

A_{NH_3}——氨氮的归一化系数，值为 40.176 475 498 6；

A_{SO_2}——二氧化硫的归一化系数，值为 0.064 866 028 7；

A_{YFC}——烟（粉）尘的归一化系数，值为 4.090 445 932 1；

A_{NO_x}——氮氧化物的归一化系数，值为 0.510 304 927 8；

A_{SOL}——固体废物的归一化系数，值为 0.074 989 428 3。

六、生态环境状况指数

EI=0.35×生物丰度指数+0.25×植被覆盖指数+0.15×水网密度指数+0.15×（100−土地胁迫指数）+0.10×（100−污染负荷指数）+环境限制指数

第九章
辐　射

第一节　监测情况

“十三五”期间，海南省辐射环境质量监测点位共 54 个，包括陆域 12 个辐射环境空气自动监测站，12 个空气吸收剂量率监测点，5 个水体监测点（3 个饮用水水源监测点、1 个地表水监测点、1 个地下水监测点），4 个土壤监测点，4 个电磁辐射监测点，近岸海域 3 个海水监测点，3 个海洋生物监测点，昌江核电周边海域 6 个海水监测点，3 个海洋沉积物监测点，2 个海洋生物监测点。54 个点位分布于 10 个市县和三沙永兴岛、儋州兵马角、文昌铜鼓岭、昌江核电周边海域，需要开展 6 类要素 31 个项目的监测。

第二节　评价方法和依据标准

辐射环境监测结果评价方法见表 1-9-1。

表 1-9-1　辐射环境监测结果评价方法

评价类型	监测对象	监测项目	评价对象	评价规则
本底涨落	空气吸收剂量率	连续空气吸收剂量率	小时均值	3σ准则[①]；监测结果处于该点位历年测量值范围内或处于《中国环境天然放射性水平》中海南调查结果范围内或昌江核电运行前本底调查测值范围内
		瞬时空气吸收剂量率	监测值	
		累积剂量	小时均值	
	空气、水、土壤、生物	总 α、总 β、钾-40、铍-7、铅-210、钋-210、铀、钍、铀-238、钍-232、镭-226	样品测量值	3σ准则；监测结果处于该点位历年测量值范围内或昌江核电运行前本底调查测值范围内

评价类型	监测对象	监测项目	评价对象	评价规则
本底涨落或未见异常	空气、水、土壤、生物	氚、锶-90、铯-137	样品测量值	3σ准则；监测结果处于该点位历年测量值范围内或昌江核电运行前本底调查测值范围内
		其余人工 γ 放射性核素	样品测量值	低于探测下限
相关标准规定限值比较	湖库水、江水、饮用水水源地	总 α、总 β	样品测量值	低于《生活饮用水卫生标准》（GB 5749—2006）中规定的放射性指标指导值
	海水	铯-137、锶-90	样品测量值	低于《海水水质标准》（GB 3097—1997）中规定的限值
	地下水	总 α、总 β	样品测量值	低于《地下水质量标准》（GB/T 14848—2017）中规定的III类标准值
	海洋生物	镭-226、铯-137、锶-90	样品测量值	低于《食品中放射性物质限制浓度标准》（GB 14882—1994）中规定的放射性核素限制浓度
	电磁环境	电场强度、磁感应强度	测量值	低于《电磁环境控制限值》（GB 8702—2014）中规定的相应频率范围公众曝露控制限值

注：①数据基于历年监测值统计平均值±3 倍标准偏差的范围时，除自然因素外，其他因素引起的可疑数据不参与统计；若发生点位变动或周围环境变化，则从变化之后起重新计算。原则上，当历年监测值数目小于 10 时，不进行 3σ准则判断，可用与历年监测值范围比较的方法进行判断。统计历年测值范围时，除自然因素外各种原因引起的高于本底水平的数据不参与统计，数据收集期限为点位启用时间至上年度。

第十章
其　他

第一节　生态环境质量变化趋势分析方法

根据《地表水环境质量评价办法（试行）》（环办〔2011〕22 号）和《环境空气质量评价技术规范（试行）》（HJ 663—2013），衡量环境污染变化趋势在统计上有无显著性，最常用的是 Daniel 的趋势检验，它使用了斯皮尔曼（Spearman）秩相关系数（r_s）。用这个方法要求具备足够的数据，一般至少应采用 4 个期间的数据，即 5 个时间序列的数据，给出时间周期（y_1，…，y_n）和它们的相应值 x（即年均值 c_1，…，c_n），从大到小排列好。统计检验用的 r_s 按下式计算：

$$r_s = 1 - \left[6\sum_{i=1}^{n} d_i^2\right] \Big/ \left[n^3 - n\right], \quad d_i = x_i - y_i$$

式中，d_i —— 变量 x_i 与 y_i 的差值；

x_i —— 周期 i 到周期 n 按指标值从小到大排列的序号；

y_i —— 按时间排列的序号。

将 r_s 的绝对值同斯皮尔曼秩相关系数统计表中的临界值（w_p）进行比较，本书按显著水平 0.05 时的临界值进行判定（表 1-10-1）。

表 1-10-1　秩相关系数（r_s）的临界值（w_p）

n	显著水平（单侧检验）0.05	显著水平（单侧检验）0.1	n	显著水平（单侧检验）0.05	显著水平（单侧检验）0.1
5	0.900	1.000	16	0.425	0.601
6	0.829	0.943	18	0.399	0.564

n	显著水平（单侧检验）0.05	显著水平（单侧检验）0.1	n	显著水平（单侧检验）0.05	显著水平（单侧检验）0.1
7	0.714	0.893	20	0.377	0.534
8	0.643	0.833	22	0.359	0.508
9	0.600	0.783	24	0.343	0.435
10	0.564	0.746	26	0.329	0.465
12	0.506	0.712	28	0.317	0.448
14	0.456	0.645	30	0.306	0.432

当 $r_s > w_p$ 时，表明变化趋势具有显著意义：如果 r_s 是负值，表明在评价时段内有关统计量指标变化呈下降或好转趋势；如果 r_s 是正值，表明在评价时段内有关统计量指标变化呈上升或加重趋势。

当 $r_s \leqslant w_p$ 时，表明变化趋势不具有显著意义：在评价时段内，有关统计量指标变化稳定或平稳。

第二节　生态环境质量相关性分析方法

皮尔逊（Pearson）相关系数广泛用于度量两个变量之间的相关程度，其值介于−1～1，要求两个变量必须符合正态分布。

斯皮尔曼秩相关系数被定义成等级变量之间的皮尔逊相关系数，即使用变量的等级次序来计算相关系数，对原始数据的选取、相关形式及分布类型均无要求，通常用于度量变量间单调相关或等级相关性的强弱，其通用性及稳健性较好。相关系数计算公式为

$$r = \frac{\sum_{i=1}^{n}\left(x_i - \bar{x}\right)\left(y_i - \bar{y}\right)}{\sqrt{\sum_{i=1}^{n}\left(x_i - \bar{x}\right)^2 \sum_{i=1}^{n}\left(y_i - \bar{y}\right)^2}}$$

相关系数越接近 1 或−1，表明相关性越强；相关系数越接近 0，表明相关性越弱。同时可使用显著性 P 值检验相关系数存在的真实性，当 $P \leqslant 0.05$ 时，表明相关性显著。

第二篇

生态环境质量状况

SHENGTAI HUANJING
ZHILIANG ZHUANGKUANG

“十三五”期间，海南省陆海统筹、天地一体、上下协同、信息共享的生态环境监测网络已铺开成形，同时海南省在点位数量、监测范围、自动水平等多维度均取得了历史性成就，实现了大气、水、土壤、声、海洋、生态、辐射要素全覆盖，客观反映了海南省生态环境质量状况。

监测结果表明，海南省生态环境质量总体改善。环境空气质量保持优良，$PM_{2.5}$ 浓度首次达到一级标准；地表水水质持续为优，城市（镇）集中式饮用水水源水质稳定达标；近岸海域水质持续为优，海洋沉积物质量稳中向好，典型海洋生态系统处于健康或亚健康状态；地下水和声环境质量总体良好，生态质量持续为优，辐射环境质量保持稳定。

“十三五”时期，海南省生态环境质量的不断改善离不开生态环境保护工作的稳扎稳打，尤其是污染防治攻坚战取得了阶段性胜利。但受社会发展、气象条件、特殊地理位置、环境基础设施不足等因素影响，海南省局部污染和环境问题仍然存在，其中包括不利气象条件下的 O_3 污染加重，个别水体和海湾水污染没有明显改善，海草床生态系统海草覆盖度下降，区域昼间声环境质量变差，生态景观破碎程度略有增加。

第一章 环境空气

“十三五”期间，海南省环境空气质量总体优良，6 项污染物均达标，且远优于二级标准。

第一节 环境空气质量现状

一、海南省环境空气质量状况

（一）优良天数比例

2020 年，海南省环境空气质量总体优良，优良天数比例为 99.5%，其中优级天数比例为 86.0%，良级天数比例为 13.5%，轻度污染天数比例为 0.5%，无中度及以上污染天数。与 2019 年相比，2020 年，海南省优良天数比例上升了 2.0 个百分点，优级天数比例上升了 4.0 个百分点，良级天数比例下降了 2.0 个百分点，轻度污染天数比例下降了 2.0 个百分点（图 2-1-1）。

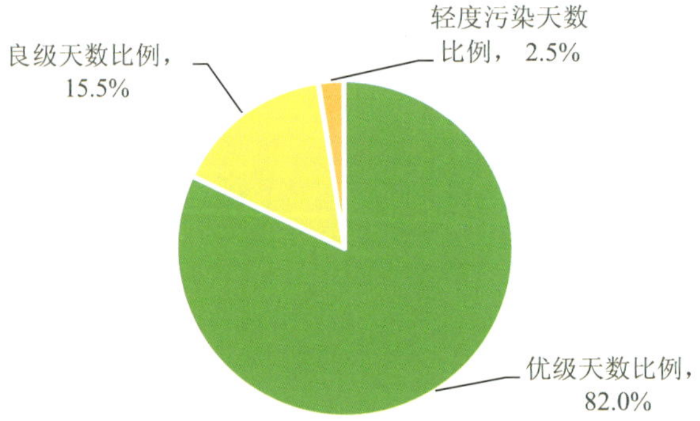

（a）2019 年

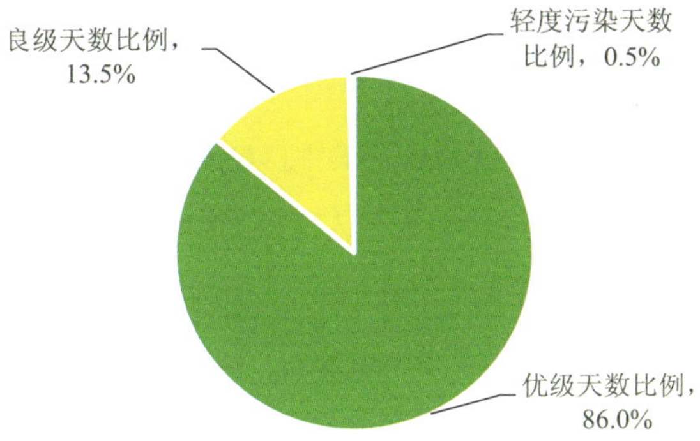

（b）2020 年

图 2-1-1　2019 年与 2020 年海南省环境空气质量各级别天数比例

（二）主要污染物

2020 年，海南省环境空气主要污染物年均浓度分别为：$PM_{2.5}$ 年均浓度为 13 μg/m^3、PM_{10} 年均浓度为 25 μg/m^3、NO_2 年均浓度为 7 μg/m^3、SO_2 年均浓度为 5 μg/m^3、CO 第 95 百分位数浓度为 0.8 mg/m^3、O_3 第 90 百分位数浓度为 105 μg/m^3，其中 $PM_{2.5}$、PM_{10}、NO_2、SO_2 年均浓度及 CO 第 95 百分位数浓度均达到一级标准，O_3 第 90 百分位数浓度达到二级标准。与 2019 年相比，2020 年海南省 $PM_{2.5}$、PM_{10}、NO_2 年均浓度及 O_3 第 90 百分位数浓度均有不同程度的降低，分别下降了 18.8%、10.7%、12.5%和 11.0%；SO_2 年均浓度和 CO 第 95 百分位数浓度持平（图 2-1-2）。

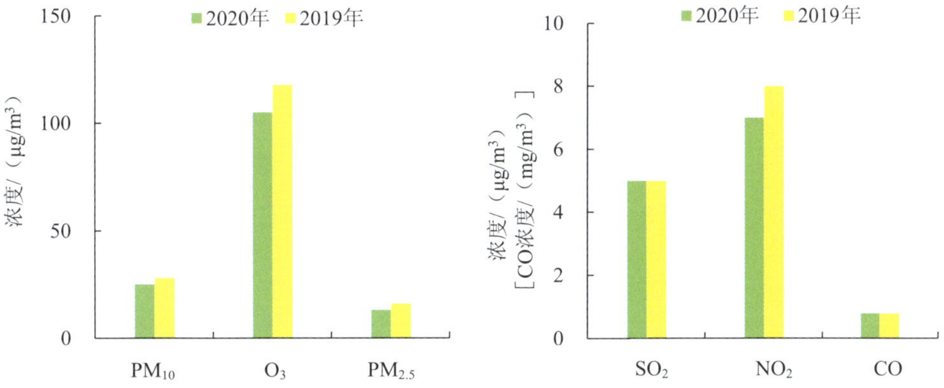

图 2-1-2　2019 年与 2020 年海南省环境空气主要污染物年均浓度比较

（三）环境空气质量综合指数

海南省环境空气质量综合指数为 1.843，其中，O_3 单项质量指数为 0.656，$PM_{2.5}$ 单项质量指数为 0.371，PM_{10} 单项质量指数为 0.357，CO 单项质量指数为 0.200，NO_2 单项质量指数为 0.175，SO_2 单项质量指数为 0.083。各污染物单项质量指数的贡献率分别为 35.6%（O_3）、20.2%（$PM_{2.5}$）、19.4%（PM_{10}）、10.8%（CO）、9.5%（NO_2）和 4.5%（SO_2），O_3、$PM_{2.5}$ 和 PM_{10} 对全省环境空气质量的影响较大（图 2-1-3）。

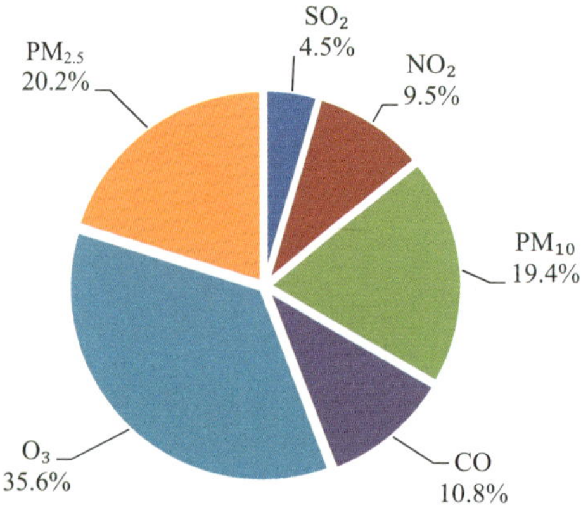

图 2-1-3　2020 年海南省环境空气各污染物单项质量指数贡献率

二、各市县环境空气质量状况

以海南省行政区划为基础，结合地形地貌、气候特征及社会经济，将全省 18 个市县（不含三沙市）划分为东、西、南、北、中 5 个区域。其中，北部区域包括海口、临高、澄迈、定安、屯昌等 5 个市县，东部区域包括文昌、琼海、万宁等 3 个市县，西部区域包括儋州、昌江、东方等 3 个市县，中部区域包括五指山、白沙、琼中、保亭等 4 个市县，南部区域包括三亚、乐东、陵水等 3 个市县。

（一）优良天数比例

2020 年，三亚、儋州、五指山、琼海、白沙、琼中等 6 个市县优良天数比例达 100%；文昌、万宁、定安、屯昌、澄迈、乐东、陵水、保亭等 8 个市县出现 1～2 天轻度污染天气，优良天数比例为 99.4%～99.7%；海口、东方、临高、昌江等 4 个市县出现 5～6

天轻度污染天气，优良天数比例为 98.3%～98.6%。超标污染物均为 O_3。

与 2019 年相比，2020 年儋州、五指山、保亭、琼中等市县的优良天数比例持平；昌江县优良天数比例下降了 0.5 个百分点；其余市县优良天数比例均有不同程度的上升，上升范围为 0.2～4.9 个百分点（图 2-1-4）。

图 2-1-4　2019—2020 年海南省各市县环境空气优良天数比例

（二）主要污染物

1. $PM_{2.5}$

2020 年，海南省 18 个市县（不含三沙市）$PM_{2.5}$ 日平均浓度范围为 2～67 μg/m³，均达到二级标准，其中未达到一级标准的天数比例为 3.3%（212 天）；各市县 $PM_{2.5}$ 年均浓度为 9～17 μg/m³，海口、三亚、儋州、五指山、琼海、文昌、万宁、东方、定安、白沙、乐东、陵水、保亭、琼中等 14 个市县的 $PM_{2.5}$ 年均浓度达到一级标准。

与 2019 年相比，2020 年屯昌县 $PM_{2.5}$ 年均浓度上升了 1 μg/m³，其余市县均有不同程度的下降，下降范围为 1～4 μg/m³（图 2-1-5）。

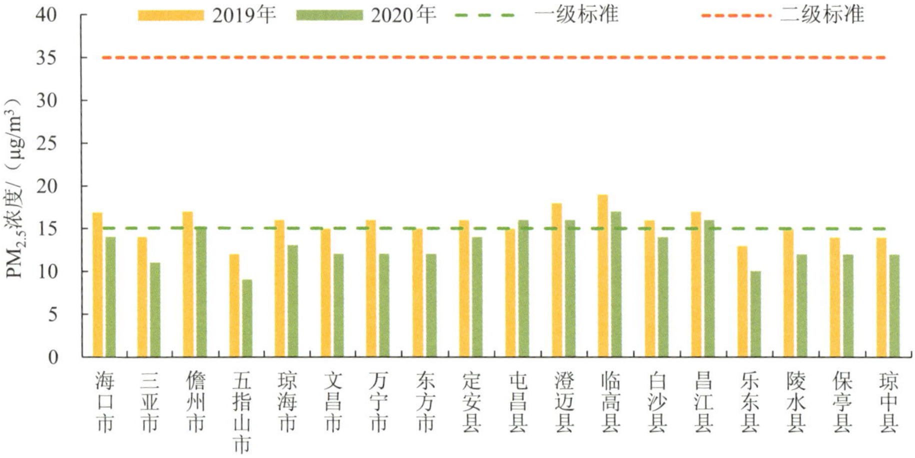

图 2-1-5　2019—2020 年海南省各市县 $PM_{2.5}$ 年均浓度

2. O_3

2020 年，海南省 18 个市县（不含三沙市）O_3 最大 8 小时滑动平均浓度为 13～201 μg/m³，其中未达到一级标准的天数比例为 12.5%（818 天），超过二级标准的天数比例为 0.5%（34 天）；各市县 O_3 第 90 百分位数浓度为 90～123 μg/m³，其中三亚、儋州、五指山、琼海、白沙、琼中等 6 个市县 O_3 第 90 百分位数浓度达到一级标准，其余市县达到二级标准。

与 2019 年相比，2020 年五指山市、昌江县的 O_3 第 90 百分位数浓度略有上升，上升幅度在 2～4 μg/m³；保亭县持平；其余市县均有所下降，下降幅度在 5～25 μg/m³（图 2-1-6）。

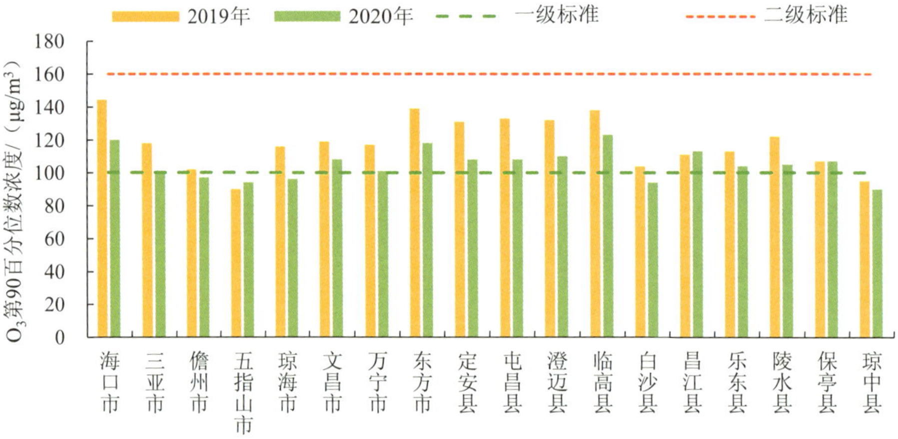

图 2-1-6　2019—2020 年海南省各市县 O_3 第 90 百分位数浓度

3. PM_{10}

2020 年，海南省 18 个市县（不含三沙市）PM_{10} 日平均浓度为 4～92 μg/m^3，均达到二级标准，其中未达到一级标准的天数比例为 4.2%（277 天）；各市县 PM_{10} 年均浓度为 17～29 μg/m^3，均达到一级标准。

与 2019 年相比，2020 年儋州市、白沙县 PM_{10} 年均浓度上升了 1 μg/m^3；其余市县均有不同程度的下降，下降幅度为 1～13 μg/m^3（图 2-1-7）。

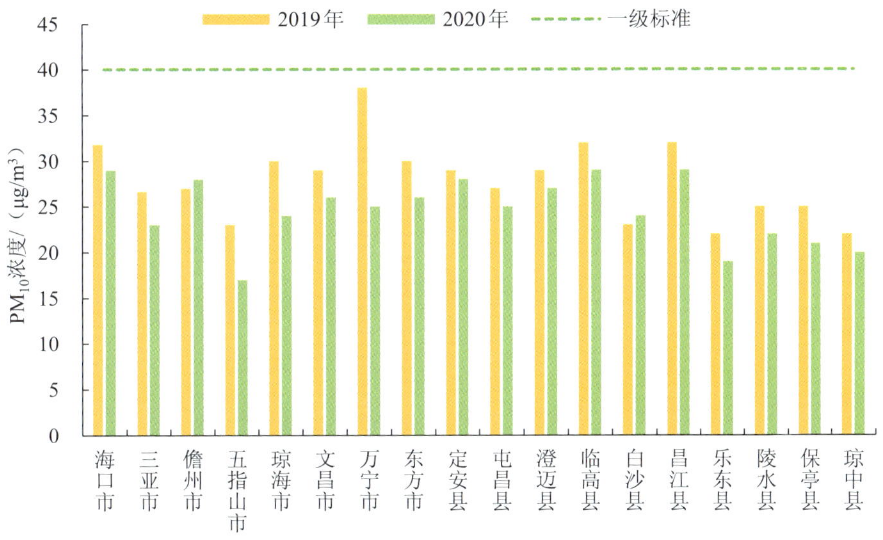

图 2-1-7　2019—2020 年海南省各市县 PM_{10} 年均浓度

4. NO_2

2020 年，海南省 18 个市县（不含三沙市）NO_2 日平均浓度为 1～38 μg/m^3，远低于一级标准；各市县 NO_2 年均浓度为 4～11 μg/m^3，远低于一级标准。

与 2019 年相比，2020 年五指山市、万宁市、东方市、澄迈县和保亭县 NO_2 年均浓度均有不同程度的上升，上升幅度为 1～3 μg/m^3；三亚市、儋州市、定安县、白沙县和乐东县持平；其余市县均有不同程度的下降，下降幅度为 1～2 μg/m^3（图 2-1-8）。

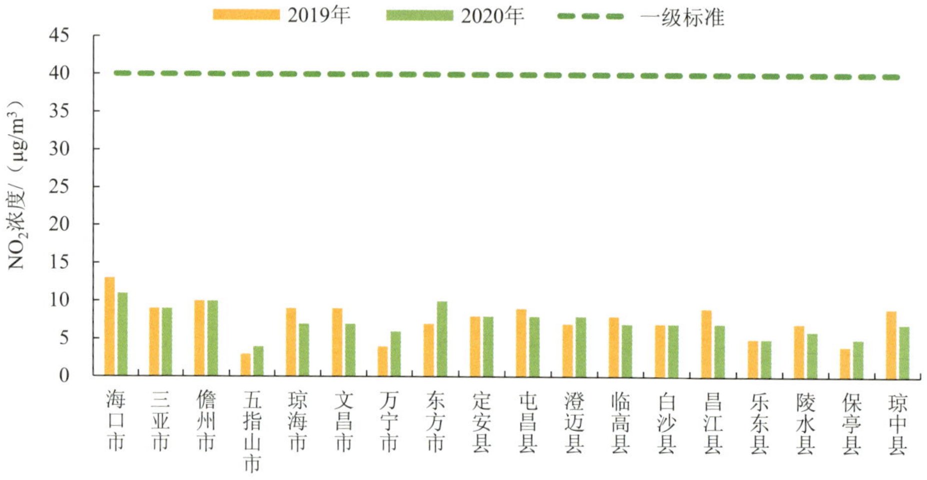

图 2-1-8　2019—2020 年海南省各市县 NO_2 年均浓度

5. SO_2

2020 年，海南省 18 个市县（不含三沙市）SO_2 日平均浓度为 1～26 μg/m^3，远低于一级标准；各市县 SO_2 年均浓度为 2～9 μg/m^3，远低于一级标准。

与 2019 年相比，2020 年白沙、保亭、琼中等县 SO_2 年均浓度均上升了 1 μg/m^3，三亚、万宁、东方、屯昌、临高、昌江、乐东等市县持平，其余市县均有不同程度的下降，下降幅度为 1～2 μg/m^3（图 2-1-9）。

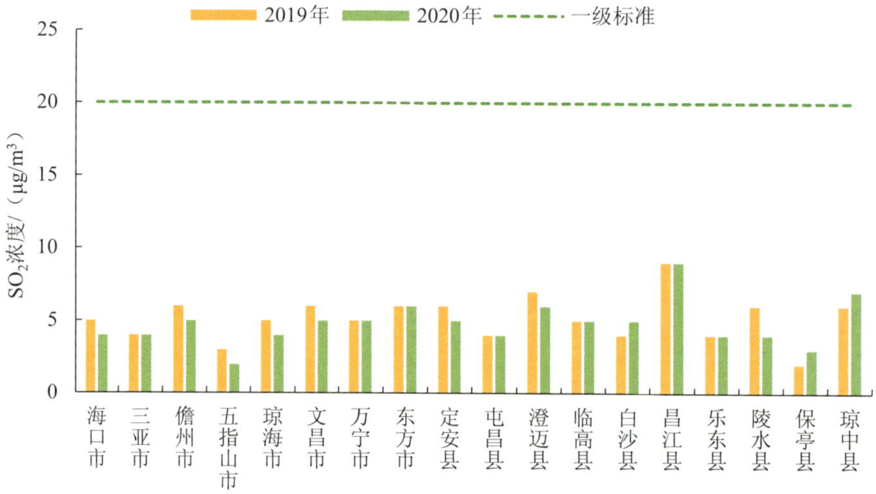

图 2-1-9　2019—2020 年海南省各市县 SO_2 年均浓度

6. CO

2020 年，海南省 18 个市县（不含三沙市）CO 日平均浓度为 0.1～1.6 mg/m^3，远低于一级标准；各市县 CO 第 95 百分位数浓度为 0.6～1.1 mg/m^3，远低于一级标准。

与 2019 年相比，2020 年五指山、澄迈、琼海、昌江等市县 CO 第 95 百分位数浓度上升了 0.1～0.2 mg/m^3，文昌、临高、白沙、乐东、保亭、琼中等市县持平，其余市县均下降了 0.1 mg/m^3（图 2-1-10）。

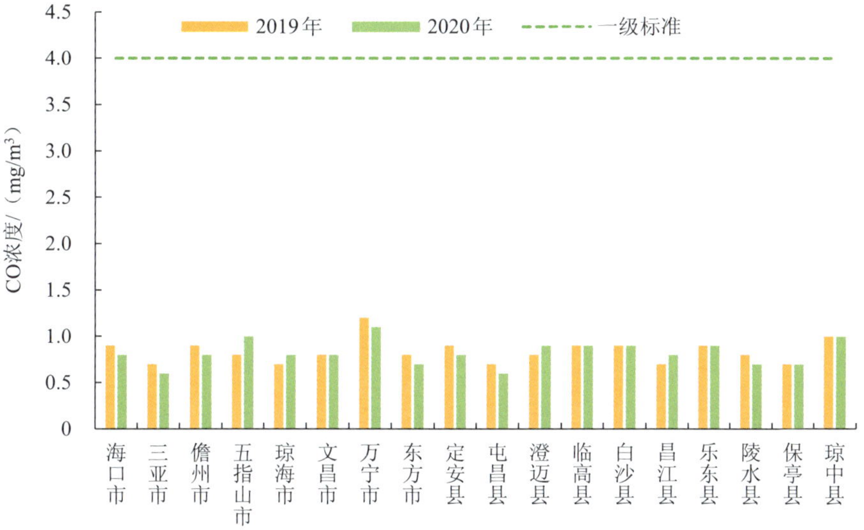

图 2-1-10　2019—2020 年海南省各市县 CO 第 95 百分位数浓度

（三）各市县环境空气质量级别与占比

2020 年，海南省环境空气质量级别为一级的市县有 6 个，占 33.3%；环境空气质量级别为二级的市县有 12 个，占 66.7%。其中，海口、三亚、儋州、五指山、琼海、文昌、万宁、东方、定安、白沙、乐东、陵水、保亭、琼中等 14 个市县 $PM_{2.5}$ 年均浓度达到一级标准，其余市县达到二级标准；三亚、儋州、五指山、琼海、白沙、琼中等 6 个市县 O_3 第 90 百分位数浓度达到一级标准，其余市县达到二级标准；全省 18 个市县（不含三沙市）的 PM_{10}、NO_2、SO_2 年均浓度和 CO 第 95 百分位数浓度均达到一级标准。

与 2019 年相比，2020 年三亚、儋州、琼海、白沙等 4 个市县空气质量级别由二级上升为一级，其余市县环境空气质量级别保持不变。三亚、儋州、琼海、白沙等 4 个市

县 O_3 第 90 百分位数浓度由二级上升为一级，其余市县等级保持不变；海口、儋州、琼海、万宁、定安、白沙等 6 个市县 $PM_{2.5}$ 年均浓度由二级上升为一级，屯昌县由一级下降为二级，其余市县保持不变（图 2-1-11）。

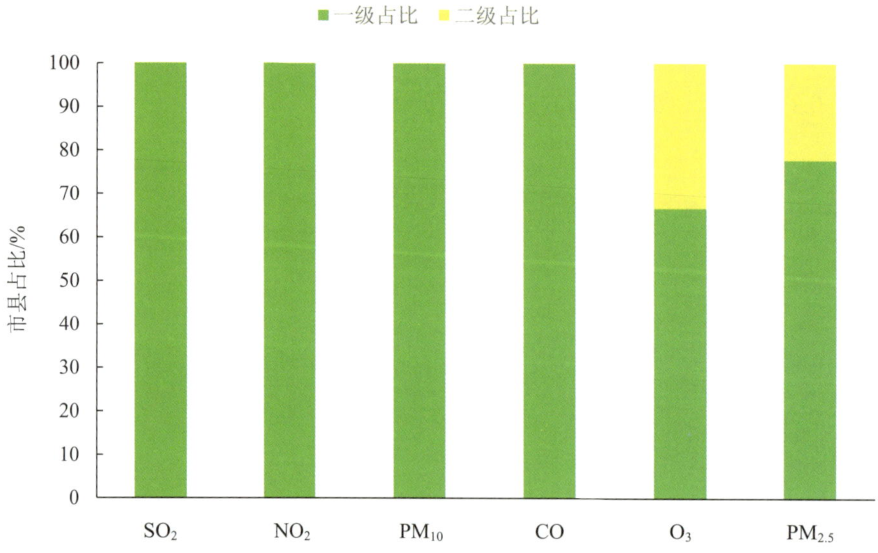

图 2-1-11　2020 年海南省环境空气主要污染物各级市县占比

（四）各市县综合指数

2020年，海南省18个市县（不含三沙市）环境空气质量综合指数为1.471～2.152。五指山市的环境空气质量综合指数最低，为1.471；乐东、保亭、三亚、陵水、琼中、琼海等市县的环境空气质量综合指数为1.600～1.800；白沙、万宁、文昌、屯昌、定安、儋州、东方等市县的环境空气质量综合指数为1.800～2.000；澄迈、昌江、海口、临高等市县环境空气质量综合指数大于2.000。

与 2019 年相比，2020 年海口、澄迈、定安、琼海、陵水、乐东、万宁、三亚等市县环境空气质量排名有所上升，五指山、文昌等市县持平，其余市县排名均有所下降（表 2-1-1）。

表 2-1-1　2020 年海南省各市县环境空气质量排名及变化

排名	城市	环境空气质量综合指数	名次同比变化	排名	城市	环境空气质量综合指数	名次同比变化
1	五指山市	1.471	持平→	10	文昌市	1.848	持平→
2	乐东县	1.624	上升↑1	11	屯昌县	1.906	下降↓1
3	保亭县	1.662	下降↓1	12	定安县	1.958	上升↑2
4	三亚市	1.703	上升↑2	13	儋州市	1.968	下降↓5
5	陵水县	1.705	上升↑2	14	东方市	1.977	下降↓1
6	琼中县	1.733	下降↓2	15	澄迈县	2.055	上升↑1
7	琼海市	1.756	上升↑2	16	昌江县	2.103	下降↓4
8	白沙县	1.814	下降↓3	17	海口市	2.106	上升↑1
9	万宁市	1.840	上升↑5	18	临高县	2.152	下降↓1

注：各市县环境空气质量综合指数差异较小，为方便各市县排名，保留 3 位小数。

（五）首要污染物分析

2020 年，海南省 18 个市县（不含三沙市）共出现 34 天污染物超标天，空气质量级别为轻度污染，超标污染物均为 O_3，除三亚、儋州、五指山、琼海、白沙、琼中等 6 个市县未出现污染物超标天外，其余市县出现超标天数为 1～6 天。

海南省 18 个市县（不含三沙市）共出现 874 天良级天，占比为 13.5%，首要污染物为 O_3、$PM_{2.5}$ 和 PM_{10}，占比分别为 85.6%、5.4%和 10.0%，各市县良级天数为 23～83 天，其中以 O_3 为首要污染物的天数占比为 58.3%～100%，以 $PM_{2.5}$ 为首要污染物的天数占比为 0～37.5%，以 PM_{10} 为首要污染物的天数占比为 0～23.5%，其中有 8 天出现了两个首要污染物。

第二节　环境空气质量时空变化规律分析

一、海南省环境空气质量时间变化规律

（一）日变化

海南省 $PM_{2.5}$ 日内 1 小时平均浓度变化为 12～15 μg/m^3，波动幅度较小，最小值出

现在 14—16 时，最大值出现在 20 时。

PM_{10} 日内 1 小时平均浓度变化为 23～27 μg/m^3，波动呈明显的双峰型日变化规律，峰值分别出现在 10—11 时和 19—20 时（图 2-1-12）。

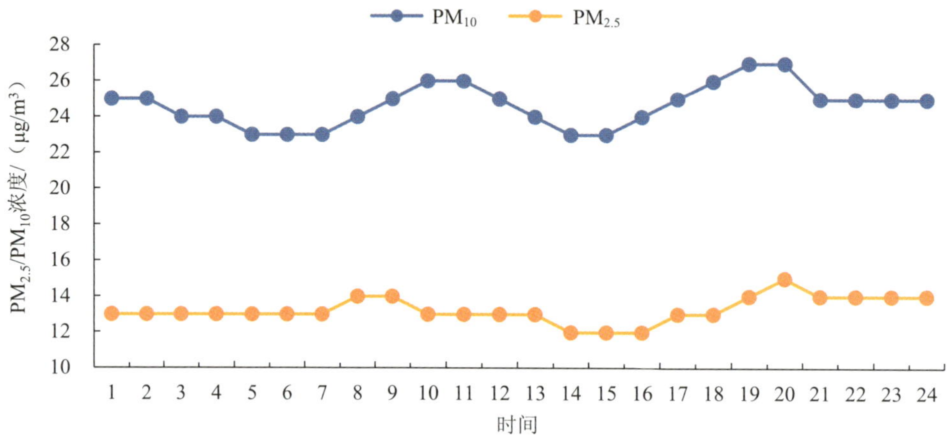

图 2-1-12　2020 年海南省 $PM_{2.5}$ 和 PM_{10} 的日内 1 小时平均浓度变化

O_3 日内 1 小时平均浓度变化为 36～68 μg/m^3，波动呈单峰型日变化规律，8 时达到最低值，从 9 时起 O_3 浓度逐渐上升，15 时达到峰值后下降。

NO_2 日内 1 小时平均浓度变化为 5～9 μg/m^3，波动呈单峰型日变化规律，最高值 9 μg/m^3 出现在 8—9 时，最低值 5 μg/m^3 出现在 14 时，与 O_3 的峰值区/谷值区相反（图 2-1-13）。

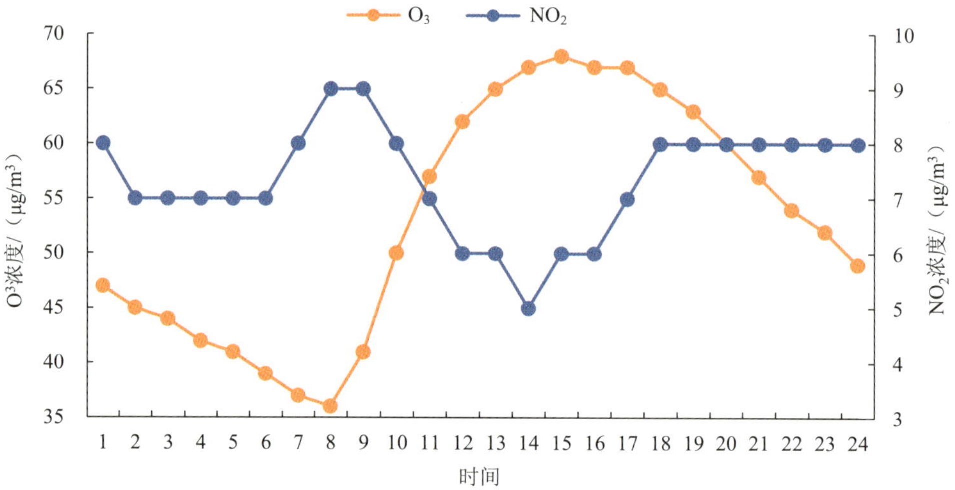

图 2-1-13　2020 年海南省 O_3 及 NO_2 的日内 1 小时平均浓度变化

SO_2 和 CO 日内 1 小时平均浓度均处于低浓度范围，其中 SO_2 的 1 小时平均浓度均为 5 μg/m³，未发生变化；CO 的 1 小时平均浓度为 0.5～0.6 mg/m³（图 2-1-14）。

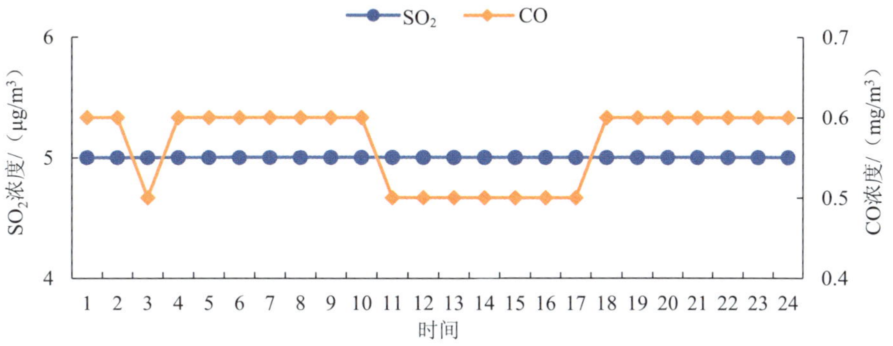

图 2-1-14　2020 年海南省 SO_2 和 CO 的日内 1 小时平均浓度变化

（二）月变化

海南省 O_3 月均浓度为 59～141 μg/m³，除 4 月、10 月、11 月、12 月月均浓度达到二级标准外，其余月份浓度均达到一级标准，且 6—9 月月均浓度明显低于其余月份。

$PM_{2.5}$ 和 PM_{10} 月均浓度分别为 7～25 μg/m³、17～39 μg/m³，变化趋势基本一致，6—9 月月均浓度明显低于其余月份。其中，11 月和 12 月的 $PM_{2.5}$ 月均浓度未达到一级标准，其余月份 $PM_{2.5}$ 月均浓度均达到一级标准；各月 PM_{10} 月均浓度均达到一级标准（图 2-1-15）。

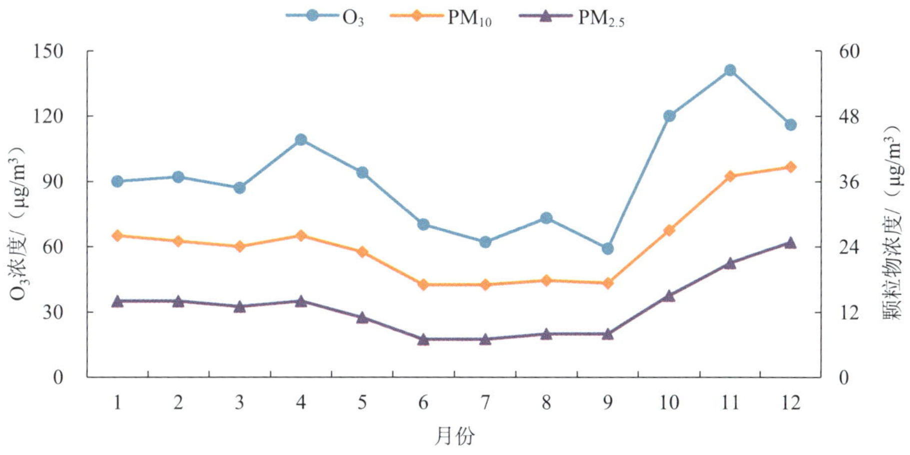

图 2-1-15　2020 年海南省 O_3、$PM_{2.5}$ 及 PM_{10} 月均浓度变化

SO_2、NO_2 和 CO 月均浓度均在低浓度范围内波动，SO_2 和 NO_2 的月均浓度分别为 4～6 μg/m^3、5～13 μg/m^3，其中 NO_2 波动较为明显，在 11 月和 12 月出现高值；CO 月均浓度为 0.6～0.9 mg/m^3（图 2-1-16）。

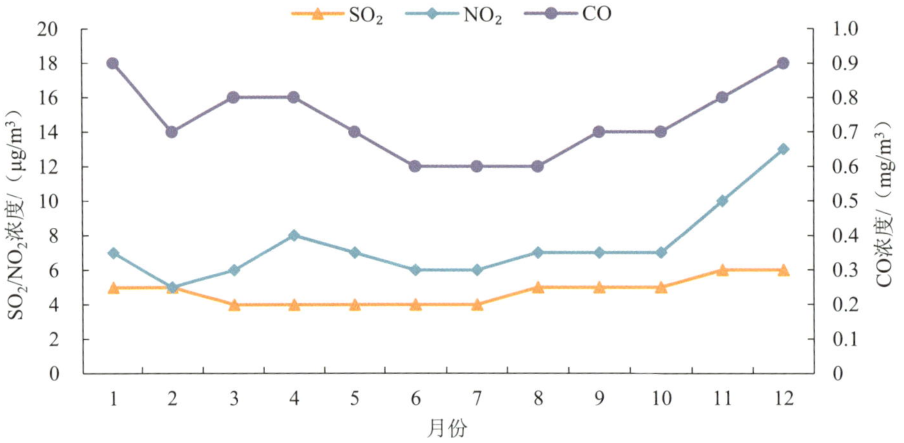

图 2-1-16　2020 年海南省 SO_2、NO_2 及 CO 月均浓度变化

（三）季风转变空气质量变化

海南省为热带海洋性季风气候，冬季受蒙古高压及地转偏向力的影响，9 月至次年 4 月盛行风向一般以东北风为主；夏季则受印度低压影响，5—8 月以偏南风为主（图 2-1-17）。

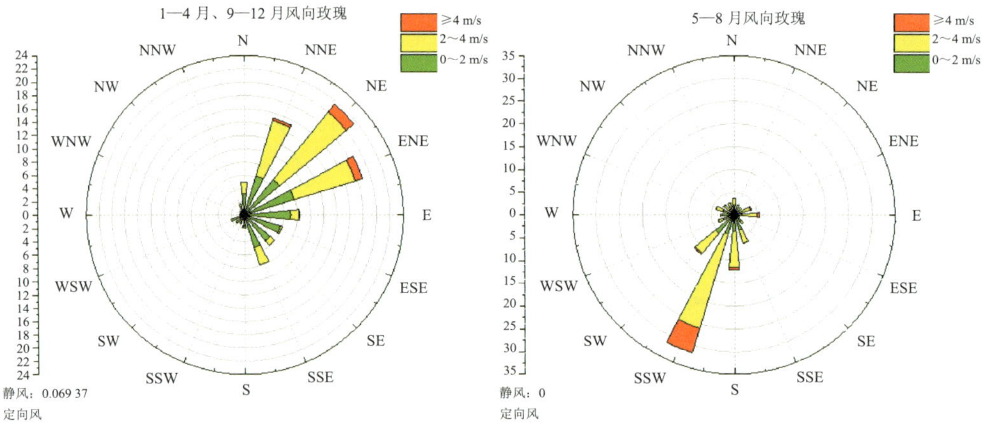

图 2-1-17　海南省冬季、夏季风向玫瑰图

海南省环境空气质量受季风气候影响明显，盛行风向以东北风为主时（1—4 月、9—12 月），全省环境空气质量优良天数比例为 99.2%，O_3、$PM_{2.5}$、PM_{10}浓度分别为 111 μg/m^3、16 μg/m^3、28 μg/m^3；而盛行风向以偏南风为主时（5—8 月），优良天数比例为 100%，O_3、$PM_{2.5}$、PM_{10}浓度分别为 82 μg/m^3、8 μg/m^3、19 μg/m^3，优良天数比例上升了 0.8 个百分点，主要污染物浓度分别下降了 26.1%、50.0%、32.1%（图 2-1-18）。

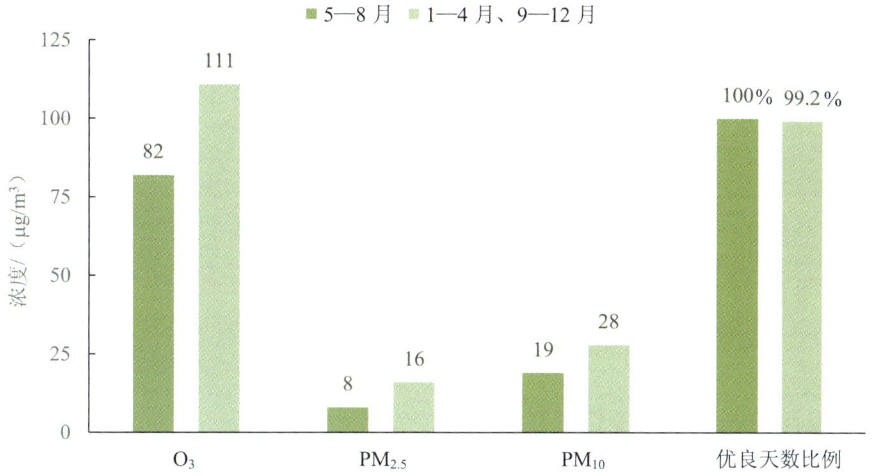

图 2-1-18　2020 年季风转变条件下海南省环境空气优良天数比例和主要污染物对比

二、各市县环境空气质量时空变化分布规律分析

（一）时间变化规律

1. 各市县日变化规律

2020 年 6—9 月，海南省 18 个市县（不含三沙市）环境空气质量基本为优；1—5 月，全省 18 个市县（不含三沙市）环境空气质量以优为主，部分市县出现良级天，4 月澄迈县出现 1 天轻度污染；10—12 月，全省 18 个市县（不含三沙市）空气质量明显转差，以优良为主，个别时间段出现大范围轻度污染天（图 2-1-19）。

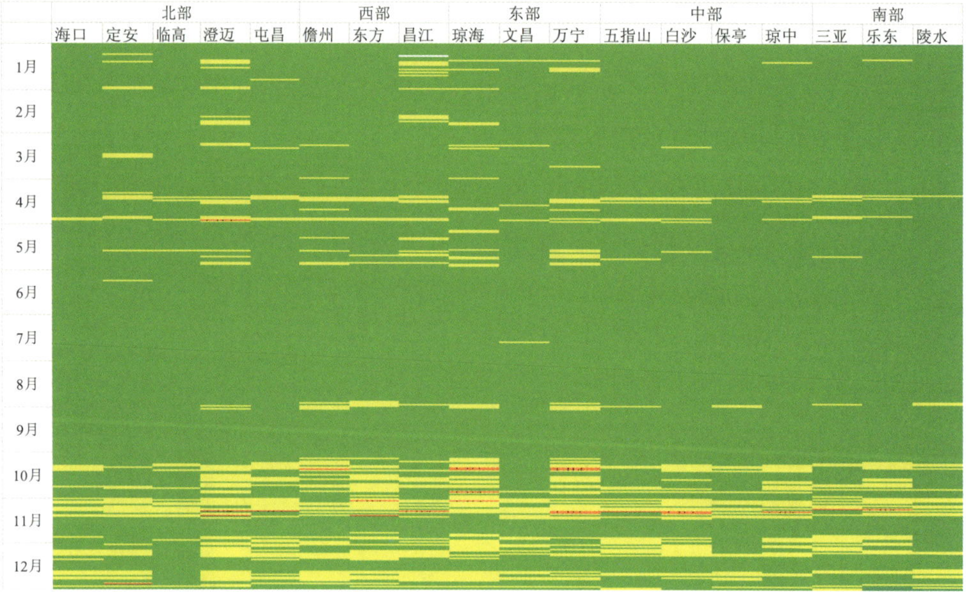

图 2-1-19　2020 年海南省各市县环境空气质量日历

2. 各市县污染物浓度月变化规律

（1）$PM_{2.5}$。2020 年海南省 18 个市县（不含三沙市）$PM_{2.5}$ 各月月均浓度为 4～35 μg/m^3，10—12 月市县月均浓度差异较大，6—7 月各市县月均浓度差异较小（图 2-1-20）。

（2）PM_{10}。2020 年海南省 18 个市县（不含三沙市）PM_{10} 各月月均浓度为 12～54 μg/m^3，10—12 月各市县月均浓度差异较大，8—9 月各市县月均浓度差异较小（图 2-1-20）。

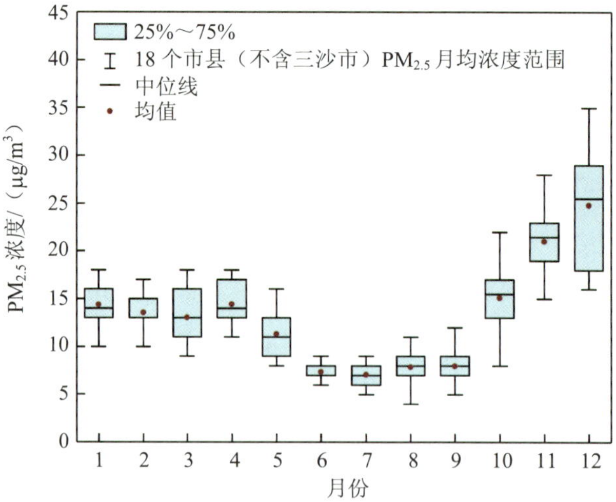

（a）

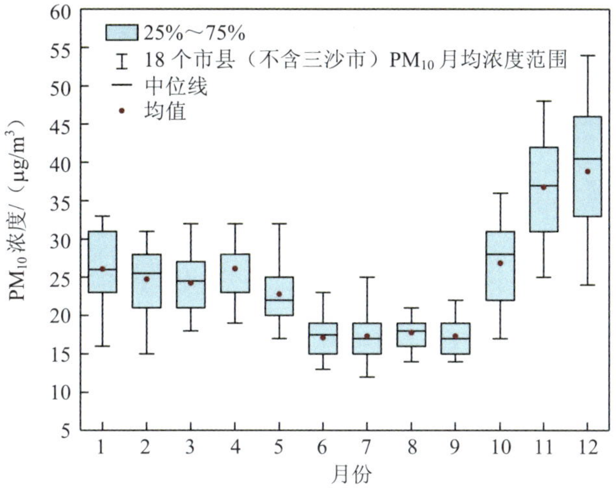

（b）

图 2-1-20　2020 年海南省各市县颗粒物月均浓度分布

（3）O_3。2020年海南省18个市县（不含三沙市）O_3各月月均浓度为37～171 μg/m³，10—11月市县月均浓度差异较大，3月和6—7月各市县月均浓度差异较小（图2-1-21）。

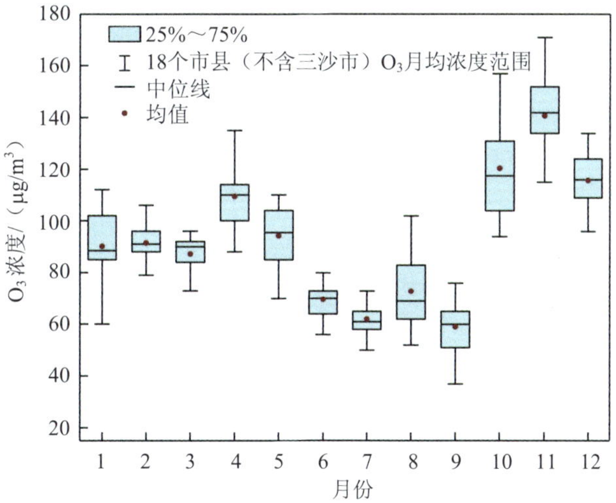

图 2-1-21　2020 年海南省各市县 O_3 月均浓度分布

（4）SO_2、NO_2、CO。2020 年海南省 18 个市县（不含三沙市）SO_2、NO_2、CO 各月月均浓度分别为 1～26 μg/m³、1～38 μg/m³、0.1～1.6 mg/m³，各市县差异不大。

（二）空间变化规律

2020 年，海南省环境空气 6 项主要污染物浓度均呈北部较高、中部较低的分布规律。

海南省 18 个市县（不含三沙市）的 $PM_{2.5}$ 年均浓度为 9～17 μg/m^3。其中北部、西部 $PM_{2.5}$ 年均浓度较大，分别达到 15 μg/m^3 和 14 μg/m^3，高值区集中在北部的澄迈县、屯昌县、临高县和西部的儋州市、昌江县；东部、中部地区 $PM_{2.5}$ 年均浓度均为 12 μg/m^3；南部地区 $PM_{2.5}$ 年均浓度最低，为 11 μg/m^3（图 2-1-22）。

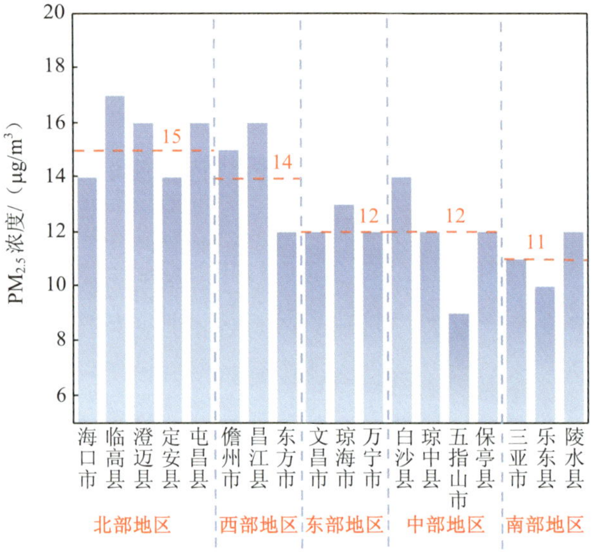

图 2-1-22　2020 年海南省各市县 $PM_{2.5}$ 年均浓度空间分布

海南省 18 个市县（不含三沙市）的 PM_{10} 年均浓度为 17～29 μg/m^3。北部、西部地区 PM_{10} 浓度偏高，年均浓度为 28 μg/m^3，海口市、定安县、临高县、儋州市、昌江县为高值区；东部地区 PM_{10} 年均浓度为 25 μg/m^3，南部和中部地区 PM_{10} 年均浓度为 21 μg/m^3，与 $PM_{2.5}$ 变化规律相似（图 2-1-23）。

海南省 18 个市县（不含三沙市）的 O_3 第 90 百分位数浓度为 90～123 μg/m^3。北部和西部地区 O_3 第 90 百分位数浓度偏高，分别为 114 μg/m^3 和 109 μg/m^3，高值区主要集中在海口市、澄迈县、临高县、东方市和昌江县；东部、南部地区 O_3 第 90 百分位数浓度分别为 102 μg/m^3 和 103 μg/m^3；中部地区 O_3 第 90 百分位数浓度最低，为 96 μg/m^3（图 2-1-24）。

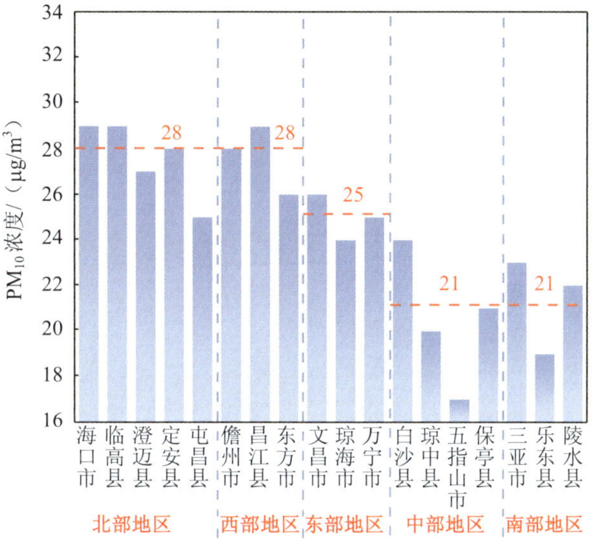

图 2-1-23 2020 年海南省各市县 PM_{10} 年均浓度空间分布

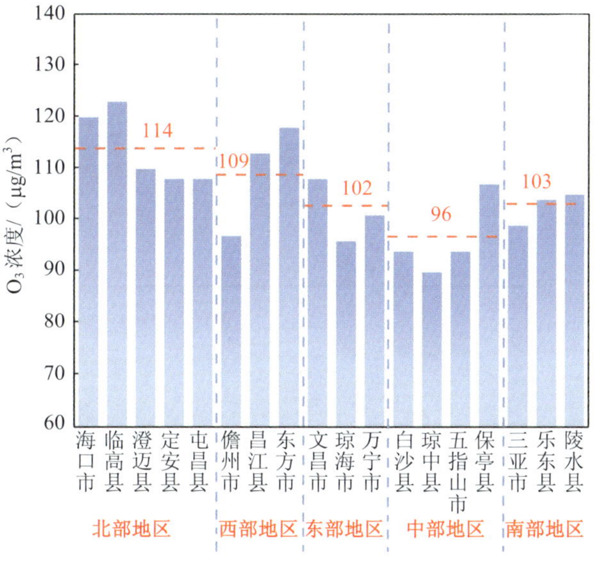

图 2-1-24 2020 年海南省各市县 O_3 第 90 百分位数浓度空间分布

海南省 18 个市县（不含三沙市）的 SO_2 年均浓度为 2～9 μg/m^3。西部地区 SO_2 年均浓度为 7 μg/m^3，尤其是昌江县浓度最高；北部和东部地区 SO_2 年均浓度均为 5 μg/m^3；中部和南部地区 SO_2 年均浓度最低，为 4 μg/m^3，低浓度区出现在五指山市、保亭县（图 2-1-25）。

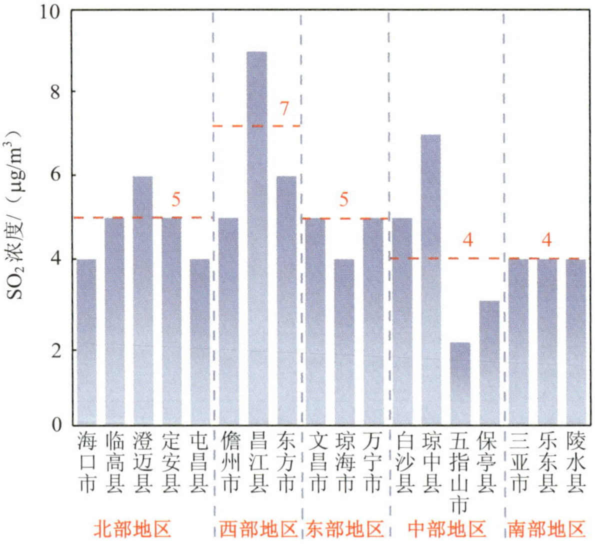

图 2-1-25　2020 年海南省各市县 SO_2 年均浓度空间分布

海南省 18 个市县（不含三沙市）的 NO_2 年均浓度为 4～11 μg/m³。其中北部、西部地区 NO_2 年均浓度较大，分别为 8 μg/m³ 和 9 μg/m³，海口市、儋州市和东方市均为高值区；东部、南部地区 NO_2 年均浓度均为 7 μg/m³；中部地区 NO_2 年均浓度最低，为 6 μg/m³（图 2-1-26）。

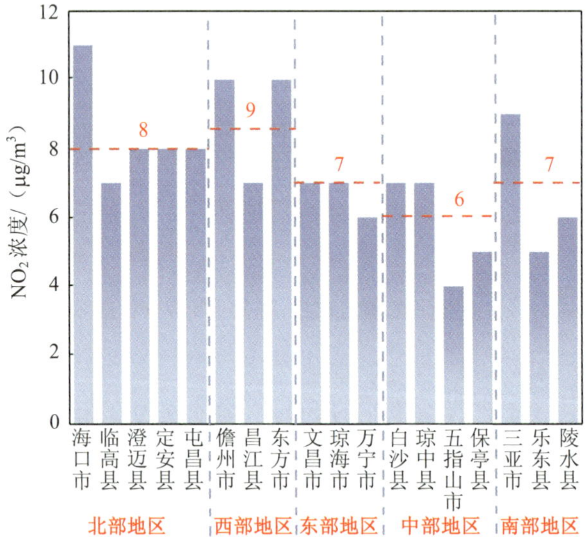

图 2-1-26　2020 年海南省各市县 NO_2 年均浓度空间分布

海南省 18 个市县（不含三沙市）的 CO 第 95 百分位数浓度在 0.6～1.1 mg/m^3 内波动，各区域均处于低浓度水平（图 2-1-27）。

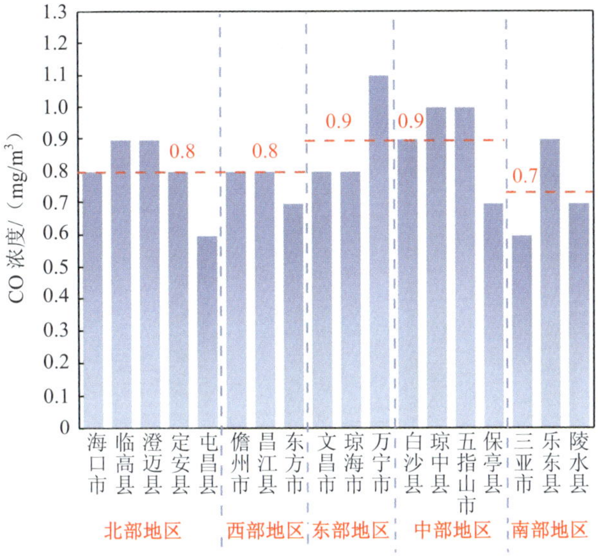

图 2-1-27　2020 年海南省各市县 CO 第 95 百分位数浓度空间分布

第三节　“十三五”期间环境空气质量变化趋势分析

一、优良天数比例年际对比分析

“十三五”期间，海南省环境空气优良天数比例为 97.5%～99.8%，在高水平范围内呈波动上升趋势，其中优级天数比例为 82.0%～86.4%，呈波动上升趋势。

“十三五”时期末（2020 年）与“十二五”时期末（2015 年）相比，海南省环境空气优良天数比例上升 0.6 个百分点（图 2-1-28）。

“十三五”期间，海南省 18 个市县（不含三沙市）环境空气优良天数比例为 93.7%～100%，整体呈上升趋势。五指山市优良天数比例基本保持在 100%；海口、万宁、琼海、定安、澄迈、临高、白沙、昌江、乐东、陵水、保亭等 11 个市县优良天数比例均呈波动下降趋势；其余 6 个市县均呈波动上升趋势。秩相关系数法分析结果表明，各市县优良天数比例均无显著变化趋势。

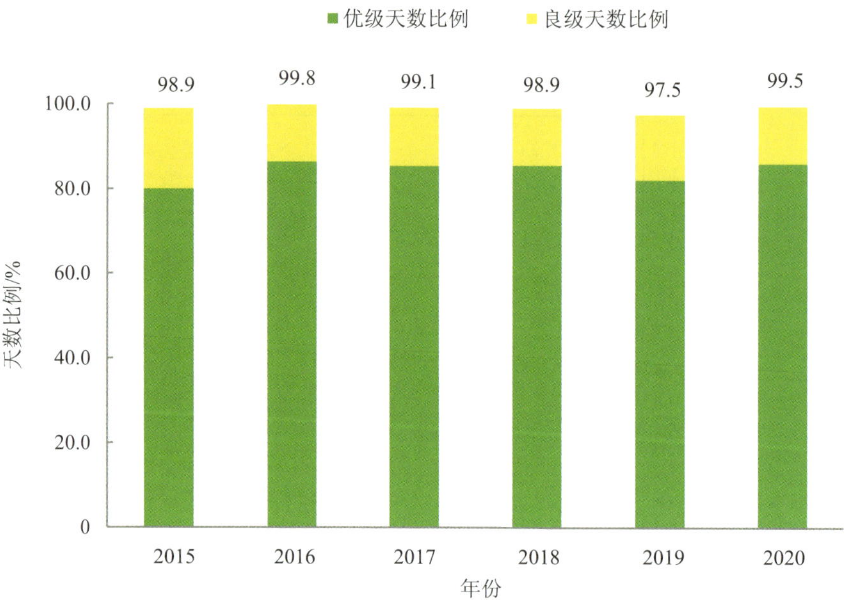

图 2-1-28　2015—2020 年海南省环境空气优良天数比例年际变化

“十三五”时期末（2020 年）与“十二五”时期末（2015 年）相比，文昌市优良天数比例持平；三亚、儋州、五指山、琼海、万宁、定安、屯昌、澄迈、临高、白沙、乐东、陵水、保亭、琼中等 14 个市县优良天数比例上升，涨幅为 0.3～2.2 个百分点，其中万宁市涨幅最大；其余 3 个市县优良天数比例下降，降幅为 0.3～0.5 个百分点，其中东方市降幅最大。

二、污染物浓度年际对比分析

（一）$PM_{2.5}$

“十三五”期间，海南省环境空气 $PM_{2.5}$ 年均浓度为 13～17 μg/m^3，呈下降趋势，明显低于二级标准，其中 2020 年首次达到一级标准。

“十三五”时期末（2020 年）与“十二五”时期末（2015 年）相比，海南省 $PM_{2.5}$ 年均浓度下降 5 μg/m^3，下降幅度为 27.8%（图 2-1-29）。

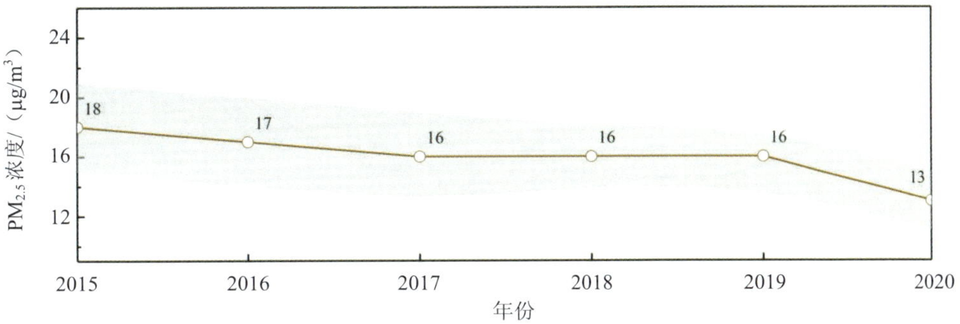

图 2-1-29　2015—2020 年海南省 $PM_{2.5}$ 浓度年际变化（均值±标准偏差）

"十三五"期间，海南省 18 个市县（不含三沙市）$PM_{2.5}$ 年均浓度为 9～23 μg/m^3，整体呈下降趋势。海南省 18 个市县（不含三沙市）$PM_{2.5}$ 年均浓度均明显低于二级标准，部分市县低于一级标准。秩相关系数法分析结果表明，海口、儋州、东方、定安、临高、乐东、琼中等 7 个市县下降趋势显著。

"十三五"时期末（2020 年）与"十二五"时期末（2015 年）相比，乐东县 $PM_{2.5}$ 年均浓度有所上升，涨幅为 11.1%；其余 17 个市县 $PM_{2.5}$ 年均浓度均有所下降，降幅为 5.9%～40.0%，其中东方市 $PM_{2.5}$ 年均浓度降幅最大。

（二）O_3

"十三五"期间，海南省环境空气 O_3 第 90 百分位数浓度为 96～118 μg/m^3，总体表现为波动上升趋势，明显低于二级标准，近两年 O_3 第 90 百分位数浓度略高于一级标准；最小值出现在 2016 年，最大值出现在 2019 年。

"十三五"时期末（2020 年）与"十二五"时期末（2015 年）相比，海南省 O_3 第 90 百分位数浓度下降 2 μg/m^3，下降了 1.9%（图 2-1-30）。

"十三五"期间，海南省 18 个市县（不含三沙市）O_3 第 90 百分位数浓度为 73～144 μg/m^3，整体呈波动上升趋势，个别市县呈波动下降趋势。海南省 18 个市县（不含三沙市）O_3 第 90 百分位数浓度均明显低于二级标准，部分市县 O_3 第 90 百分位数浓度低于一级标准。秩相关系数法分析结果表明，五指山、保亭 2 个市县 O_3 第 90 百分位数浓度均上升趋势显著。

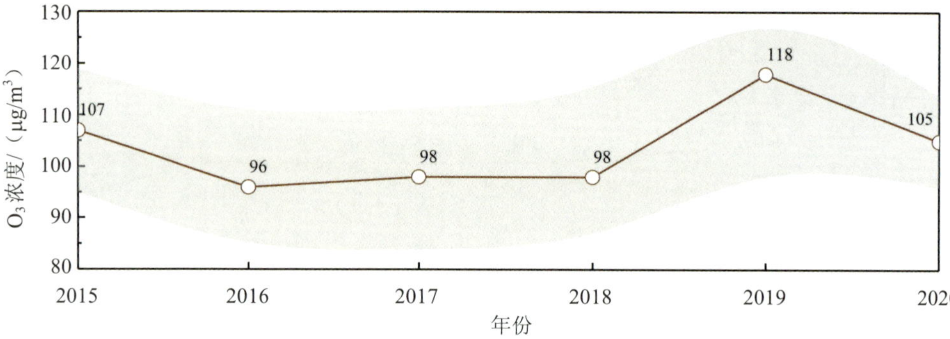

图 2-1-30　2015—2020 年海南省 O_3 第 90 百分位数浓度年际变化（均值±标准偏差）

“十三五”时期末（2020 年）与“十二五”时期末（2015 年）相比，海口、文昌、定安、澄迈、陵水等 5 个市县 O_3 第 90 百分位数浓度有所上升，涨幅为 1.9%～44.7%，其中澄迈县涨幅最大；其余 13 个市县 O_3 第 90 百分位数浓度均有所下降，降幅为 1.1%～17.5%，其中白沙县降幅最大。

（三）PM_{10}

“十三五”期间，海南省环境空气 PM_{10} 年均浓度为 25～29 μg/m³，总体表现出波动下降趋势，PM_{10} 年均浓度均低于一级标准；最小值出现在 2020 年，最大值出现在 2016 年。

“十三五”时期末（2020 年）与“十二五”时期末（2015 年）相比，海南省 PM_{10} 年均浓度下降 7 μg/m³，下降了 21.9%（图 2-1-31）。

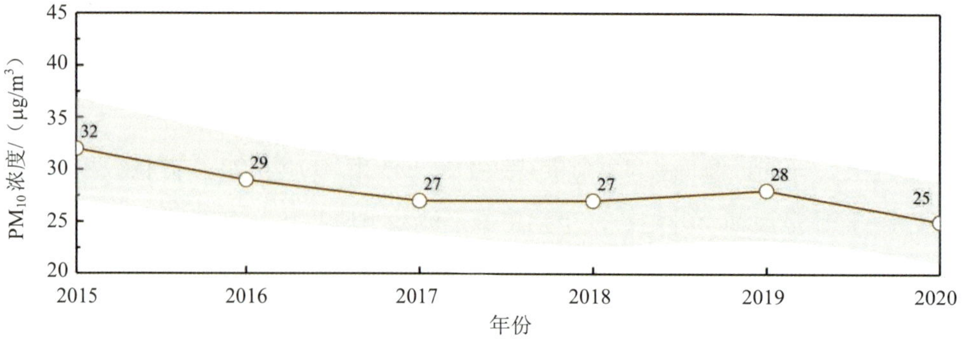

图 2-1-31　2015—2020 年海南省 PM_{10} 浓度年际变化（均值±标准偏差）

“十三五”期间，海南省 18 个市县（不含三沙市）PM_{10} 年均浓度为 17～40 μg/m^3，整体呈下降趋势，PM_{10} 年均浓度均低于一级标准。除儋州市 PM_{10} 年均浓度呈波动上升趋势外，其余 17 个市县 PM_{10} 年均浓度均呈波动下降趋势。秩相关系数法分析结果表明，海口、五指山、澄迈、琼中等 4 个市县下降趋势显著。

“十三五”时期末（2020 年）与“十二五”时期末（2015 年）相比，海南省 18 个市县（不含三沙市）PM_{10} 年均浓度均有所下降，降幅为 3.7%～41.5%，其中琼海市 PM_{10} 年均浓度降幅最大。

（四）SO_2

“十三五”期间，海南省环境空气 SO_2 年均浓度为 4～5 μg/m^3，总体表现为低浓度波动趋势，SO_2 年均浓度明显低于一级标准；最小值出现在 2016 年和 2018 年，最大值出现在 2017 年、2019 年和 2020 年。

“十三五”时期末（2020 年）与“十二五”时期末（2015 年）相比，海南省 SO_2 年均浓度上升 1 μg/m^3，上升了 25.0%（图 2-1-32）。

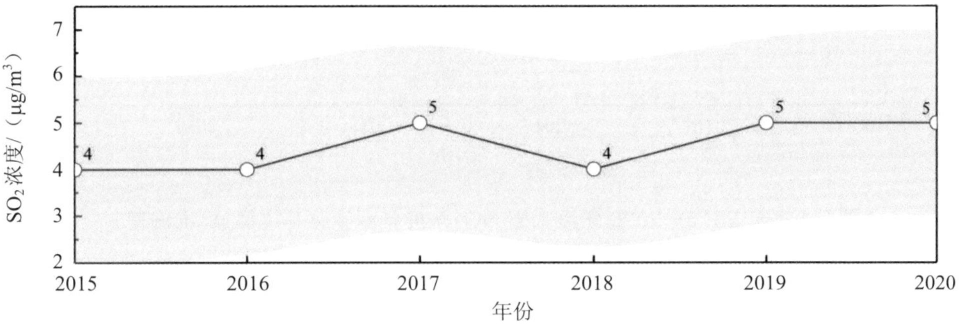

图 2-1-32 2015—2020 年海南省 SO_2 浓度年际变化（均值±标准偏差）

“十三五”期间，海南省 18 个市县（不含三沙市）SO_2 年均浓度为 2～10 μg/m^3，总体表现为低浓度波动趋势，SO_2 年均浓度均明显低于一级标准。五指山市 SO_2 年均浓度无明显变化，海口、儋州、万宁、东方、屯昌、澄迈等 6 个市县 SO_2 年均浓度呈波动下降趋势，其余 11 个市县均呈波动上升趋势。秩相关系数法分析结果表明，昌江、琼中 2 个县上升趋势显著。

“十三五”时期末（2020 年）与“十二五”时期末（2015 年）相比，儋州、琼海、万宁、屯昌、乐东、陵水等 6 个市县 SO_2 年均浓度持平；海口、五指山、东方、澄迈等 4 个市县 SO_2 年均浓度均有所下降，降幅为 14.3%～33.3%，其中五指山市降幅最大；其余 8 个市县 SO_2 年均浓度均有所上升，涨幅为 25.0%～75.0%，其中琼中县 SO_2 年均浓度涨幅最大。

（五）NO_2

“十三五”期间，海南省环境空气 NO_2 年均浓度为 7～8 μg/m^3，总体表现为低浓度下降趋势，NO_2 年均浓度明显低于一级标准；最小值出现在 2020 年，其余年份 NO_2 年均浓度值均为 8 μg/m^3。

“十三五”时期末（2020 年）与“十二五”时期末（2015 年）相比，海南省 NO_2 年均浓度下降 1 μg/m^3，下降了 12.5%（图 2-1-33）。

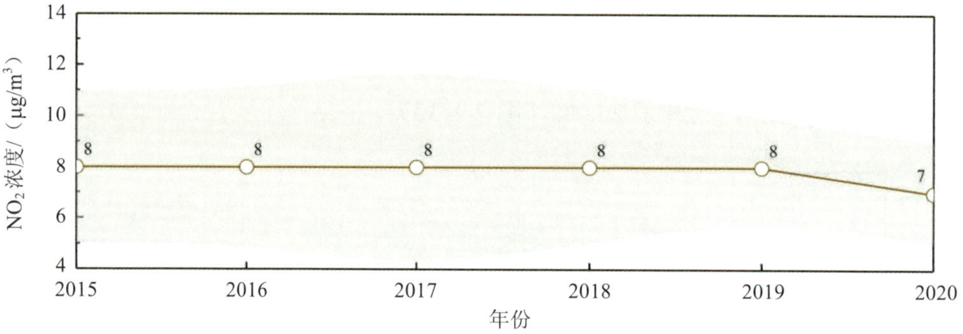

图 2-1-33　2015—2020 年海南省 NO_2 浓度年际变化（均值±标准偏差）

“十三五”期间，海南省 18 个市县（不含三沙市）NO_2 年均浓度为 2～18 μg/m^3，总体表现为低浓度下降趋势，个别市县 NO_2 年均浓度有所上升，均明显低于一级标准。五指山市 NO_2 年均浓度无明显变化；海口、三亚、儋州、琼海、文昌、东方、定安、屯昌、临高、昌江、陵水、保亭、琼中等 13 个市县 NO_2 年均浓度呈波动下降趋势，其余 4 个市县 NO_2 年均浓度均呈波动上升趋势。秩相关系数法分析结果表明，三亚、琼中等 2 个市县下降趋势显著。

“十三五”时期末（2020 年）与“十二五”时期末（2015 年）相比，五指山、屯昌、乐东、琼中等 4 个市县 NO_2 年均浓度保持不变；海口、三亚、儋州、琼海、文昌、东方、定安、澄迈、临高、昌江、陵水、保亭等 12 个市县年均浓度均有所下降，降幅为 9.1%～33.3%，其中定安县 NO_2 年均浓度降幅最大；万宁市和白沙县年均浓度均有所上升，涨幅为 20.0%～40.0%，其中白沙县 NO_2 年均浓度涨幅最大。

（六）CO

“十三五”期间，海南省环境空气 CO 第 95 百分位数浓度为 0.8～1.0 mg/m^3，总体表现为低浓度下降趋势，CO 第 95 百分位数浓度均低于一级标准；最小值出现在 2018 年、2019 年和 2020 年，最大值出现在 2016 年。

“十三五”时期末（2020 年）与“十二五”时期末（2015 年）相比，海南省 CO 第 95 百分位数浓度下降 0.2 mg/m^3，下降了 20.0%（图 2-1-34）。

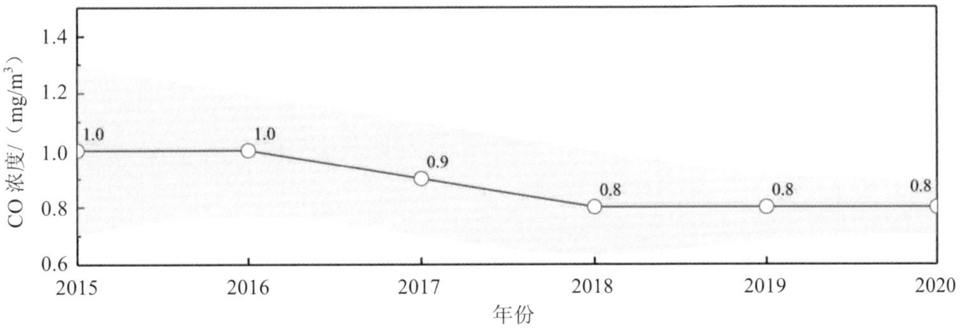

图 2-1-34　2015—2020 年海南省 CO 第 95 百分位数浓度年际变化（均值±标准偏差）

“十三五”期间，海南省 18 个市县（不含三沙市）CO 第 95 百分位数浓度为 0.6～1.4 mg/m^3，整体呈低浓度下降趋势，个别市县 CO 第 95 百分位数浓度有所上升，均明显低于一级标准。琼中县 CO 第 95 百分位数浓度无变化；三亚、琼海、文昌、万宁、东方、定安、屯昌、澄迈、临高、白沙、昌江、乐东、陵水、保亭等 14 个市县 CO 第 95 百分位数浓度均呈波动下降趋势，其余 3 个市县 CO 第 95 百分位数浓度呈波动上升趋势。秩相关系数法分析结果表明，海南省 18 个市县（不含三沙市）均无显著变化趋势。

“十三五”时期末（2020 年）与“十二五”时期末（2015 年）相比，海口、儋州、东方、屯昌等 4 个市县 CO 第 95 百分位数浓度保持不变；三亚、琼海、文昌、万宁、定安、澄迈、临高、白沙、昌江、乐东、陵水、保亭、琼中等 13 个市县 CO 第 95 百分位数浓度均有所下降，降幅为 9.1%～42.9%，其中文昌市降幅最大；五指山市 CO 第 95

百分位数浓度均有所上升，涨幅为 11.1%。

三、空气质量综合指数年际对比分析

“十三五”期间，海南省空气质量综合指数为 1.843～2.078，整体呈波动下降趋势，2020 年空气质量综合指数最低，较“十二五”时期末（2015 年）下降 0.314。海南省 18 个市县（不含三沙市）中，五指山市近 6 年空气质量综合指数均为海南省最低，排名第一，其次为保亭县或乐东县（图 2-1-35）。

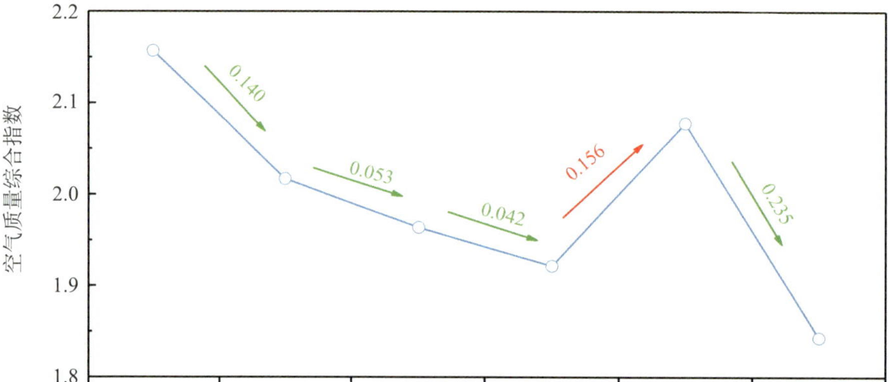

2015 年	2016 年	2017 年	2018 年	2019 年	2020 年
排名前三的市县					
五指山市	五指山市	五指山市	五指山市	五指山市	五指山市
乐东县	保亭县	保亭县	乐东县	保亭县	乐东县
保亭县	三亚市	白沙县	保亭县	乐东县	保亭县

图 2-1-35　2015—2020 年海南省空气质量综合指数年际变化

“十三五”期间，海南省 18 个市县（不含三沙市）空气质量综合指数为 1.471～2.540，整体呈下降趋势，个别市县呈上升趋势。文昌市空气质量综合指数无明显变化，海口、三亚、儋州、五指山、琼海、万宁、东方、定安、屯昌、澄迈、临高、乐东、陵水、琼中等 14 个市县空气质量综合指数均呈波动下降趋势；其余 3 个市县空气质量综合指数均呈波动上升趋势。秩相关系数法分析结果表明，海南省 18 个市县（不含三沙市）空气质量综合指数均无显著变化趋势。

“十三五”时期末（2020 年）与“十二五”时期末（2015 年）相比，海南省 18 个市县（不含三沙市）空气质量综合指数均有所下降，降幅为 7.7%～28.1%，其中琼海市降幅最大。

四、污染变化分析

（一）超标污染物

“十三五”期间，海南省每年出现 15～159 天超标天，超标污染物为 O_3 和 $PM_{2.5}$，其中超标污染物为 O_3 的天数比例为 66.7%～100%，呈波动上升趋势；超标污染物为 $PM_{2.5}$ 的天数比例为 0～33.3%，呈波动下降趋势（图 2-1-36）。

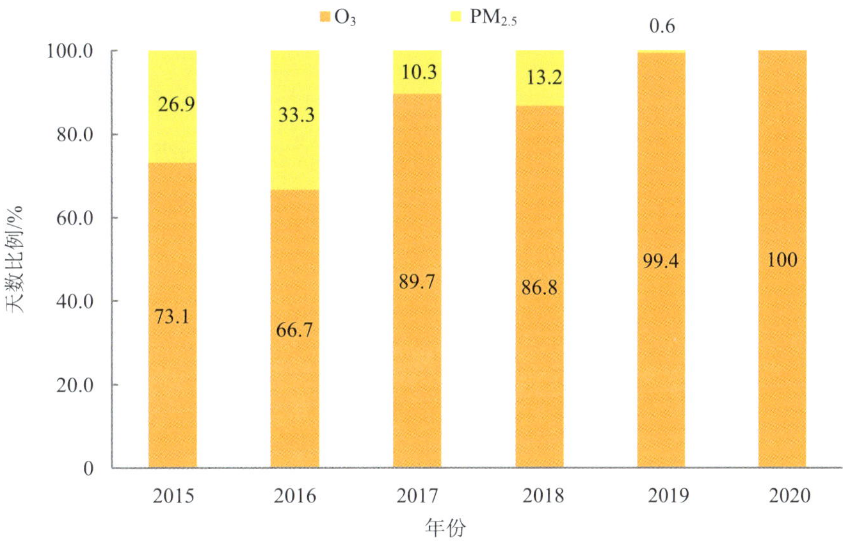

图 2-1-36　2015—2020 年海南省超标污染物天数比例变化

“十三五”时期末（2020 年）与“十二五”时期末（2015 年）相比，海南省超标天数减少 33 天，降幅达 49.3%；超标污染物为 O_3 的天数比例上升至 100%，超标污染物为 $PM_{2.5}$ 的天数比例下降至 0。

“十三五”期间，海南省 18 个市县（不含三沙市）每年出现 0～23 天超标天，超标污染物为 O_3 和 $PM_{2.5}$，其中五指山市未出现超标天；三亚、白沙、定安、屯昌、澄迈、琼中等 6 个市县超标污染物均为 O_3，超标天数为 1～18 天；其余 11 个市县均出现 O_3 和 $PM_{2.5}$ 都超标的情况，O_3 超标天数为 1～23 天，$PM_{2.5}$ 超标天数为 1～3 天。

“十三五”时期末（2020 年）与“十二五”时期末（2015 年）相比，海口、东方、定安、澄迈、昌江等 5 个市县超标污染物为 O_3 的天数有所上升，其余 13 个市县均持平或有所下降；海南省各市县超标污染物为 $PM_{2.5}$ 的天数均持平或有所下降。

（二）首要污染物

“十三五”期间，海南省 18 个市县（不含三沙市）每年共出现 847～991 天良级天，首要污染物为 O_3、$PM_{2.5}$ 或 PM_{10}，其中首要污染物为 O_3 的天数比例为 53.5%～92.0%，呈波动上升趋势；首要污染物为 $PM_{2.5}$ 的天数比例为 3.8%～29.4%，呈波动下降趋势；首要污染物为 PM_{10} 的天数比例为 4.3%～19.4%，呈波动下降趋势；部分时段有两个及以上的首要污染物。

“十三五”时期末（2020 年）与“十二五”时期末（2015 年）相比，海南省良级天数减少 294 天，减少了 25.2%；首要污染物为 O_3 的天数比例上升 24.0 个百分点，首要污染物为 $PM_{2.5}$ 的天数比例下降 12.3 个百分点，首要污染物为 PM_{10} 的天数比例下降 9.8 个百分点（图 2-1-37）。

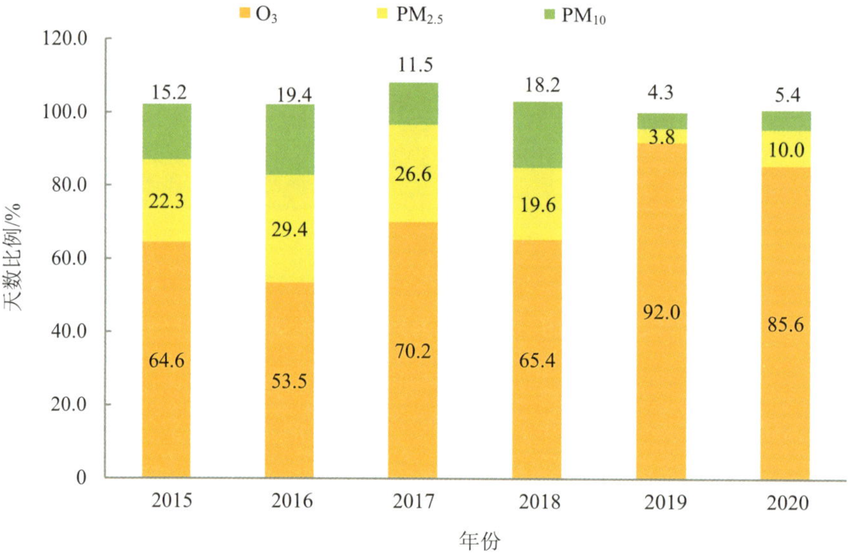

图 2-1-37　2015—2020 年海南省首要污染物天数比例变化

“十三五”期间，海南省 18 个市县（不含三沙市）每年出现 8～133 天良级天，首要污染物为 O_3、$PM_{2.5}$ 或 PM_{10}，其中首要污染物为 O_3 的天数为 2～117 天，首要污染物为 $PM_{2.5}$ 的天数为 1～59 天，首要污染物为 PM_{10} 的天数为 1～56 天。

“十三五”时期末（2020 年）与“十二五”时期末（2015 年）相比，海口、文昌、定安、屯昌、澄迈、昌江、陵水、保亭等 8 个市县首要污染物为 O_3 的天数均有所上升，其余 10 个市县均有所下降；屯昌县、乐东县首要污染物为 $PM_{2.5}$ 的天数均有所上升，其余 16 个市县均有所下降；儋州、屯昌等 2 个市县首要污染物为 PM_{10} 的天数均有所上升，其余 16 个市县均有所下降。

第四节　与周边省份相关性分析

海南省为热带海洋性季风气候，盛行风向以东北风（9 月至次年 4 月）和偏南风（5—8 月）为主。当主导风为东北风且风速较低时，$PM_{2.5}$ 和 O_3 浓度升高，分析原因可能是本地排放及二次反应生成叠加外来传输后堆积导致，风速较高时外来传输贡献明显升高。

以海口市为例，$PM_{2.5}$ 和 O_3 浓度出现高值时风向主要为东北风，其次为西南风。东北风向时，$PM_{2.5}$ 和 O_3 浓度高值出现的频率较高，当风速处于 2～6 m/s 时，$PM_{2.5}$ 和 O_3 浓度高值较为集中。西南风向时，$PM_{2.5}$ 和 O_3 浓度也出现升高情况，O_3 浓度升高较为明显（图 2-1-38）。

海南省每年 9 月至次年 4 月盛行东北风，容易受到上游广东省、广西壮族自治区、福建省等气团的影响。选取 2015—2020 年 9 月至次年 4 月海南省 $PM_{2.5}$、O_3 月均浓度与海南省上游广东省、广西壮族自治区、福建省进行皮尔逊相关性分析，结果表明，海南省 $PM_{2.5}$ 浓度与广东省、广西壮族自治区、福建省均呈极显著相关，其中与广西壮族自治区的相关性最大，相关系数为 0.81；其次为广东省，相关系数为 0.78；与福建省相关性相对较弱，但仍为极显著，相关系数为 0.66（图 2-1-39）。

海南省 O_3 浓度与广东省、广西壮族自治区呈极显著相关，与福建省呈显著相关。其中与广西壮族自治区的相关性最大，相关系数为 0.65；其次为广东省，相关系数为 0.52；与福建省相关性相对较弱，为显著相关，相关系数为 0.31。当东北风向盛行且风速较大时，如果广东省、广西壮族自治区、福建省的 $PM_{2.5}$、O_3 浓度较高，可能产生传输影响（图 2-1-40）。

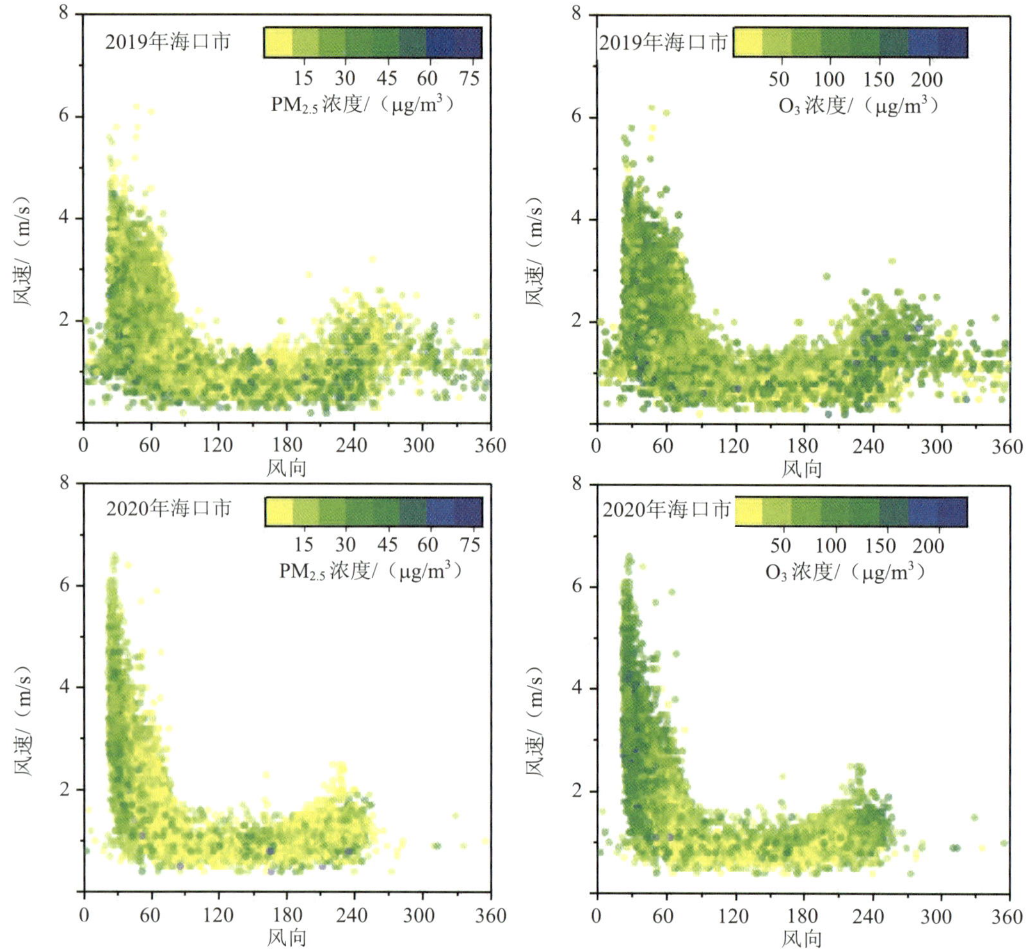

图 2-1-38　2019 年、2020 年海口市 $PM_{2.5}$、O_3 小时浓度分布

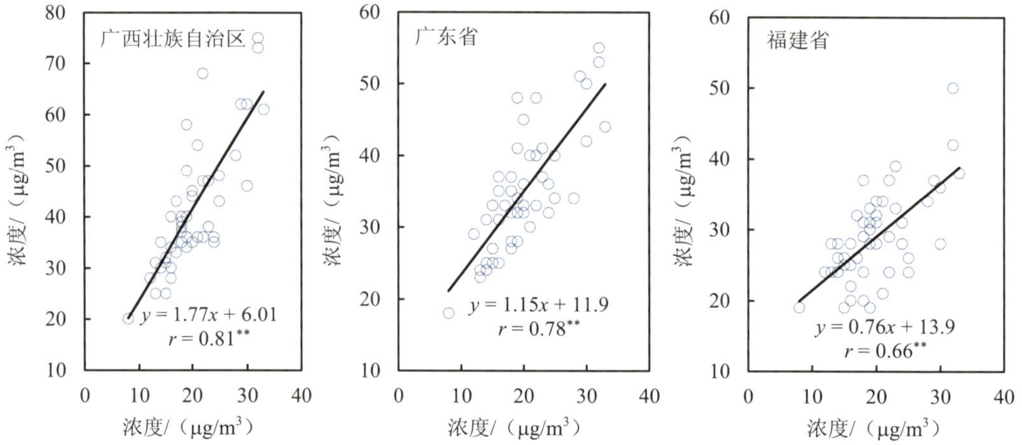

图 2-1-39　2015—2020 年海南省 $PM_{2.5}$ 浓度与广东省、广西壮族自治区、福建省的相关性分析

注：**表示极显著相关。

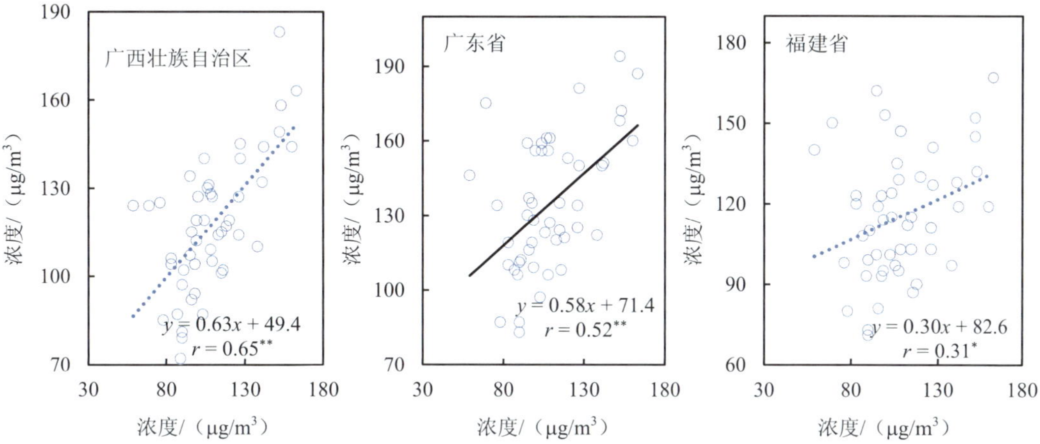

图 2-1-40　2015—2020 年海南省 O_3 浓度与广东省、广西壮族自治区、福建省的相关性分析

注：*表示显著相关，**表示极显著相关。

第五节　原因分析

一是独特的地理位置优势为良好的空气质量奠定了基础。海南省陆域主体海南岛，地处信风带和季风区，四面环海，属热带季风气候，雨量充沛，年降水量为 1 000～2 600 mm，有明显的多雨季和少雨季；常风较大，尤其是西南部和东北部海域，年平均风速超过 8 m/s，加之空气对流、乱流运动较强等特点，有利于污染物质的稀释扩散。得天独厚的热带岛屿季风气候，加之相对较小的排污总量，使海南省空气质量长期优良。

二是 O_3 已成为影响空气质量优良天数比例的重要因素，季节变化较为明显。O_3 是“十三五”期间海南省的主要超标污染物，超标占比为 66.7%～100%，2020 年达 100%。秋、冬季节，海南省气温相比其他省份较高，降水减少，日照强，逆温现象增多，扩散条件总体不利，O_3 容易生成，且主导风向由夏季的偏南风转为东北风，受下沉气流及弱冷空气带来的区域污染传输共同影响。

三是多项举措齐头并进，严控污染物排放。“十三五”期间，海南省积极响应国家打赢蓝天保卫战行动计划，制定实施打赢蓝天保卫战工作要点和任务分解、柴油货车污染治理攻坚战实施方案，创新开展大气污染防治“六个严禁、两个推进”工作，组织开展秋、冬季大气污染防治强化督查和春节期间烟花爆竹管控专项督察等相关措施，在一系列相关措施下，颗粒物浓度呈下降趋势，特别是在春节期间。2020 年春节当天，海南省 $PM_{2.5}$、PM_{10}、SO_2 峰值浓度同比分别下降 61.8%、60.7%和 38.5%。

四是受新冠肺炎疫情影响，汽车尾气排放及工业排放减少，2020 年海南省 $PM_{2.5}$ 浓度首次达到一级标准。2020 年受新冠肺炎疫情影响，海南省大范围停工停产，工业生产总值同比下降 5.4%；居民外出活动大幅减少，人为活动导致的大气固定污染源及移动源排放减少，全省旅客运输量同比下降 44.1%；颗粒物浓度显著下降，$PM_{2.5}$、PM_{10} 浓度同比分别下降 18.8%、10.7%。

第六节　小　结

一、结论

（一）2020 年，海南省环境空气质量总体优良

2020 年，海南省环境空气优良天数比例为 99.5%，SO_2、NO_2、PM_{10}、$PM_{2.5}$ 年均浓度及 CO 第 95 百分位数浓度值达到一级标准，O_3 第 90 百分位数浓度值达到二级标准，接近一级标准。海南省 18 个市县（不含三沙市）环境空气质量均明显优于二级标准，其中 6 个市县环境空气质量达到一级标准。

（二）“十三五”期间，海南省环境空气质量总体保持平稳

“十三五”期间，海南省环境空气优良天数比例保持在 98%左右；$PM_{2.5}$ 年均浓度呈下降趋势，均达到二级标准，2020 年首次达到一级标准；O_3 第 90 百分位数浓度呈波动上升趋势，均达到二级标准，2016 年、2017 年、2018 年达到一级标准；PM_{10} 年均浓度呈现下降趋势，达到一级标准；SO_2、NO_2 年均浓度及 CO 第 95 百分位数浓度均在较低水平波动，均达到一级标准。

“十三五”时期末（2020 年）与“十二五”时期末（2015 年）相比，优良天数比例上升 0.6 个百分点，主要污染物 $PM_{2.5}$、PM_{10}、O_3 浓度下降，SO_2、NO_2、CO 浓度无明显变化。

（三）O_3 已超越 $PM_{2.5}$ 成为影响海南省环境空气质量优良天数比例的主要污染物，2020 年超标污染物均为 O_3

“十三五”期间，海南省超标天中首要污染物为 O_3 的天数占比逐年上升，上升了

33.3 个百分点。2020 年，全省 18 个市县（不含三沙市）超标天的超标污染物均为 O_3，主要集中在秋冬季节（10—12 月）。

（四）主要污染物具有显著的时间变化特征

O_3 日内 1 小时平均浓度变化呈显著的单峰型变化特征，早上最低，下午最高，变化为 56～85 μg/m^3，NO_2 日内 1 小时平均浓度变化也呈单峰型变化特征，早上最高，下午最低，与 O_3 的峰值/谷值区相反；$PM_{2.5}$ 和 PM_{10} 的日内 1 小时平均浓度变化范围分别为 12～15 μg/m^3 和 23～27 μg/m^3，均呈现双峰型分布，变化趋势一致；SO_2 和 CO 日内 1 小时平均浓度变化均在低浓度范围内波动。6—9 月 O_3、$PM_{2.5}$、PM_{10} 月均浓度明显低于其余月份，SO_2、NO_2 和 CO 月均浓度均在低浓度范围内波动。

（五）空气质量有一定的区域性差异

海南岛西部、北部区域主要污染物 $PM_{2.5}$、O_3、PM_{10} 浓度相对较高，东部区域次之，南部、中部区域总体保持较低水平；SO_2、NO_2 和 CO 浓度均处于较低浓度水平，无明显空间差异。

（六）主要污染物浓度受东北风影响较大，与周边省份存在显著的相关关系

$PM_{2.5}$、O_3 浓度高值主要集中在东北风盛行的时段（9 月至次年 4 月），受广东、广西、福建等省份的影响较大。$PM_{2.5}$ 浓度与广东省、广西壮族自治区、福建省均呈极显著相关；O_3 浓度与广东省、广西壮族自治区呈极显著相关，与福建省呈显著相关。

二、对策与建议

（一）进一步提升大气环境管理水平

完善大气环境法规标准体系建设，制定出台重点行业、重点领域大气污染物地方排放标准。积极探索实施自由贸易港背景下的大气环境管理新体制、新机制、新模式、新政策，形成可复制、可推广的经验。建立以环境空气质量改善为核心的控制、评估、考核体系。加大《海南省大气污染防治条例》宣贯力度，推动各主管部门、各市县政府切实履行大气污染防治职责。建立完善各部门大气污染防治联防联控、齐抓共管的长效机

制。推动海南省各级大气环境管理及科研队伍、设备和技术力量建设。

（二）深入推进大气污染防治工作

优化产业结构，严格环境准入要求，遏制高耗能、高排放项目盲目发展。推动省级产业集群和园区综合治理；优化能源结构，推进煤炭总量控制，推行清洁能源，开展锅炉综合整治；优化交通结构，积极推动车船结构升级，车油联合管控，提升交通运输轨道化、电气化、清洁化水平；坚持 $PM_{2.5}$ 与 O_3 协同控制，加大氮氧化物和挥发性有机物（VOCs）减排力度，推进重点行业企业污染深度治理，实施城市扬尘精细化管控，提高农业秸秆综合利用水平，深入开展餐饮油烟治理。

（三）加快推进治理能力现代化

推进大气污染源排放清单编制业务化，建立完善大气污染防治精细化管控机制。建设现代化的空气质量环境监测体系，全面加强 $PM_{2.5}$ 和 O_3 组分及空间监测能力。建设大气污染防治和机动车尾气监管智能化应用平台。推动大气污染防治基础设施建设，落实重点工业园区集中供热，鼓励有条件的地区建设集中涂装中心。

（四）强化大气环境执法监管

在总结排查、交办、核查、约谈、专项督察“五步法”成效和经验的基础上，以精准治污、科学治污、依法治污为准则，全面推进依法执法、高效执法、精准执法。完善“双随机、一公开”监管制度，拓展非现场监管手段应用。规范自由裁量权，推动分类监管，科学配置执法资源，推动执法监管机制进一步完善。

专栏 1　环境空气质量预警预报准确率高

2020 年，根据国家及海南省生态环境厅要求，海南省生态环境监测中心负责每日 15:00 前向中国环境监测总站发送全省未来 7 天空气质量预报信息并通过海南省生态环境厅官网及手机 App 对外发布；每日 11：00 前向华南区域预报中心发送全省未来 7 天空气质量预报信息报告与污染级别表。技术人员严格按照空气质量预报工作流程，首先通过空气质量预报系统的预报结果、全国及全省实时空气质量数据等资料得出未来 7 天空气质量信息，然后结合经验进行人工订正得出最终预报结果。

2020 年评估结果显示，区域未来 24 小时、48 小时、72 小时级别预报年度准确率均在 95%以上。区域未来 24 小时、48 小时、72 小时级别预报每月准确率均在 80%以上，其中 6 月、7 月、9 月未来 24 小时、48 小时、72 小时准确率均达到 100%；全省区域未来 24 小时级别预报每月准确率为 83.2%～100%，48 小时级别预报每月准确率为 83.2%～100%，72 小时级别预报每月准确率为 87.3%～100%。

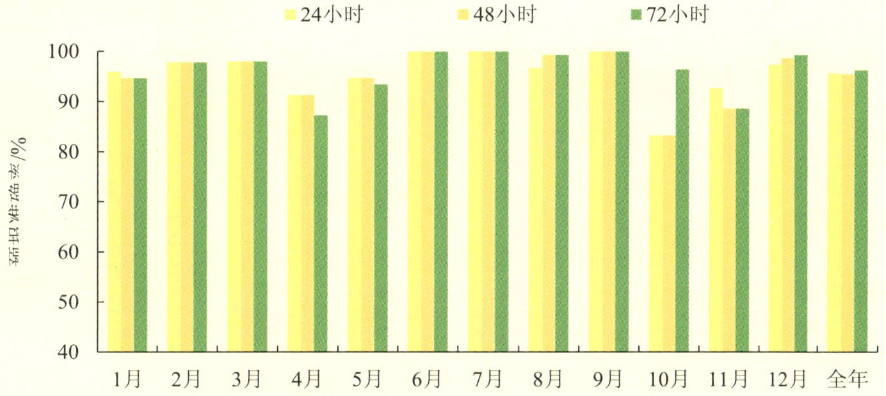

2020 年海南省环境空气区域级别预报准确率统计

专栏 2 保障博鳌亚洲论坛期间空气质量，宣传海南生态优势

2014年以来，为加大环境信息公开力度，宣传海南省生态环境优势，在海南省生态环境厅领导下，经海南省服务与利用博鳌亚洲论坛联席会议工作机制领导小组办公室同意，海南省生态环境监测中心联合琼海市生态环境局在博鳌亚洲论坛会场及参会宾客入住重要场所实时更新发布博鳌环境空气质量信息。

2018年，为进一步确保会议期间环境空气质量优良，海南省生态环境厅会同海南省气象局成立监测预报保障工作组，同时在生态环境部的支持下，邀请了中国环境监测总站、华南区域空气质量预测预报中心、中国科学院大气物理所等单位的技术专家组成联合预报专家团队，在海口开展博鳌亚洲论坛期间空气质量监测预报预警会商工作。会议期间，保障工作组和联合预报专家团队认真细化分解，提前预判空气质量，做好应急准备，圆满完成博鳌亚洲论坛期间环境空气质量预报预警保障工作。

2019年，海南省生态环境监测中心和琼海市生态环境局集中专业技术人员继续组成信息发布与预报组、现场运维组，在提前预判空气质量做好应急准备的同时，确保博鳌空气质量自动监测站仪器正常运行并及时发布空气质量信息。

从人工监测到自动化监测，从实时发布信息到监测预报预警，博鳌亚洲论坛会议的环境空气质量保障工作不断完善，服务形式更加多元化，在确保会议顺利开展的同时，也向世界展示了海南优良的环境空气质量，为海南自由贸易港的宣传添砖加瓦。

博鳌亚洲论坛会议期间在公共场合投放的环境空气质量信息

专栏3　重点区域空气质量优良，森林旅游区空气负离子水平极高

2020年，澄迈老城经济开发区、东方工业园区、洋浦经济开发区3个重点工业园区空气质量总体优良，优良天数比例为98.9%～100%，其中优级天数比例为78.1%～85.5%，良级天数比例为14.2%～21.3%；受O_3影响，澄迈老城经济开发区、东方工业园区分别出现2天、4天轻度污染。主要污染物$PM_{2.5}$年均浓度为13～15 μg/m^3，PM_{10}年均浓度为25～31 μg/m^3，SO_2年均浓度均为6 μg/m^3，NO_2年均浓度为8～13 μg/m^3，CO第95百分位数浓度为0.6～0.8 mg/m^3，均达到一级标准；O_3第90百分位数浓度为100～115 μg/m^3，除洋浦经济开发区达到一级标准外，其余均达到二级标准。

海口东寨港、海口石山火山群国家地质公园、三亚海棠湾、三亚鹿回头、三亚亚龙湾、儋州海花岛、昌江棋子湾、陵水香水湾、陵水清水湾、陵水土福湾、保亭七仙岭、万宁兴隆热带花园等12个重点旅游度假区空气质量总体优良，优良天数比例为

97.0%～100%，其中优级天数比例为 74.0%～94.7%，良级天数比例为 5.3%～25.4%；受 O_3 影响，海口东寨港、海口石山火山群国家地质公园、儋州海花岛、昌江棋子湾、保亭七仙岭、万宁兴隆热带花园分别出现 5 天、2 天、2 天、7 天、3 天、1 天轻度污染，昌江棋子湾出现 1 天中度污染。主要污染物 PM_{10} 年均浓度为 15～31 μg/m^3，SO_2 年均浓度为 3～16 μg/m^3，NO_2 年均浓度为 3～12 μg/m^3，CO 第 95 百分位数浓度为 0.6～1.3 mg/m^3，均达到一级标准；O_3 第 90 百分位数浓度为 93～127 μg/m^3，除三亚海棠湾、陵水香水湾、陵水清水湾、陵水土福湾 4 个重点旅游度假区达到一级标准外，其余均达到二级标准；$PM_{2.5}$ 年均浓度为 6～18 μg/m^3，海口石山火山群国家地质公园、儋州海花岛、昌江棋子湾 3 个重点旅游度假区达到二级标准，其余重点旅游度假区均达到一级标准。

8个主要森林旅游区空气负离子浓度均远优于世界卫生组织规定的清新空气负离子平均浓度不低于1 000～1 500个/cm^{3}的标准，对人体健康极有利。霸王岭国家森林公园、尖峰岭国家森林公园、五指山国家级自然保护区、七仙岭温泉国家森林公园、铜鼓岭国家级自然保护区、亚龙湾热带天堂公园、吊罗山国家森林公园、呀诺达雨林文化旅游区8个主要森林旅游区空气负离子平均浓度分别为7 269个/cm^3、6 997个/cm^3、5 664个/cm^3、5 809个/cm^3、5 071个/cm^3、5 859个/cm^3、6 290个/cm^3、7 282个/cm^3。

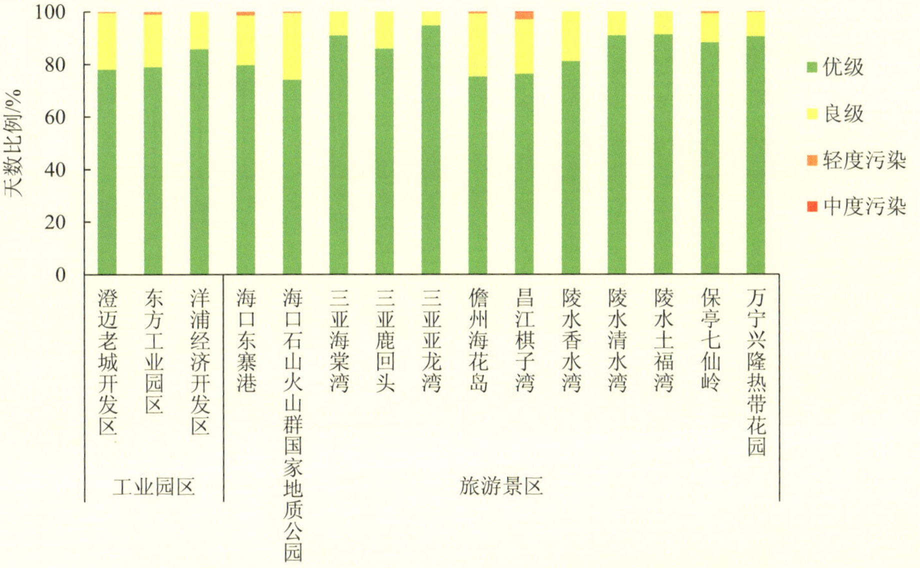

2020 年重点工业园区、重点旅游景区环境空气优良天数比例

专栏 4 市县自然降尘全达标

2020 年，海南省自然降尘年均浓度为 2.41 t/（km^2·月）。海南省 18 个市县（不含三沙市）监测点监测值为 0.30～5.90 t/（km^2·月），年均值为 0.80～3.42 t/（km^2·月），均未超过参照标准［8 t/（km^2·月）］，并呈东北向西南逐渐降低的空间分布规律。

与 2019 年相比，2002 年海南省新增 6 个市县开展降尘监测，全省自然降尘年均浓度上升 0.23 t/（km^2·月）。从浓度分析，五指山、文昌、白沙、昌江、乐东等 5 个市县自然降尘年均浓度略有上升，上升幅度为 0.03～1.0 t/（km^2·月）；儋州市持平；其余市县自然降尘年均浓度均有不同程度的下降，下降幅度为 0.02～0.48 t/(km^2·月)。从达标率分析，海南省 18 个市县（不含三沙市）降尘监测点均未存在超标情况，达标率为 100%。

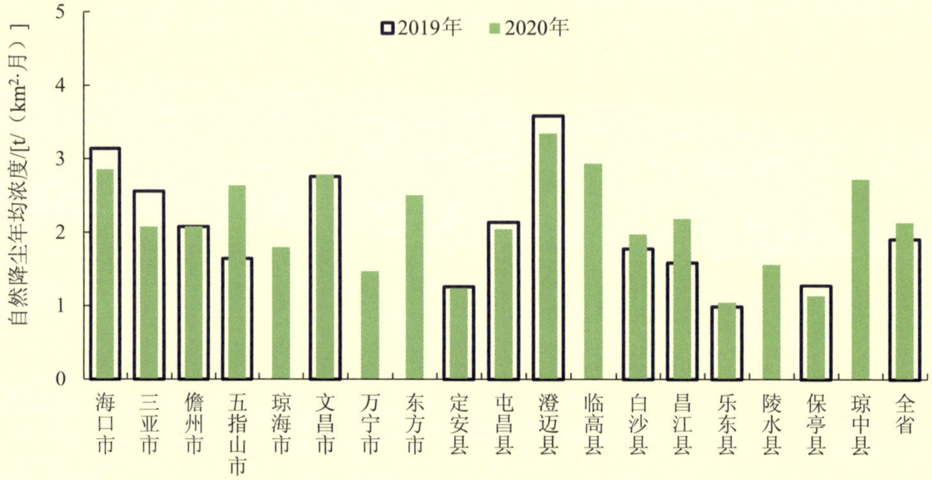

2019—2020 年海南省各市县自然降尘浓度

第二章
降　水

“十三五”期间，海南省降水 pH 年均值为 5.79～5.89，均为非酸雨，整体保持稳定；酸雨频率范围值为 5.6%～7.8%，呈波动下降趋势。

第一节　降水质量现状

一、降水酸度

2020 年，海南省降水 pH 年均值为 5.78。全省 18 个市县（不含三沙市）降水 pH 年均值为 5.20～7.21，其中，仅海口市降水 pH 年均值低于 5.60，仅保亭县降水 pH 年均值高于 7.00，其余 16 个市县降水 pH 年均值均为 5.60～7.00。

与 2019 年相比，2020 年海南省降水 pH 年均值下降 0.02。澄迈、定安、东方、保亭、临高、万宁、三亚等 7 个市县降水 pH 年均值均有上升，上升幅度为 0.02（三亚）～0.38（澄迈）；其余市县均有下降，下降幅度为 0.01（文昌）～0.74（陵水）。其中，海口市连续两年为酸雨城市（图 2-2-1）。

2020 年，海南省共采集降水样品 1 818 个，各测点单次降水 pH 为 3.61（海口市环保局宿舍）～8.37（万宁中学子站），单次降水中非酸雨（pH≥5.60）样品数量占总样品数量的 93.3%，酸雨（pH＜5.60）样品数量占总样品数量的 6.7%。其中，pH≥7.00 的样品数量占比为 12.3%，同比上升 6.1 个百分点；5.60≤pH＜7.00 的样品数量占比为 81.0%，同比下降 7.2 个百分点；5.00≤pH＜5.60（弱酸性）的样品数量占比为 4.1%，同比上升 1.6 个百分点；4.50≤pH＜5.00（酸性）的样品数量占比为 1.7%，同比上升 0.2 个百分点；pH＜4.50（重酸性）的样品数量占比为 0.9%，同比下降 0.7 个百分点（图 2-2-2）。

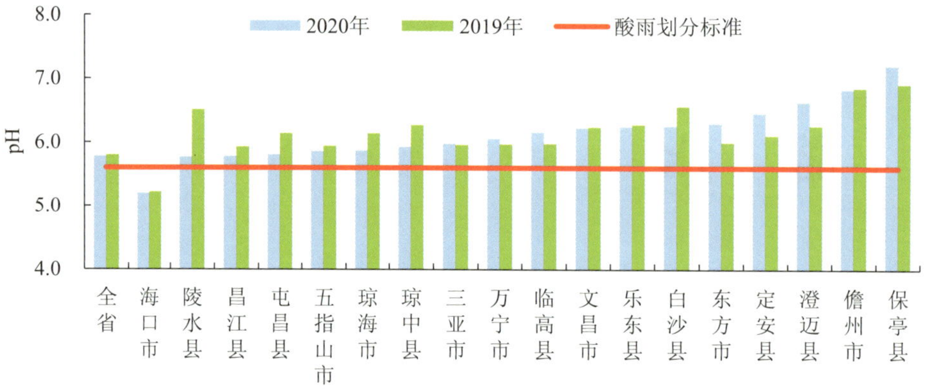

图 2-2-1　2019—2020 年海南省各市县降水 pH 同比

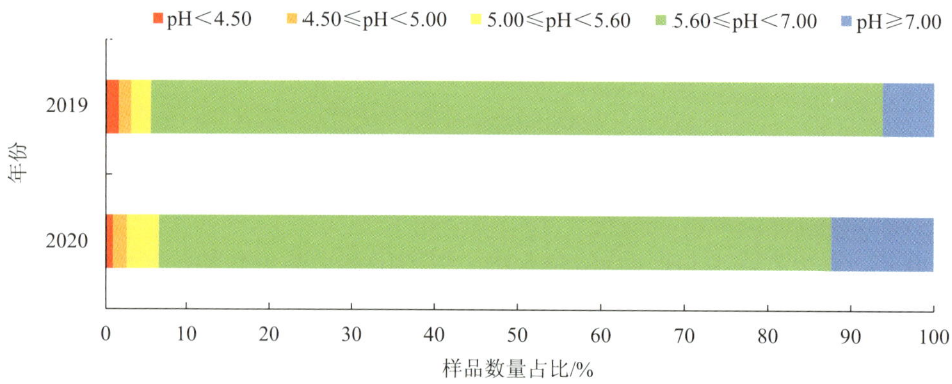

图 2-2-2　2019—2020 年海南省降水样品 pH 占比分布

二、酸雨发生频率

2020 年，海南省酸雨发生频率为 6.7%，酸雨 pH 年均值为 4.92。酸雨高发时段主要集中在 10 月。海口、五指山、定安、屯昌、昌江、陵水等 6 个市县监测到的酸雨 pH 年均值为 4.84（海口）～5.50（定安）。其中，海口市酸雨发生频率为 36.0%，陵水县酸雨发生频率为 21.2%，定安、五指山、昌江、屯昌等 4 个市县酸雨发生频率为 1.9%（定安）～12.0%（屯昌）；其余市县未监测到酸雨。

与 2019 年相比，2020 年酸雨发生频率上升 1.1 个百分点，酸雨 pH 年均值上升 0.16。陵水、屯昌、昌江、定安、五指山等 5 个市县酸雨发生频率均有上升，上升幅度为

0.6 个百分点（五指山）~21.2 个百分点（陵水）；万宁、东方、海口、三亚等 4 个市县酸雨发生频率均下降，下降幅度为 0.8 个百分点（三亚）~3.5 个百分点（万宁）。海口、五指山、定安、昌江等 4 个市县连续两年监测到酸雨。

三、降水化学组分分析

2020 年，海口、三亚、五指山、琼海、东方等 5 个市开展全部离子组分监测。

(一) 降水当量浓度

2020年，5个市离子当量浓度年均值总和为240.3 μeq/L，各离子组分当量浓度由高到低依次为 Na^{+}（63.3 μeq/L）>Cl^{-}（59.1 μeq/L）>Ca^{2+}（34.3 μeq/L）>Mg^{2+}（24.5 μeq/L）>NO_3^{-}（19.1 μeq/L）>SO_4^{2-}（18.6 μeq/L）>NH_4^{+}（16.1 μeq/L）>K^{+}（3.6 μeq/L）>F^{-}（1.8 μeq/L），其中，Na^{+}、Cl^{-}、Ca^{2+}、Mg^{2+}、NO_3^{-}和 SO_4^{2-}当量浓度占离子当量浓度的90.1%，为降水化学成分的主要离子。SO_4^{2-}/NO_3^{-}当量浓度值为0.97，（$SO_4^{2-}+NO_3^{-}$）/阴离子当量浓度值为0.38，Cl^{-}/阴离子当量浓度值为0.60，可见降水主要表现为硫硝混合型，同时呈现海洋性酸性降水特征。

与 2019 年相比，2020 年海南省 5 个市离子当量浓度年均值总和上升 58.1 μeq/L；Na^{+}、Cl^{-}、Mg^{2+}、Ca^{2+}均有上升，上升幅度为 10.2~24.6 μeq/L；NH_4^{+}、SO_4^{2-}分别下降 4.1 μeq/L、0.4 μeq/L；其余离子当量浓度无明显变化（图 2-2-3）。

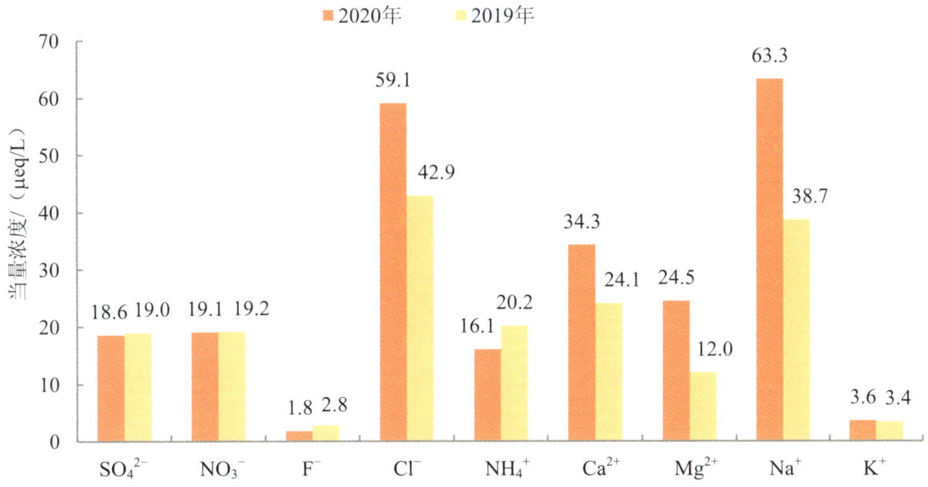

图 2-2-3 2019—2020 年海南省降水离子当量浓度对比

2020 年 5 个市的离子当量浓度年均值总和为 71.6～468.2 μeq/L，其中海口市的离子当量年均值浓度总和最大，琼海市次高，五指山市最小。中部五指山市离子浓度年均值总和明显低于海口、三亚、琼海、东方等沿海市。

与 2019 年相比，2020 年海口市离子当量浓度年均值上升 219.0 μeq/L，五指山、三亚、东方等市均有不同程度的下降（图 2-2-4）。

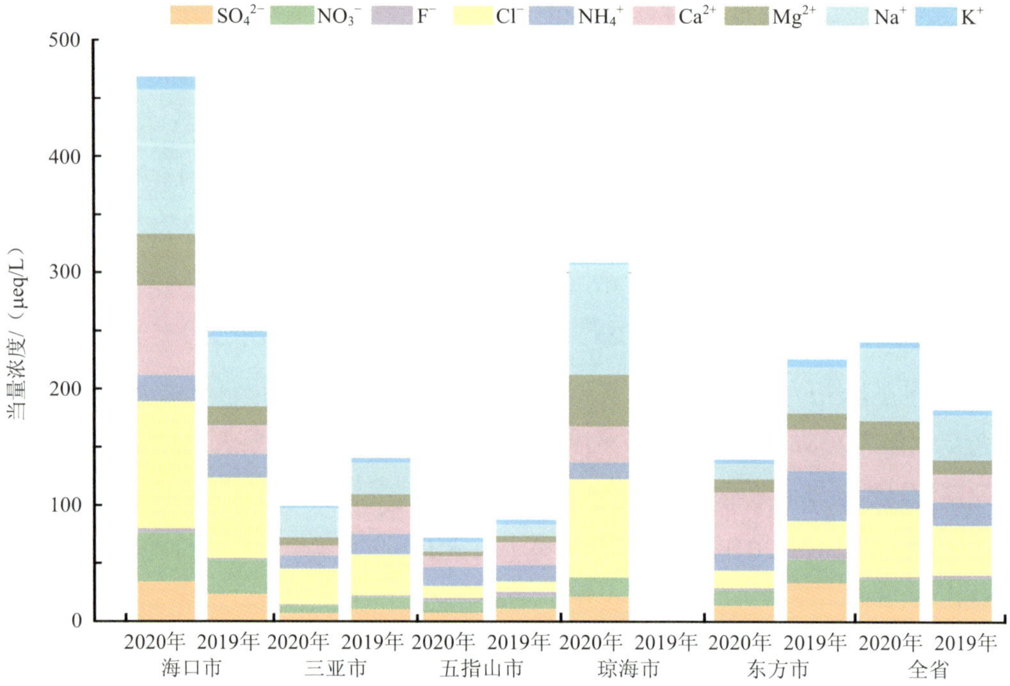

图 2-2-4　2019—2020 年海南全省及 5 个市降水离子当量浓度分布对比

（二）降水化学组分占比

2020年，5个市降水中的主要阳离子为 Na^+、Ca^{2+}、Mg^{2+}，分别占离子总当量的26.1%、14.1%、10.1%；主要阴离子为 Cl^-、NO_3^-、SO_4^{2-}，分别占离子总当量的24.3%、7.9%、7.7%。

与 2019 年相比，2020 年 5 个市降水中的 Na^+、Mg^{2+}、Cl^-、Ca^{2+}离子占比分别上升 5.2 个百分点、3.6 个百分点、1.1 个百分点、1.1 个百分点，SO_4^{2-}、NO_3^-离子占比分别下降 2.5 个百分点、2.4 个百分点（图 2-2-5）。

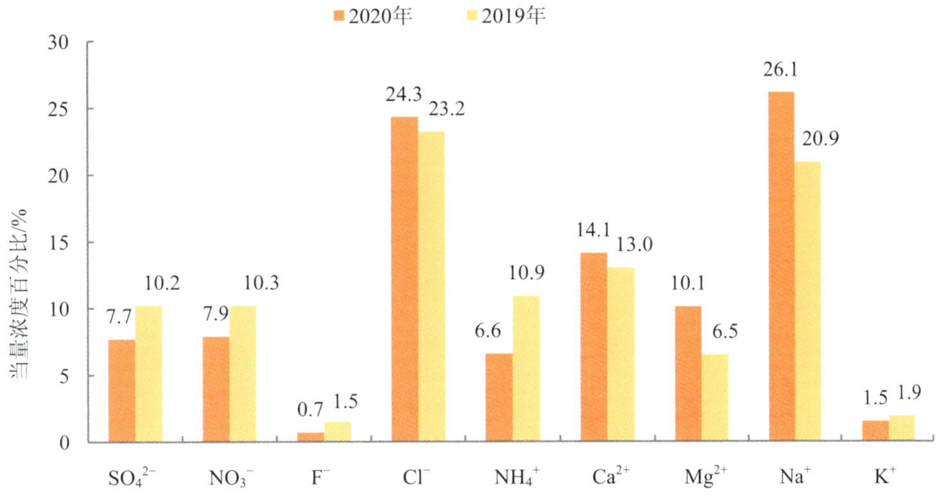

图 2-2-5 2019—2020 年海南省降水离子当量浓度百分比

第二节 降水质量时空变化规律分析

一、降水时间分布特征

(一) 降水 pH 均值与酸雨发生频率月变化

2020 年，海南省降水 pH 各月均值为 4.84～6.22，1—4 月 pH 均值低于 5.60，最小值出现在 1 月，最大值出现在 6 月。全年除 7 月未监测到酸雨外，其余月份的酸雨频率为 0.5%～15.9%，其中 1—4 月、10 月酸雨频率均大于 10.0%，明显高于其余月份。总体上降水 pH 均值与酸雨频率呈负相关，且有明显的时间变化规律，1—4 月、10 月降水酸雨频率均高于其余月份，而降水酸度则低于其余月份（图 2-2-6）。

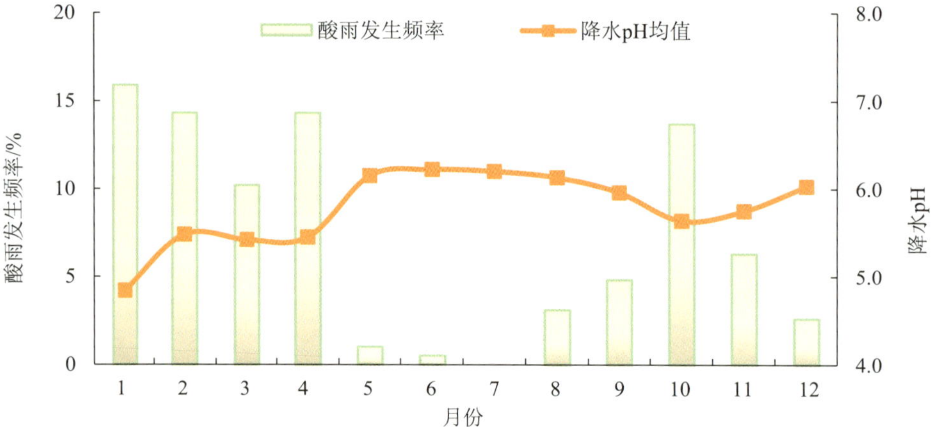

图 2-2-6　2020 年海南省降水 pH 和酸雨发生频率变化

（二）各月降水化学组分

2020年，海口、三亚、五指山、琼海、东方等5个市1—11月均采集到降水样品，12月未采集到降水样品。海南省各月离子当量浓度值为105.8～1 027.9 μeq/L，最小值在9月，最大值在1月。1—9月，海南省离子当量浓度呈逐月降低趋势，10—11月离子当量浓度略有升高（图2-2-7）。

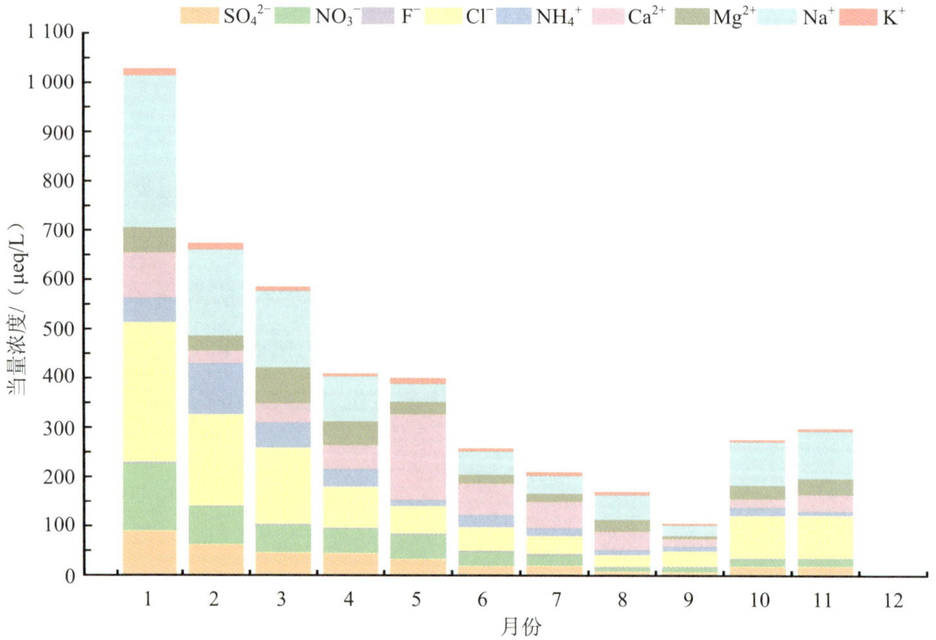

图 2-2-7　2020 年 1—12 月海南省降水化学组分当量浓度

二、降水空间分布特征

2020 年，海南省仅海口市降水 pH 年均值低于 5.60，为酸雨城市；其余市县降水 pH 年均值≥5.60，其中三亚、五指山、琼海、陵水、屯昌、昌江、琼中等 7 个市县 pH 年均值均为 5.61～6.00。

海南省降水样品中出现酸雨的市县主要集中在海口、陵水、屯昌、昌江、五指山、定安等 6 个市县，酸雨频率分别为 36.0%、21.2%、12.0%、6.1%、3.4%、1.9%。

第三节　“十三五”期间降水质量变化趋势分析

一、降水酸度变化

（一）海南省降水 pH 年均值变化

“十三五”期间，海南省降水 pH 年均值为 5.79～5.89，秩相关系数法分析结果表明整体保持稳定，均为非酸雨。海南省酸雨区域分布格局总体变化不大，主要集中在北部区域，南部区域次之。

“十三五”时期末（2020 年）与“十二五”时期末（2015 年）相比，海南省 pH 年均值下降 0.39（图 2-2-8）。

图 2-2-8　2015—2020 年海南省降水 pH 年均值及酸雨频率

（二）各市县降水 pH 年均值变化

“十三五”期间，海南省 18 个市县（不含三沙市）降水 pH 年均值呈不同的波动变化趋势，降水 pH 年均值小于 5.60 的酸雨城市包括海口市、三亚市、东方市，其中海口市连续 5 年为酸雨城市、三亚市 2016 年为酸雨城市、东方市 2018 年为酸雨城市。秩相关系数法分析结果表明，琼海、文昌、乐东、琼中等 4 个市县降水 pH 年均值呈显著下降趋势，其余市县无显著变化。

“十三五”时期末（2020 年）与“十二五”时期末（2015 年）相比，儋州、保亭、临高等 3 个市县 pH 年均值均有所上升，分别上升 0.42、0.30、0.19；其余市县均有不同程度的下降，下降 0.07（三亚）～1.28（琼海）（图 2-2-9）。

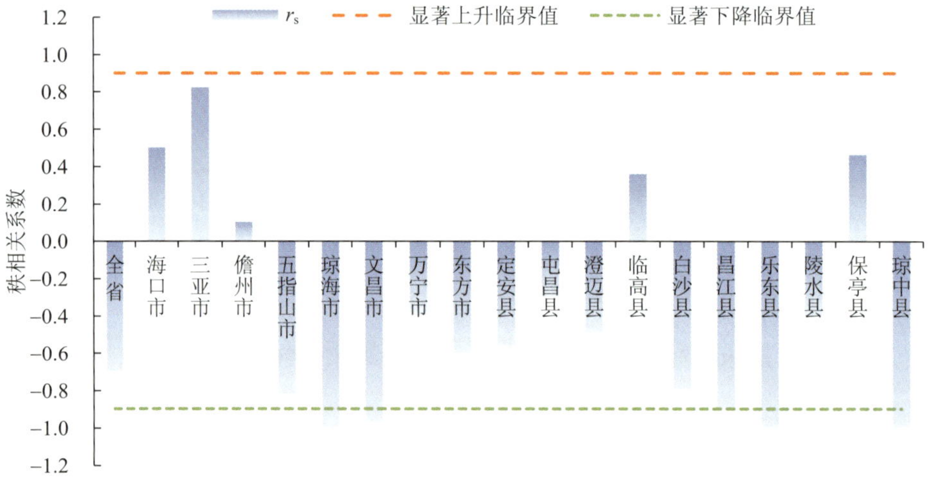

图 2-2-9　2016—2020 年海南省各市县降水 pH 年均值秩相关系数

（三）降水酸度分布变化

“十三五”期间，海南省降水酸度占比在 2018 年前后变化较大，2018 年之后酸性 pH 样品数量占比大幅下降。降水中 pH≥7.00 的样品数量占比为 6.2%～15.2%，pH 为 5.60～7.00 的样品数量占比为 37.2%～88.2%，酸雨（pH＜5.60）样品数量占比为 5.6%～47.6%。酸雨中弱酸性（pH 为 5.00～5.60）样品数量占比为 2.5%～39.9%，酸性（pH 为 4.50～5.00）样品数量占比为 1.5%～6.4%，重酸性（pH＜4.50）样品数量占比为 0.9%～3.3%。

“十三五”时期末（2020 年）与“十二五”时期末（2015 年）相比，pH＜4.50 的样品数量占比下降 0.2 个百分点，4.50≤pH＜5.00 的样品数量占比下降 4.9 个百分点，5.00≤pH＜5.60 的样品数量占比下降 34.8 个百分点，5.60≤pH＜7.00 的样品数量占比上升 40.3 个百分点，pH≥7.00 的样品数量占比下降 0.4 个百分点（图 2-2-10）。

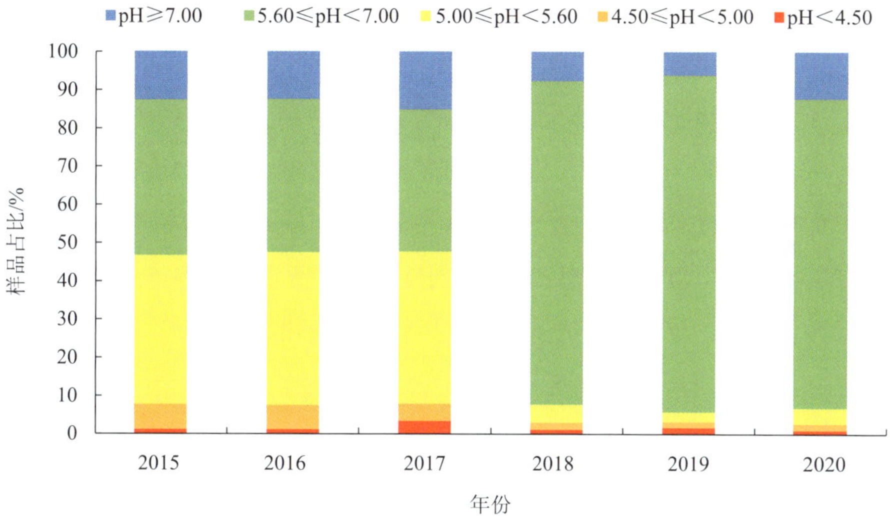

图 2-2-10　2015—2020 年海南省降水样品酸度占比分布

二、酸雨发生频率变化

“十三五”期间，海南省酸雨频率为5.6%～7.8%，呈波动下降趋势，但监测到酸雨的市县个数略有上升，海南省18个市县（不含三沙市）酸雨频率为0.8%～50.9%。

根据海南省 18 个市县（不含三沙市）出现酸雨的年份统计，海口市 5 年均监测到酸雨，琼海、文昌、澄迈、白沙、乐东、保亭、琼中等 7 个市县 5 年均未监测到酸雨，其余市县有 1～4 个年份监测到酸雨。其中，海口市酸雨频率 2016 年最高，达 50.9%，其余年份基本保持在 37%左右；三亚市 2016—2019 年酸雨频率为 0.8%～12.4%，2020 年未监测到酸雨；定安县、昌江县 2018—2020 年均监测到酸雨，酸雨频率分别为 1.0%～5.6%和 1.1%～6.1%；五指山市、万宁市、东方市、屯昌县、陵水县监测到酸雨的年份主要集中在 2018—2020 年，酸雨频率为 2.0%～30.9%；儋州市、临高县监测到酸雨的年份均为 2018 年，酸雨频率分别为 1.8%和 1.7%。

“十三五”时期末（2020 年）与“十二五”时期末（2015 年）相比，海南省酸雨频率上升 2.6 个百分点。陵水、屯昌、海口、昌江、五指山、定安等 6 个市县酸雨频率均有不同程度的上升，上升 1.9～21.2 个百分点；其余市县持平。

三、降水化学组成变化①

（一）离子总当量浓度

“十三五”期间，海南省降水离子总当量浓度总和为 165.1～280.9 μeq/L，先降低后逐年升高，2017 年为最低值，总体无明显变化。海口、三亚、五指山、东方等 4 个市降水离子总当量浓度总和均波动下降，秩相关系数法分析结果表明下降趋势均不显著。海口市有 4 年离子总当量浓度总和明显高于其余市；五指山市各年离子总当量浓度总和明显低于其余市县；与环境空气质量综合指数区域变化趋势一致。

“十三五”时期末（2020 年）与“十二五”时期末（2015 年）相比，海南省降水离子总当量浓度总和下降 83.1 μeq/L；海口市上升 55.7 μeq/L，东方、三亚、五指山等 3 个市分别下降 384.8 μeq/L、132.4 μeq/L、36.5 μeq/L（图 2-2-11）。

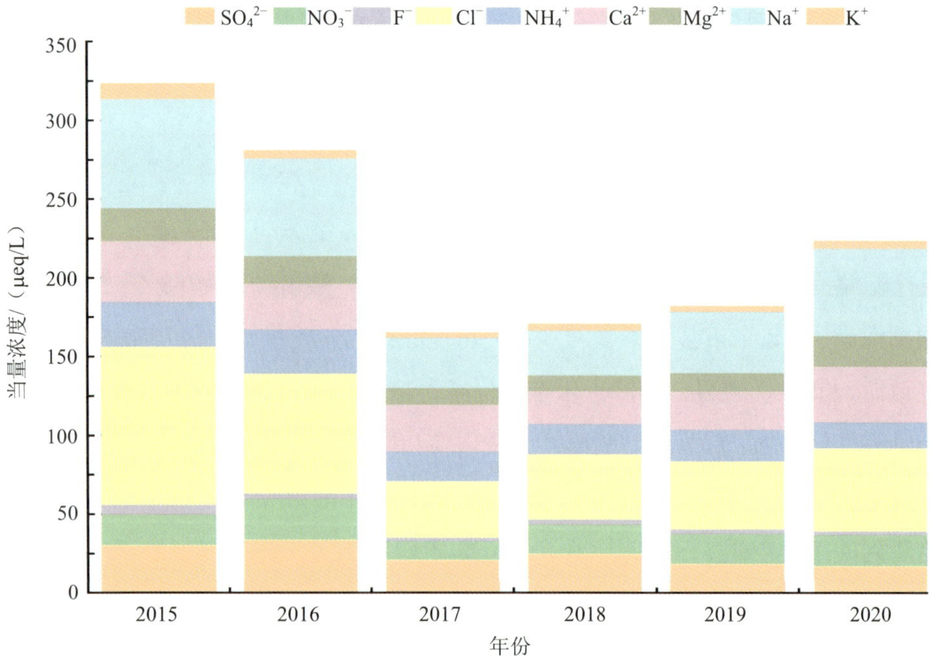

图 2-2-11　2015—2020 年海南省降水离子总当量浓度变化

① 2015—2020 年，仅海口、三亚、五指山、东方等 4 个市连续开展降水离子浓度监测。

“十三五”期间，海南省降水 SO_4^{2-}/NO_3^-离子当量比值为0.89～1.81，Cl^-/Na^+离子当量比值为0.95～1.46，Cl^-/阴离子总当量值为0.47～0.64，说明降水主要受 SO_4^{2-}、NO_3^-的前体物 SO_2、NO_x 影响，表现为硝硫混合型降水；同时也受海洋性 Cl^-源的影响，呈现海洋性降水特征。其中，三亚市2015年、五指山市2018年、东方市2016—2017年 SO_4^{2-}/NO_3^-离子当量比值大于2.00，其余年份市县 SO_4^{2-}/NO_3^-离子当量比值为0.75～1.84；海口市2020年、五指山市2019年、东方市2018—2019年 Cl^-/Na^+离子当量比值小于1.00，其余年份市县 Cl^-/Na^+离子当量比值为1.01～1.75，Na^+当量浓度较高，在中和雨水酸度方面仍然占据主导地位。秩相关系数法分析结果表明，海南省及4个市的 SO_4^{2-}/NO_3^-和 Cl^-/Na^+离子当量比值变化趋势均不显著。

“十三五”时期末（2020 年）与“十二五”时期末（2015 年）相比，海南省降水 SO_4^{2-}/NO_3^-离子当量比值下降 0.70；海口、三亚、五指山、东方等 4 个市均有下降，下降幅度为 0.50～1.43；海南省降水 Cl^-/Na^+离子当量比值下降 0.50，东方、海口、五指山、三亚等 4 个市均有下降，下降幅度为 0.27～0.51。

（二）离子总当量占比

“十三五”期间，海南省降水阴离子占离子总当量比由大到小依次为 $Cl^- > SO_4^{2-} > NO_3^- > F^-$。其中，$Cl^-$占离子总当量比为 21.2%～30.9%，是沿海地区降水离子化学组分的典型特征；SO_4^{2-}占离子总当量比为 7.8%～14.6%；NO_3^-占离子总当量比为 6.0%～10.8%；F^-占离子总当量比均小于 2.0%。

“十三五”期间，海南省降水阳离子占离子总当量比由大到小依次为 $Na^+ > Ca^{2+} > NH_4^+ > Mg^{2+} > K^+$。其中，$Na^+$占离子总当量比为 16.3%～24.5%；$Ca^{2+}$、$NH_4^+$占离子总当量比分别为 10.3%～17.5%、7.3%～11.1%；Mg^{2+}占离子总当量比除 2020 年偏高（8.7%）外，其余年份均约为 6%；K^+占离子总当量比均小于 3.0%。

“十三五”时期末（2020 年）与“十二五”时期末（2015 年）相比，Cl^-、SO_4^{2-}、NH_4^+占离子总当量比分别下降 7.5 个百分点、1.7 个百分点、1.4 个百分点；Ca^{2+}、Na^+、NO_3^-、Mg^{2+}占离子总当量比分别上升 3.6 个百分点、3.3 个百分点、2.8 个百分点和 2.2 个百分点；K^+、F^-占离子总当量比无明显变化（图 2-2-12）。

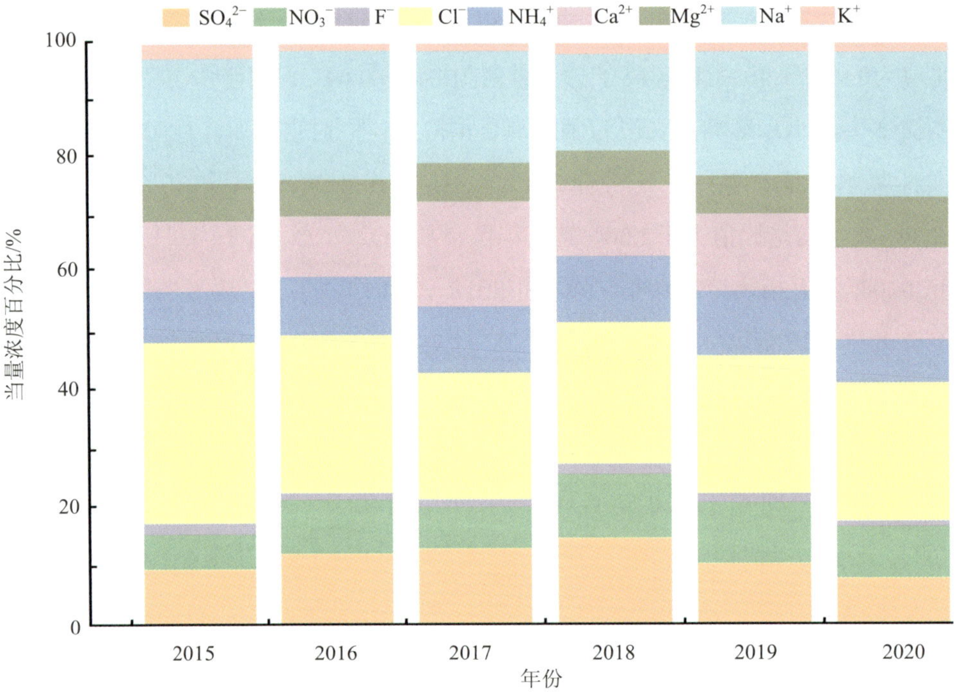

图 2-2-12　2015—2020 年海南省降水当量浓度百分比

四、季节变化

“十三五”期间，海南省降水酸度季节性变化明显，春、冬季节降水酸度明显大于夏、秋季节，其中春季 pH 季均值均低于 5.60。

“十三五”时期末（2020 年）与“十二五”时期末（2015 年）相比，海南省春季酸雨频率下降 0.5 个百分点，其余季节均略有上升，上升 0.9～4.5 个百分点；各季平均 pH 均有下降，下降 0.23～0.52。

第四节　原因分析

一是酸雨主要受本地源和致酸物质远距离传输共同影响。海南省酸性降水表现为硝硫混合型酸性降水；同时受海洋性 Cl^-源的影响，呈现海洋性酸性降水特征。酸性降水中致酸离子 SO_4^{2-}、NO_3^-前体物 SO_2、NO_x 主要来自人为活动，海南省工业分布较少，SO_2、NO_x 除受本地局地污染源排放影响外，还受到致酸物质及其变化产物远距离迁移影响。

二是气象因素是影响海南省酸雨的重要因素。海南岛春季大气层结构相对稳定，极易在低空形成逆温层；而在冬季受大陆高压的冷气团南下影响，昼夜温差大易形成逆温层。逆温层的存在不利于致酸物质扩散，使得污染物出现堆集，造成降水酸度增加，是导致春、冬季酸雨频发的主要缘由。

三是氮氧化物对酸雨形成的贡献有所显现。“十三五”期间，SO_4^{2-}、NO_3^-当量浓度与SO_4^{2-}/NO_3^-的离子当量比值呈波动下降趋势，表明机动车数量增加较快，氮氧化物的排放量在逐年增加，对酸雨形成所起的作用有所增加。NO_3^-的来源除工业氮氧化物排放外，机动车尾气排放也是重要来源之一（图 2-2-13）。

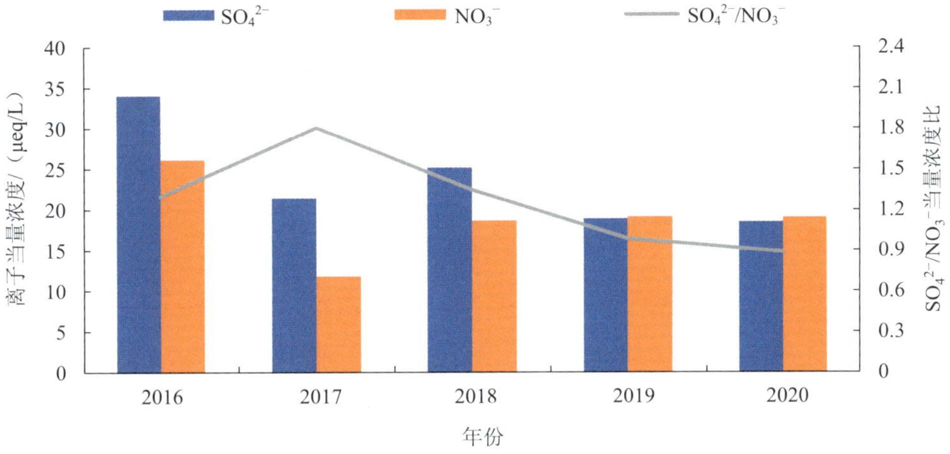

图 2-2-13　2016—2020 年海南省降水 SO_4^{2-}、NO_3^-当量浓度及其当量浓度比

第五节　小　结

一、结论

2020 年，海南省降水 pH 年均值为 5.78，酸雨频率为 6.7%，酸雨 pH 年均值为 4.92，主要表现为硫硝混合型降水，同时呈现海洋性酸性降水特征。

“十三五”期间，海南省降水 pH 年均值为 5.79～5.89，整体保持稳定；酸雨频率为 5.6%～7.8%，呈波动下降趋势。出现酸雨的市县个数略有上升，主要是海口、三亚、定安、昌江等市县。酸雨频率最高的城市为海口市，连续 5 年均监测到酸性降水，且酸雨频率均在 35%以上。海南省酸性降水季节性变化明显，春、冬季节降水酸度明显大于夏、秋季节，酸性降水集中出现在春、冬季节。

“十三五”时期末（2020年）与“十二五”时期末（2015年）相比，海南省pH年均值下降0.39，酸雨频率上升2.6个百分点。

二、对策与建议

（一）强化移动源大气污染防治

持续推进老旧柴油车提前淘汰和污染治理。开展机动车尾气遥感监测和黑烟抓拍设备应用，联合公安部门对黑烟车、高排放非道路移动机械严格处罚。

（二）提高降水化学组分分析能力

所有市县基本能做到逢雨必测，但部分市县由于监测能力不足，未开展化学组分分析，这不利于分析海南省酸雨的形成机理，建议加强降水采样和分析设备维护，提高监测人员业务能力水平，尽快做到化学组分分析全覆盖。

专栏5　五指山背景站纳入东亚酸沉降监测网

2018年11月，海南省生态环境监测中心配合中国环境监测总站在五指山市召开了2018年东亚酸沉降监测网中国网年度会议暨新增监测点位项目启动会，会上宣布中国网在已有重庆、西安、厦门、珠海4个点位的基础上新增云南丽江、海南五指山2个点位。

2019年7月，受亚洲空气污染研究中心的邀请，海南省生态环境监测中心派出监测人员赴日本参加2019年东亚酸沉降监测网个人研修课程学习培训，提高监测人员的科研及监测分析能力，确保五指山背景站酸沉降监测数据质量达到国际要求。同年10月，东亚酸沉降监测网组织机构的日方专家大泉毅、霍思邈博士围绕采样、实验室分析、数据报送等环节的质量保证和质量控制，对五指山背景站开展了实地考察与交流，对海南省生态环境监测工作给予了极大的肯定。

经过两年的准备工作，五指山背景站于2020年正式被纳入东亚酸沉降监测网，监测数据参与国际比对和评价，与东亚各国分享环境监测工作成果，这是海南省酸沉降监测工作首次走出国门参与生态文明领域的国际交流合作，具有重要的里程碑式的意义。

第三章 地表水

“十三五”期间，海南省地表水环境质量总体保持平稳，主要河流、湖库水质持续为优。劣Ⅴ类断面数量不超过 2 个，2017—2020 年稳定在 1 个，海南省基本消除劣Ⅴ类水体。

第一节 地表水环境质量现状

一、海南省地表水环境质量现状

2020 年，海南省地表水环境质量总体为优。水质为优良（Ⅰ～Ⅲ类）的比例为 90.1%，同比下降 2.9 个百分点；劣Ⅴ类水质的比例为 0.7%，同比持平。超Ⅲ类水质断面的主要污染指标为化学需氧量、总磷和高锰酸盐指数（图 2-3-1）。

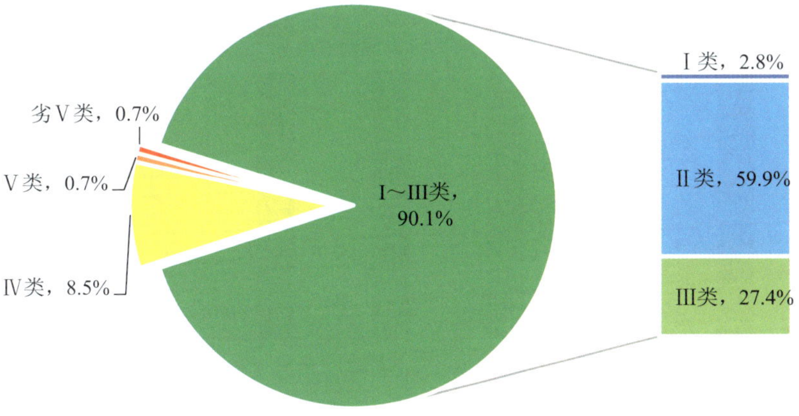

图 2-3-1 2020 年海南省地表水水质类别比例

二、河流水质现状

2020 年，海南省主要河流总体水质为优。开展监测的 52 条河流 110 个断面中，主要河流水质优良（Ⅰ～Ⅲ类）的断面有 100 个，占比为 90.9%，同比下降 1.8 个百分点；Ⅳ类水质断面有 8 个，占比为 7.3%，同比上升 0.9 个百分点；Ⅴ类水质断面有 1 个，占比为 0.9%，同比上升 0.9 个百分点；劣Ⅴ类水质断面有 1 个，占比为 0.9%，同比持平。万泉河、昌化江、南渡江三大流域水质均为优，东、南、西、北部河流水质均为良好（图 2-3-2、图 2-3-3）。

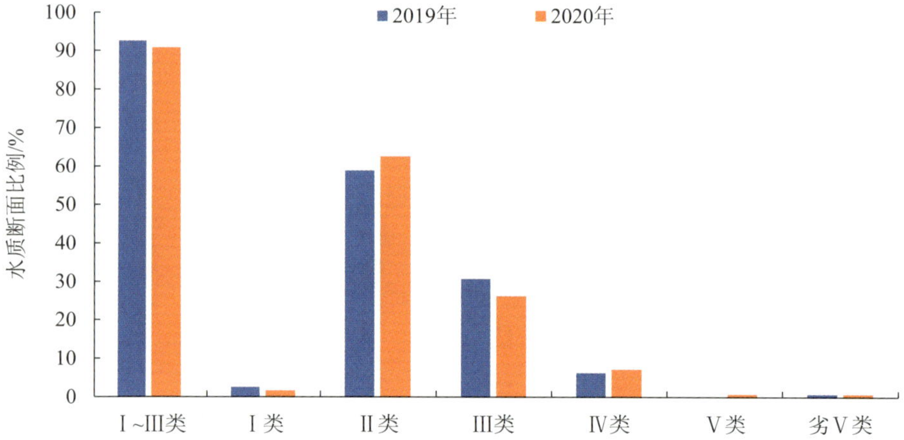

图 2-3-2　2020 年海南省河流水质状况同期对比

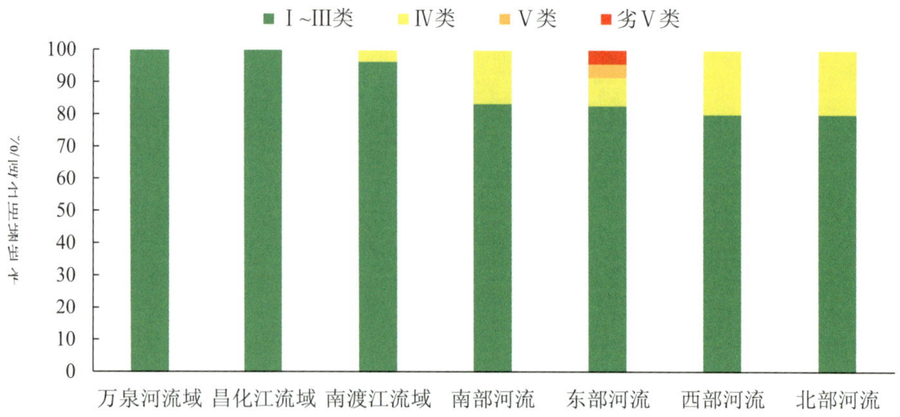

图 2-3-3　2020 年三大流域及海南省东部、南部、西部、北部河流水质类别比例

海南省超III类水质河流断面主要污染指标为化学需氧量、高锰酸盐指数、总磷，超III类水质断面比例分别为6.4%、4.5%、3.6%，上述指标海南省河流年均浓度分别为12.9 mg/L、3.2 mg/L、0.089 mg/L。与2019年相比，2020年化学需氧量年均浓度上升8.4%，总磷和高锰酸盐指数年均浓度持平。

三、湖库水质现状

2020 年，开展水质监测的 23 个主要湖库中，水质优良（Ⅰ～III类）湖库有 20 个，占比为 87.0%，同比下降 4.3 个百分点；Ⅳ类水质湖库有 3 个，占比为 13.0%，同比上升 4.3 个百分点；无Ⅴ类、劣Ⅴ类水质湖库，同比持平（图 2-3-4）。

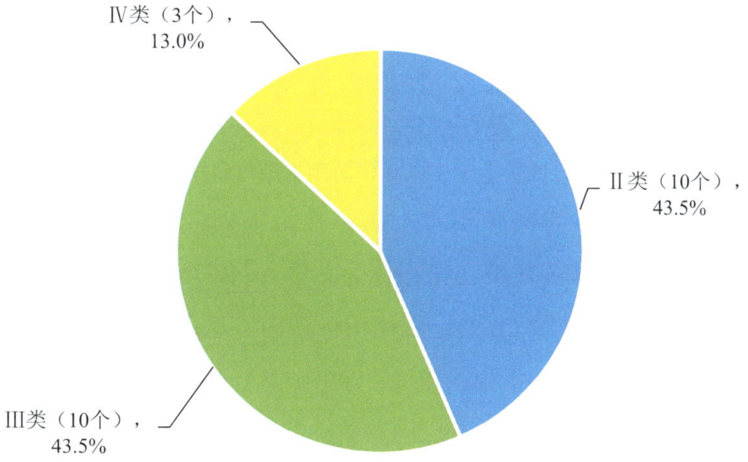

图 2-3-4　2020 年海南省湖库水质类别比例

开展营养状态监测的 23 个主要湖库中，中度富营养的湖库有 1 个，占比为 4.4%；轻度富营养的湖库有 3 个，占比为 13.0%；其余 19 个湖库呈贫营养或中营养状态。

23 个主要湖库中，湖山水库为轻度污染、中度富营养，高坡岭水库为轻度污染、轻度富营养，主要污染指标均为总磷、高锰酸盐指数、化学需氧量；珠碧江水库为轻度污染、中营养，主要污染指标为总磷；春江水库和石门水库水质良好、轻度富营养；石碌水库水质良好、中营养，但水库入口点位水质轻度污染；其余湖库水质优良且呈贫营养或中营养状态（图 2-3-5）。

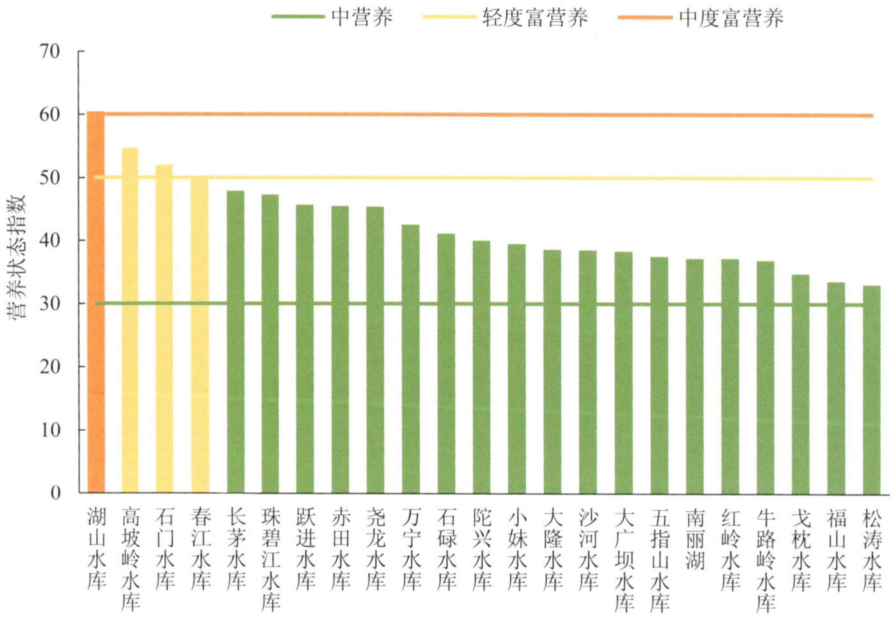

图 2-3-5 2020 年海南省湖库营养状态

海南省超III类水质湖库主要污染指标为总磷、高锰酸盐指数、化学需氧量，超III类点位比例分别为 12.5%、6.2%、6.2%，上述指标海南省湖库年均浓度分别为 0.029 mg/L、2.6 mg/L、11.1 mg/L。与 2019 年相比，2020 年总磷、化学需氧量年均浓度分别上升 16.0%、9.9%，高锰酸盐指数年均浓度持平。

总氮单独评价时，湖库超III类水质点位比例为12.5%，年均浓度为0.64 mg/L，较2019年上升18.5%。

第二节 地表水环境质量时空变化规律分析

一、河流水质时空变化特征

（一）区域变化

1. 南渡江流域

南渡江流域总体水质为优。南渡江干流及南溪河、南春河、南叉河、腰子河、南坤河、海仔河、南淀河 8 条河流水质为优，大塘河、龙州河、绿现水、巡崖河 4 条河流水质良好。监测的 27 个断面中，Ⅰ类水质断面占比为 3.7%，Ⅱ类水质断面占比为 63.0%，Ⅲ类水质断面占比为 29.6%，Ⅳ类水质断面占比为 3.7%。

南渡江干流沿程水质变化特征：儋州番企村—海口群益村段水质综合污染指数呈波动上升趋势，海口群益村—儒房段水质综合污染指数呈下降趋势（图 2-3-6）。

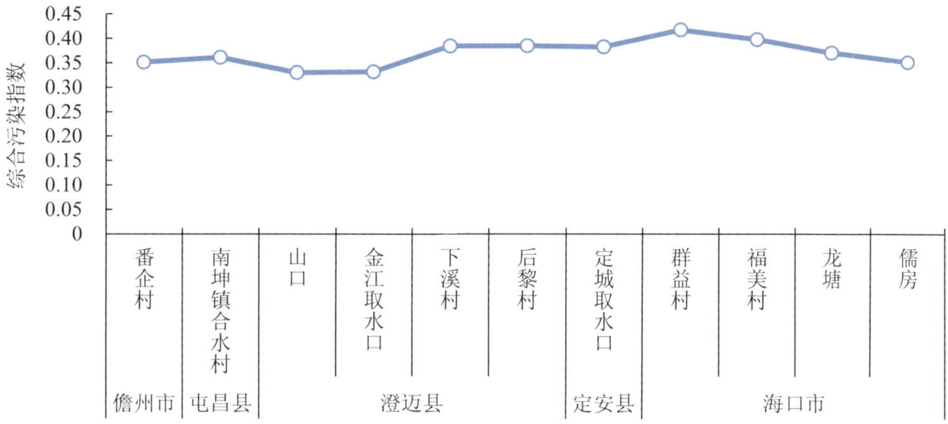

图 2-3-6　2020 年南渡江干流沿程水质综合污染指数变化

南渡江主要支流水质分布特征：南渡江上游支流水质综合污染指数明显低于中下游支流，中游绿现水、下游龙州河、巡崖河水质综合污染指数明显高于其余支流（图 2-3-7）。

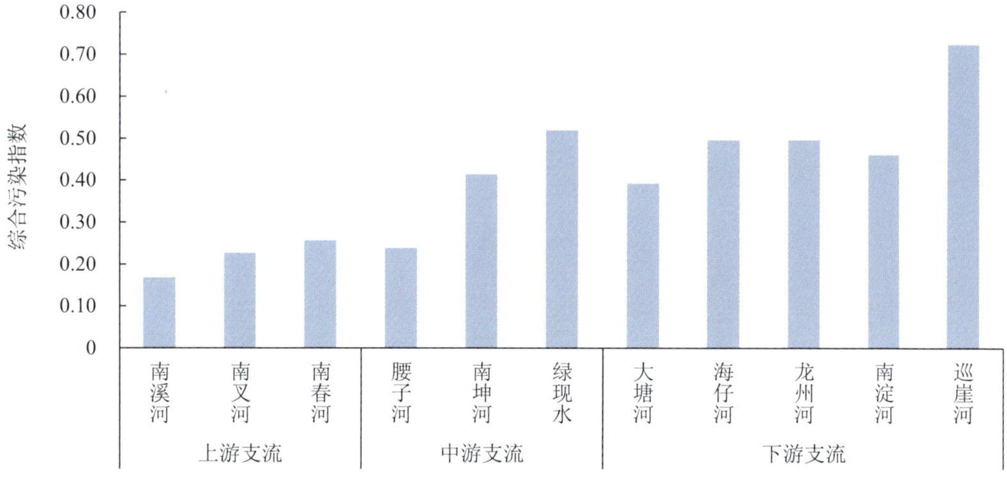

图 2-3-7　2020 年南渡江支流水质综合污染指数

2. 万泉河流域

万泉河流域总体水质为优。万泉河干流及大边河、三更罗溪、中平溪、青梯溪、加浪河、营盘溪 7 条河流水质为优，塔洋河水质良好。监测的 15 个断面中，Ⅱ类水质断面占比为 93.3%，Ⅲ类水质断面占比为 6.7%。

万泉河干流沿程水质变化特征：万泉河干流沿程水质综合污染指数呈波动上升趋势（图 2-3-8）。

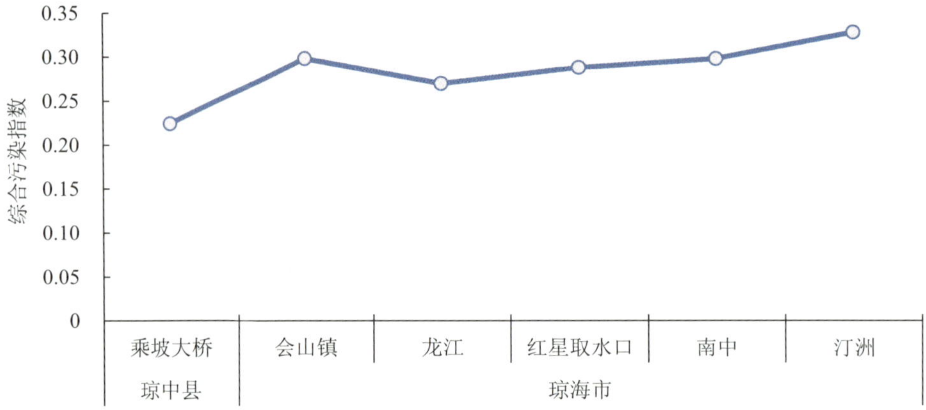

图 2-3-8　2020 年万泉河干流沿程水质综合污染指数变化

万泉河主要支流水质分布特征：万泉河上游支流水质综合污染指数低于下游支流，呈阶梯式上升趋势（图 2-3-9）。

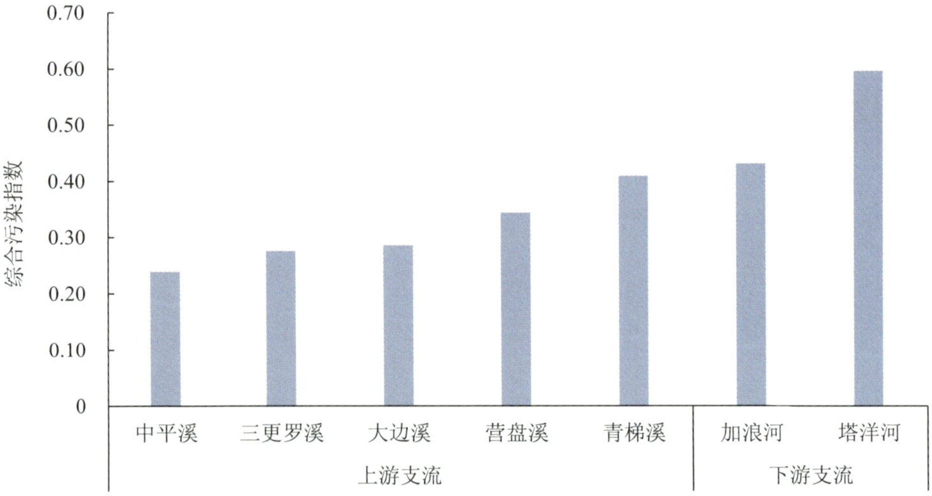

图 2-3-9　2020 年万泉河支流水质综合污染指数

3. 昌化江流域

昌化江流域总体水质为优。昌化江干流及南圣河、水满水、南巴水、石碌河 4 条河流水质为优，乐中河水质良好。监测的 18 个断面中，Ⅰ类水质断面占比为 5.5%，Ⅱ类水质断面占比为 77.8%，Ⅲ类水质断面占比为 16.7%。

昌化江干流沿程水质变化特征：五指山什统村—坤步水面桥段水质综合污染指数呈下降趋势，五指山坤步水面桥—乐东山荣段水质综合污染指数呈上升趋势，乐东山荣段—昌江大风段水质综合污染指数呈下降趋势（图 2-3-10）。

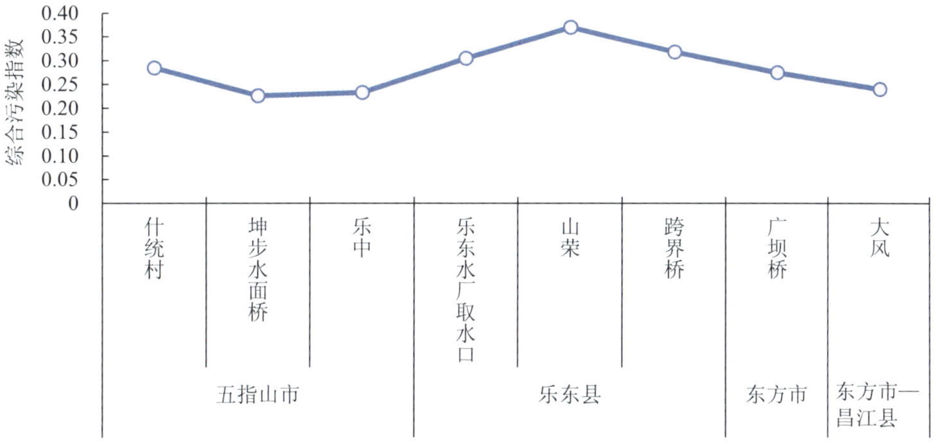

图 2-3-10　2020 年昌化江干流沿程水质综合污染指数变化

昌化江主要支流水质分布特征：昌化江上游支流水质综合污染指数低于下游支流，下游乐中河和石碌河水质综合污染指数明显高于其余支流（图 2-3-11）。

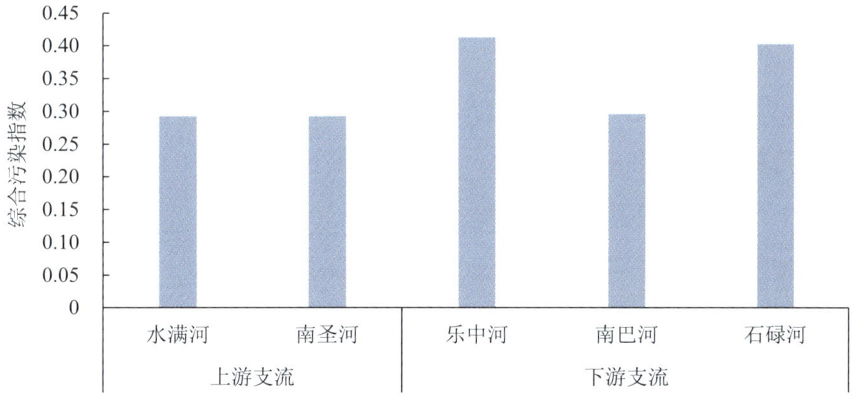

图 2-3-11　2020 年昌化江支流水质综合污染指数

4. 东部河流

东部河流总体水质良好。监测的 14 条河流中，龙滚河、龙首河、龙尾河、太阳河、陵水河、都总河、金冲河 7 条河流水质为优，文昌河、石壁河、九曲江、保亭水 4 条河流水质良好，文昌市文教河、万宁市东山河 2 条河流水质轻度污染，文昌市珠溪河水质重度污染。监测的 23 个断面中，Ⅱ类水质断面占比为 52.2%，Ⅲ类水质断面占比为 30.5%，Ⅳ类水质断面占比为 8.7%，Ⅴ类水质断面占比为 4.3%，劣Ⅴ类水质断面占比为 4.3%。

东部河流特征：东部 14 条监测河流水质综合污染指数为 0.29～1.39，珠溪河综合污染指数最高，东山河次之，龙尾河最低（图 2-3-12）。

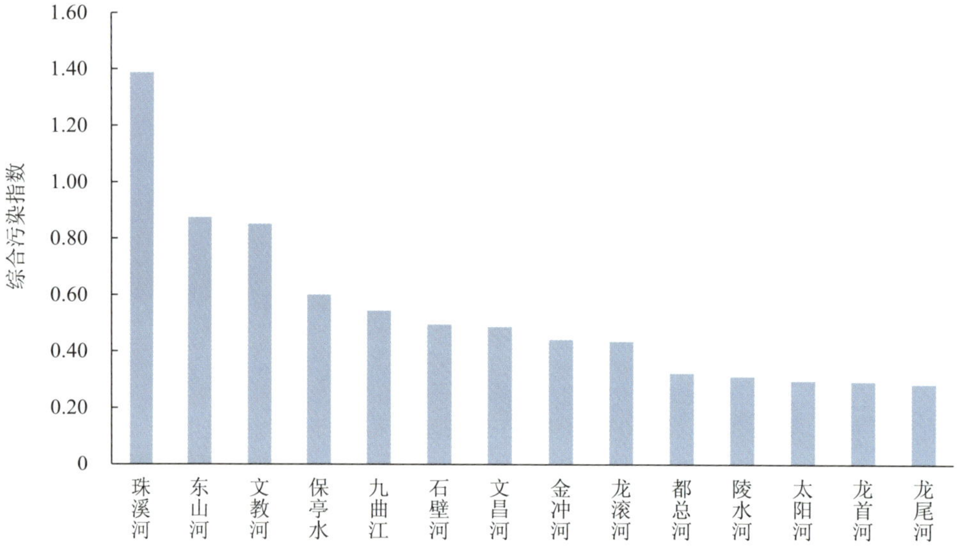

图 2-3-12　2020 年东部河流水质综合污染指数

5. 西部河流

西部河流总体水质良好。监测的 3 条河流中，珠碧江和感恩河水质为优，东方市罗带河水质轻度污染。监测的 5 个断面中，Ⅱ类水质断面占比为 60.0%，Ⅲ类水质断面占比为 20.0%，Ⅳ类水质断面占比为 20.0%。

西部河流特征：西部 3 条监测河流水质综合污染指数为 0.34～0.86，罗带河综合污染指数最高（图 2-3-13）。

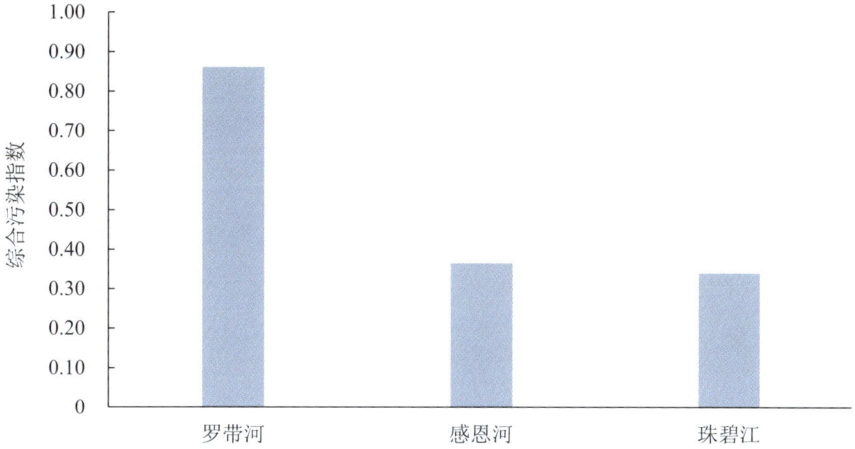

图 2-3-13　2020 年西部河流水质综合污染指数

6. 南部河流

南部河流总体水质为良好。监测的 5 条河流中，藤桥河、藤桥西河、宁远河 3 条河流水质为优，三亚河和望楼河水质良好。监测的 12 个断面中，II 类水质断面占比为 58.3%，III类水质断面占比为 25.0%，IV类水质断面占比为 16.7%。

南部河流特征：南部 5 条监测河流水质综合污染指数为 0.27～0.66，三亚河水质综合污染指数最高，藤桥河最低（图 2-3-14）。

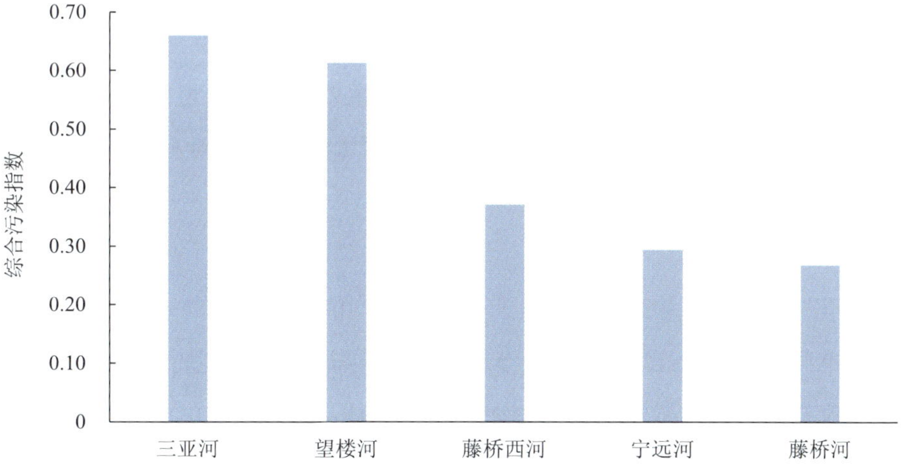

图 2-3-14　2020 年南部河流水质综合污染指数

7. 北部河流

北部河流总体水质良好。监测的 4 条河流中，文澜江、春江、北门江 3 条河流水质良好，海口市演州河水质轻度污染。监测的 10 个断面中，Ⅱ类水质断面占比为 20.0%，Ⅲ类水质断面占比为 60.0%，Ⅳ类水质断面占比为 20.0%。

北部河流特征：北部 4 条监测河流水质综合污染指数为 0.48～0.72，北门江水质综合污染指数较高（图 2-3-15）。

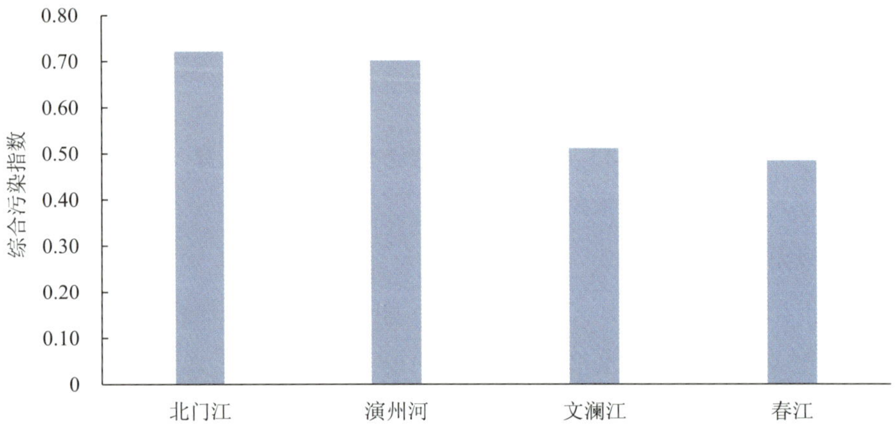

图 2-3-15　2020 年北部河流水质综合污染指数

（二）主要污染物浓度变化

“十三五”期间，影响海南省主要河流水质的主要污染指标为化学需氧量、高锰酸盐指数、总磷。“十三五”时期末（2020 年）与“十二五”时期末（2015 年）相比，主要污染指标增加了总磷，减少了氨氮。

1. 高锰酸盐指数

“十三五”期间，海南省河流高锰酸盐指数年均值范围为 2.8～3.2 mg/L，均低于地表水Ⅱ类标准限值（4 mg/L）。2017 年起，高锰酸盐指数浓度呈持续上升趋势。2020 年海南省河流高锰酸盐指数年均值为 3.2 mg/L，同比持平，较 2016—2018 年分别上升 3.2%、14.3%、10.3%，较“十二五”时期末（2015 年）上升 10.0%。

从浓度月均值变化来看，海南省河流高锰酸盐指数月均值在每年 5—9 月达到峰值，丰水期浓度略高于枯水期、平水期（图 2-3-16）。

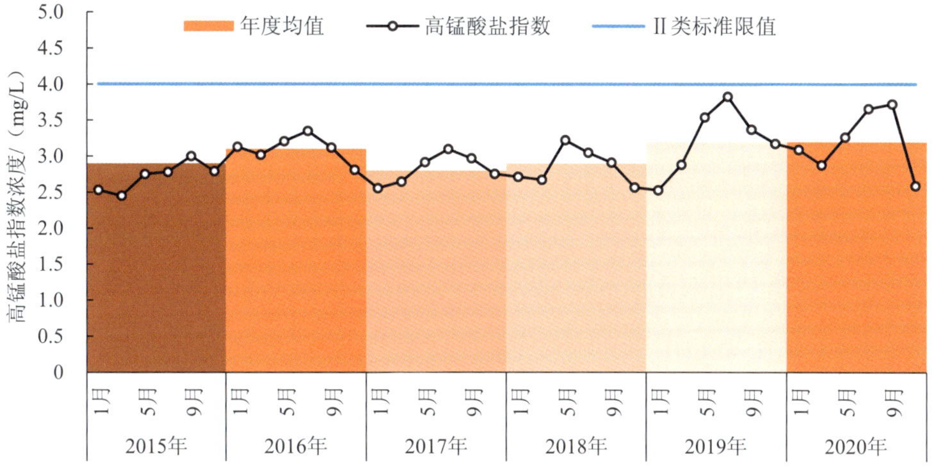

图 2-3-16　2015—2020 年海南省河流高锰酸盐指数浓度变化趋势

2. 化学需氧量

“十三五”期间，海南省河流化学需氧量年均值范围为 11.3～12.9 mg/L，均低于地表水 I 类标准限值（15 mg/L），总体呈先降后升趋势，2018 年降至最低值后逐年回升。2020 年化学需氧量浓度达到 12.9 mg/L，较 2016—2019 年上升 5.1%～13.5%，较“十二五”时期末（2015 年）上升 8.3%。

从浓度月均值变化来看，海南省河流化学需氧量月均值维持在低值范围内小幅波动，季节性变化规律与高锰酸盐指数类似，丰水期浓度较高，枯水期、平水期浓度较低（图 2-3-17）。

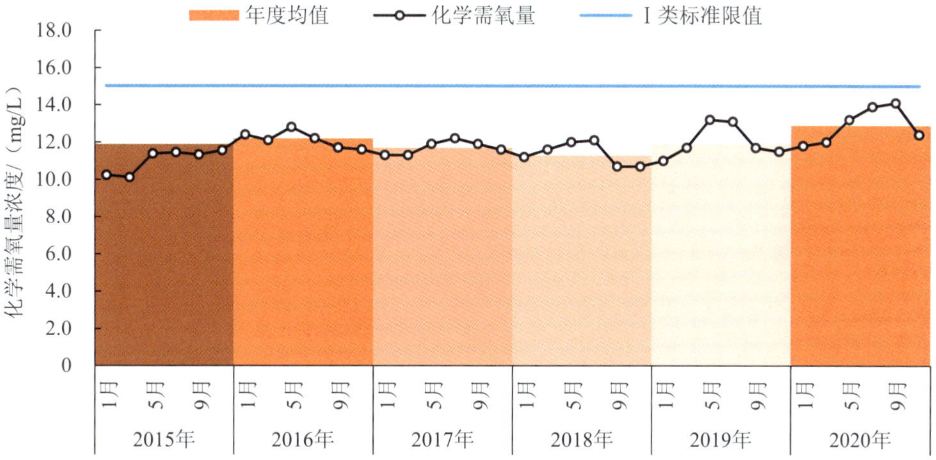

图 2-3-17　2015—2020 年海南省河流化学需氧量浓度变化趋势

3. 总磷

“十三五”期间，海南省河流总磷浓度年均值范围为 0.077～0.089 mg/L，均低于地表水 II 类标准限值（0.1 mg/L），但总体呈持续上升趋势。2020 年海南省河流总磷年均值为 0.089 mg/L，同比持平，较 2016—2018 年分别上升 14.1%、15.4%、6.8%，较“十二五”时期末（2015 年）上升 32.6%。

从浓度月均值变化来看，海南省河流总磷浓度季节性变化规律不明显，但总体丰水期浓度略高于枯水期、平水期浓度，全年峰值基本出现在降雨最频繁的 5—9 月（图 2-3-18）。

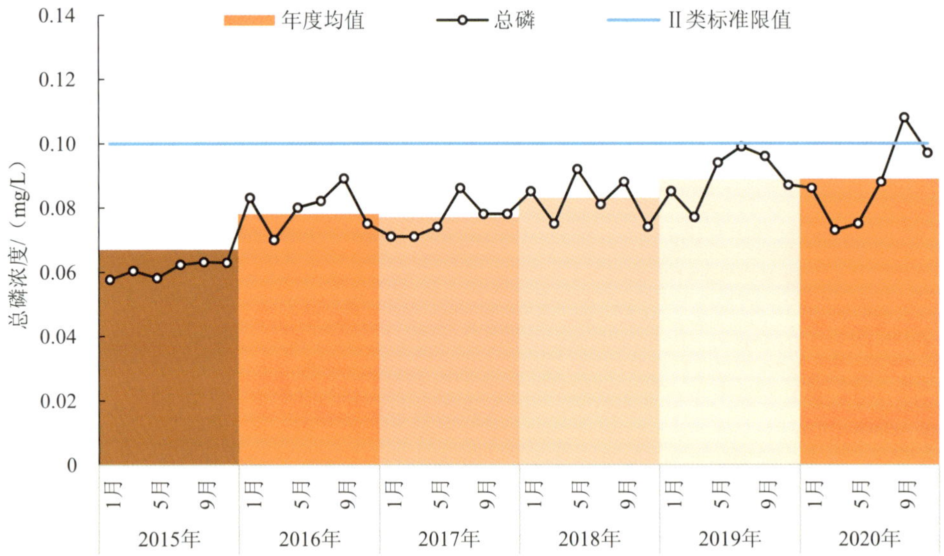

图 2-3-18　2015—2020 年海南省河流总磷浓度变化趋势

4. 氨氮

“十三五”期间，海南省河流氨氮年均值范围为 0.21～0.32 mg/L，均低于地表水 II 类标准限值（0.5 mg/L），总体呈波动下降趋势。2020 年同比显著下降，达到“十三五”期间最低值，较“十二五”时期末（2015 年）下降 25.9%。

从浓度月均值变化来看，海南省河流氨氮浓度随枯水期、丰水期、平水期变化呈现先升后降趋势，枯水期浓度总体呈上升趋势，至枯水期、丰水期交替时期（5 月）达到全年峰值，并随丰水期、平水期来临逐步回落（图 2-3-19）。

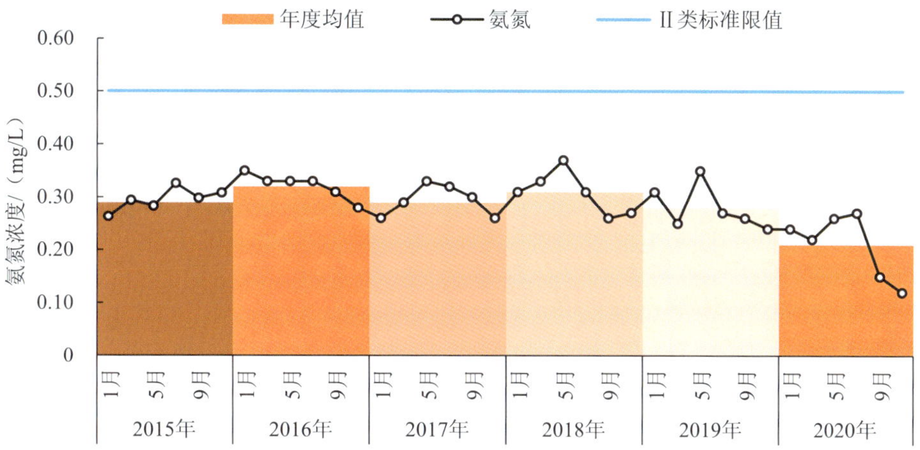

图 2-3-19　2015—2020 年海南省河流氨氮浓度变化趋势

二、湖库水质时空变化特征

（一）区域变化

2020 年，监测的 23 个主要湖库中，轻度污染的湖库有 3 个，分别位于海南岛西部区域（东方市高坡岭水库、白沙县珠碧江水库）及东部区域（文昌市湖山水库）。

（二）主要污染物浓度变化

“十三五”期间，影响海南省湖库水质的主要指标为总磷、高锰酸盐指数、化学需氧量。“十三五”时期末（2020 年）与“十二五”时期末（2015 年）相比，污染指标增加了化学需氧量。

1. 高锰酸盐指数

“十三五”期间，海南省湖库高锰酸盐指数浓度年均值范围为 2.5～2.7 mg/L，均低于地表水 II 类标准限值（4 mg/L），基本保持稳定，2020 年均值较“十二五”时期末（2015 年）上升 3.8%。

从浓度月均值变化来看，高锰酸盐指数浓度仅在极小范围内波动，7—9 月略高于其余月份（图 2-3-20）。

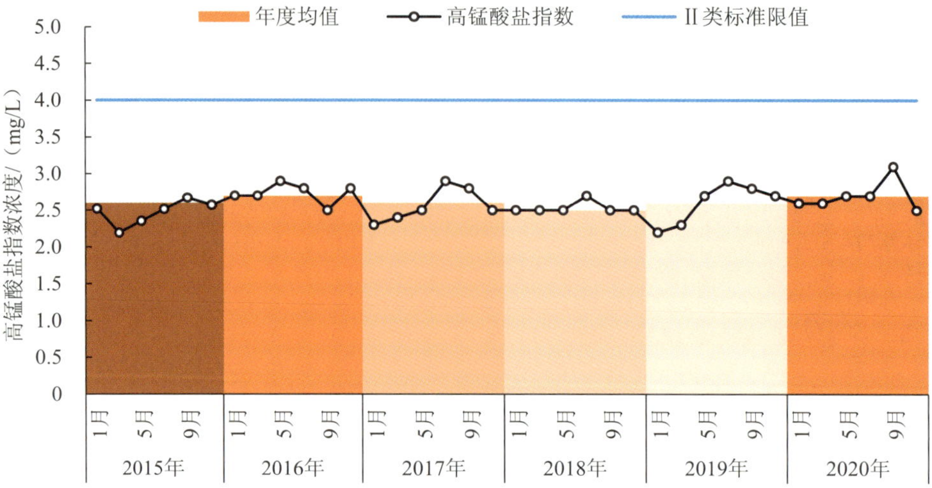

图 2-3-20　2015—2020 年海南省湖库高锰酸盐指数浓度变化趋势

2. 化学需氧量

“十三五”期间，海南省湖库化学需氧量浓度年均值范围为 9.8～11.1 mg/L，均低于地表水 I 类标准限值（15 mg/L），呈先降后升趋势，2018 年达到最低后逐年回升，2020 年浓度为 11.1 mg/L，较 2016—2019 年上升了 1.8%～13.3%，较“十二五”时期末（2015 年）下降了 1.2%。

从浓度月均值变化来看，化学需氧量浓度无明显季节性变化规律（图 2-3-21）。

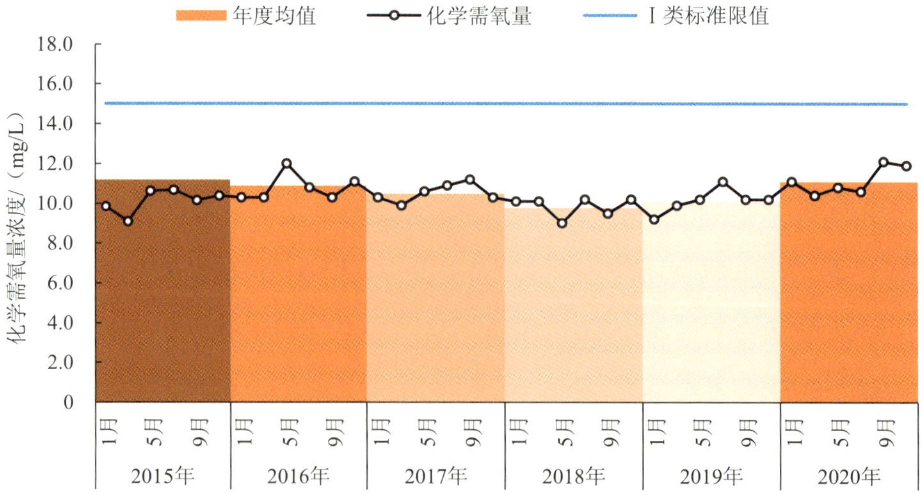

图 2-3-21　2015—2020 年海南省湖库化学需氧量浓度变化趋势

3. 总磷

“十三五”期间，海南省湖库总磷浓度年均值范围为 0.023～0.029 mg/L，在地表水Ⅱ类标准限值（0.025 mg/L）上下波动，呈先降后升趋势，2018 年降至最低值后逐年回升，2020 年达到 0.029 mg/L，较 2016—2019 年上升了 8.7%～28.4%，较“十二五”时期末（2015 年）上升了 14.5%。

从浓度月均值变化来看，海南省湖库总磷浓度无明显季节性变化规律，但 2020 年波动上升趋势明显（图 2-3-22）。

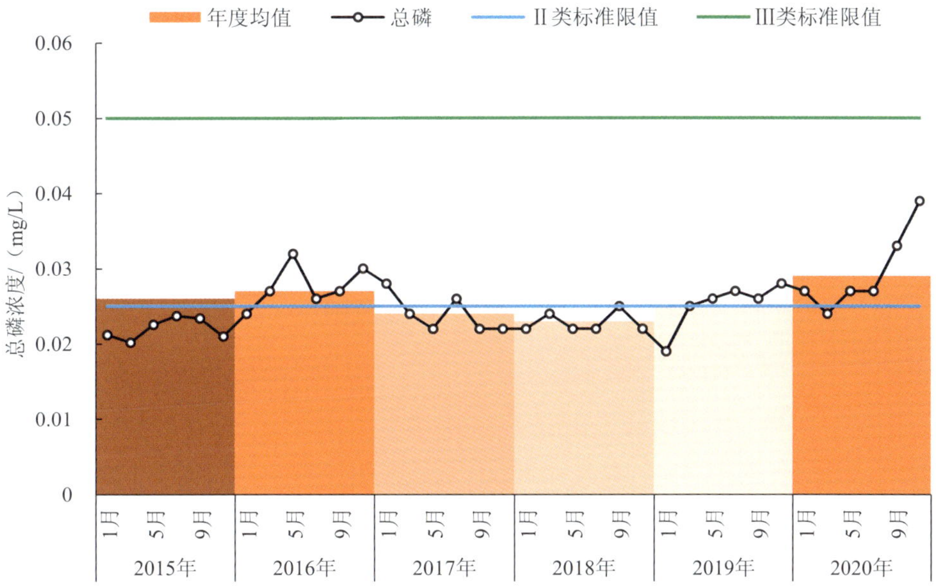

图 2-3-22　2015—2020 年海南省湖库总磷浓度变化趋势

4. 氨氮

“十三五”期间，海南省湖库氨氮浓度年均值范围为 0.13～0.19 mg/L，远低于地表水Ⅱ类标准限值（0.5 mg/L），且呈显著下降趋势，2020 年达到最低值，较“十二五”时期末（2015 年）下降 35.2%。

从浓度月均值变化来看，氨氮浓度无明显季节性变化规律（图 2-3-23）。

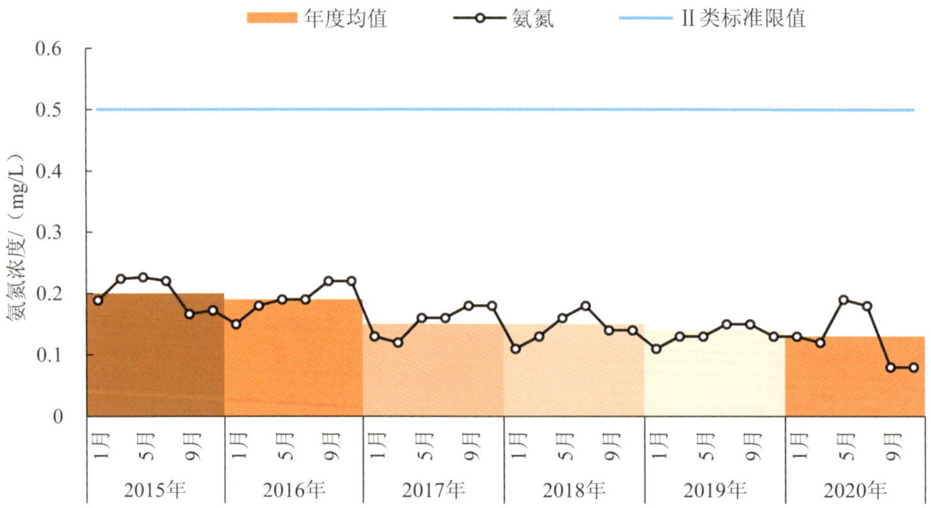

图 2-3-23　2015—2020 年海南省湖库氨氮浓度变化趋势

5. 总氮

“十三五”期间，海南省湖库总氮浓度年均值范围为 0.46～0.64 mg/L，均低于地表水III类标准限值（1.0 mg/L），但自 2018 年起呈逐年上升趋势，2020 年达到 0.64 mg/L，较“十二五”时期末（2015 年）下降 1.6%。

从浓度月均值变化来看，总氮浓度无明显季节性变化规律（图 2-3-24）。

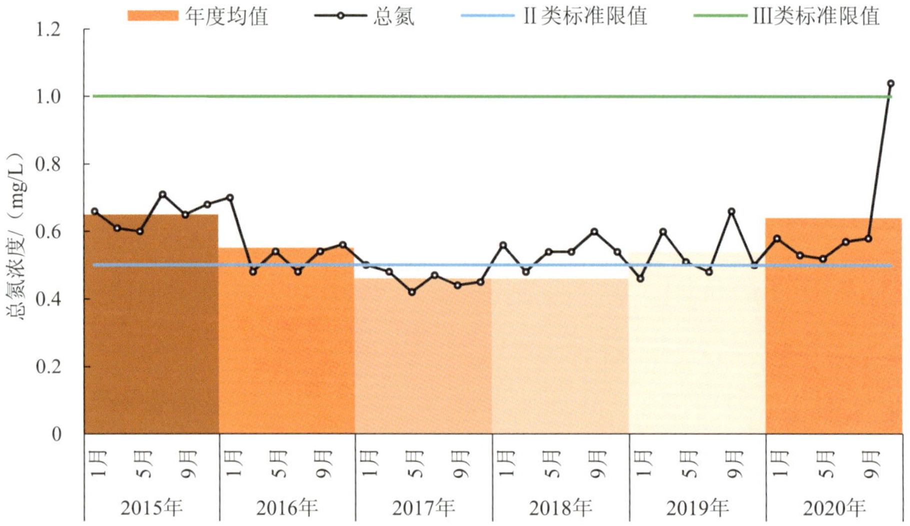

图 2-3-24　2015—2020 年海南省湖库总氮浓度变化趋势

三、各市县地表水环境质量

2020年，海南省18个市县（不含三沙市）中，琼中、五指山、保亭、昌江、澄迈、陵水、琼海、临高、屯昌等9个市县水质为优，水质优良比例均为100%；三亚、万宁、乐东等3个市县水质为优，水质优良比例为90.0%～91.7%；定安、海口、儋州、东方、白沙等5个市县水质良好，水质优良比例为77.8%～88.9%；文昌市水质轻度污染，水质优良比例为55.6%。

从各市县水质优良比例分布情况来看，海南岛东部及西部部分市县水质优良比例相对偏低。

2020年，海南省地表水环境质量相对较好的市县是琼中县、五指山市、白沙县；地表水环境质量相对较差的市县是文昌市、儋州市、东方市。与2019年相比，2020年地表水环境质量有所改善的市县是保亭县、儋州市、临高县、文昌市、琼中县、陵水县、五指山市、昌江县、万宁市；地表水环境质量有所下降的市县是屯昌县、三亚市、海口市、澄迈县、琼海市、白沙县、东方市、定安县、乐东县。

2020年海南省18个市县（不含三沙市）地表水环境质量变化情况见表2-3-1。

表2-3-1　2020年海南省18个市县（不含三沙市）地表水环境质量变化情况

排名	市县名称	城市水质指数	名次变化同比	排名	市县名称	城市水质指数	名次变化同比
1	琼中县	3.352 7	上升↑2	10	三亚市	3.869 6	下降↓3
2	五指山市	3.399 9	持平→	11	海口市	3.967 1	下降↓2
3	白沙县	3.455 8	下降↓2	12	临高县	4.131 7	上升↑4
4	保亭县	3.492 4	上升↑8	13	屯昌县	4.137 0	上升↑1
5	澄迈县	3.649 2	下降↓1	14	定安县	4.232 1	下降↓1
6	万宁市	3.727 6	持平→	15	乐东县	4.276 7	下降↓5
7	陵水县	3.739 4	上升↑4	16	东方市	4.380 9	下降↓1
8	昌江县	3.786 1	持平→	17	儋州市	4.402 1	持平→
9	琼海市	3.856 9	下降↓4	18	文昌市	6.138 1	持平→

第三节　“十三五”期间地表水环境质量变化趋势分析

一、海南省地表水环境质量年际变化分析

“十三五”期间，海南省地表水环境质量总体保持平稳，水质优良比例在90.1%～94.4%的范围内小幅波动，劣Ⅴ类水质比例在0.7%～1.4%（1～2个断面）的范围内波动。秩相关系数法分析结果表明，“十三五”期间，海南省地表水水质无显著变化趋势。

“十三五”时期末（2020年）与“十二五”时期末（2015年）相比，海南省地表水环境质量无明显变化，水质优良比例下降了2.8个百分点，劣Ⅴ类水质比例上升了0.7个百分点（图2-3-25）。

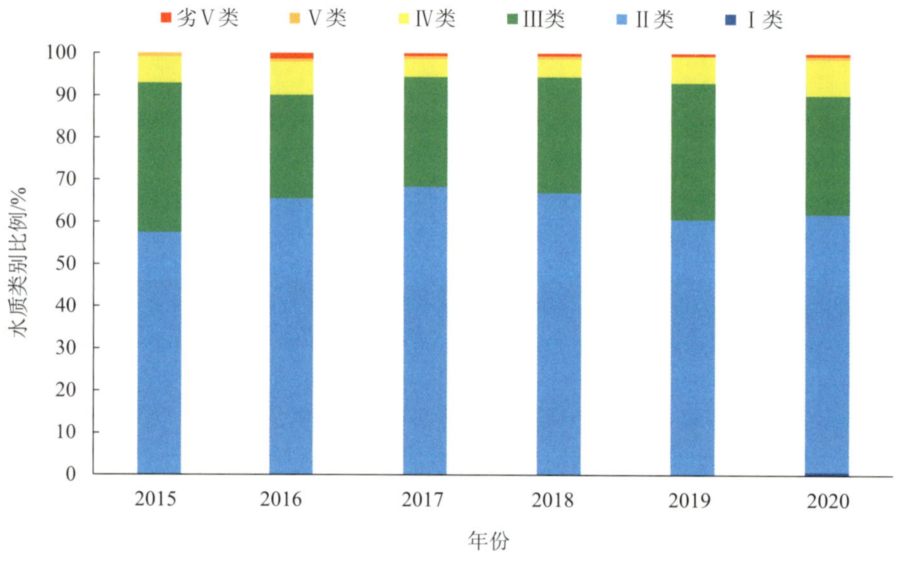

图2-3-25　2015—2020年海南省地表水水质类别比例

二、河流水质年际变化分析

（一）河流总体水质变化

“十三五”期间，海南省河流水环境质量保持为优，水质优良比例在90.9%～94.5%

范围内波动，2016—2017 年小幅上升，2017—2020 年小幅下降；劣Ⅴ类比例在 0～1.8% 范围内波动。秩相关系数法分析结果表明，“十三五”期间，海南省河流水质无显著变化趋势。

“十三五”时期末（2020 年）与“十二五”时期末（2015 年）相比，水质优良比例下降 3.4 个百分点，劣Ⅴ类水质比例上升 0.9 个百分点（图 2-3-26）。

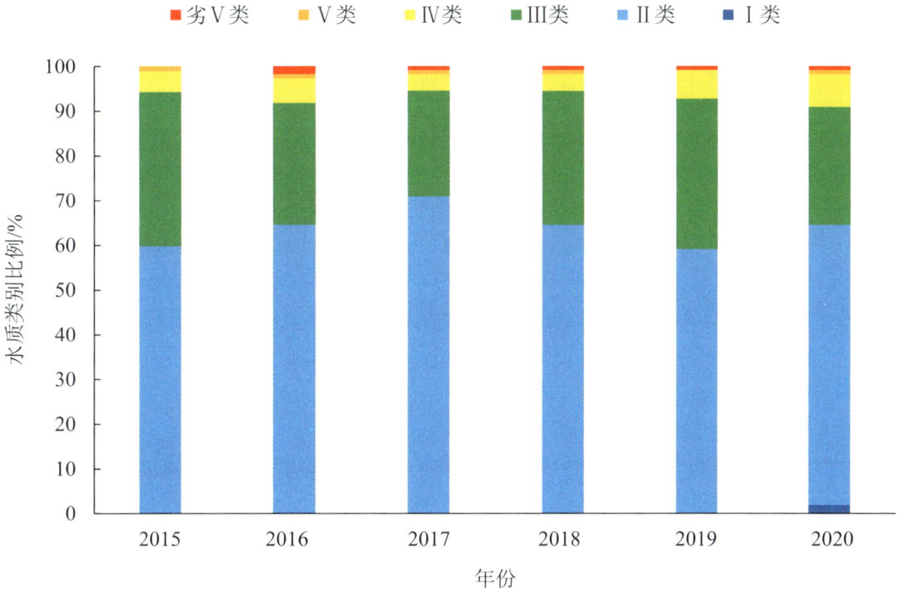

图 2-3-26　2015—2020 年海南省主要河流水质类别比例

（二）综合污染指数变化

根据“十三五”期间海南省河流水质污染特征，选用河流水质主要影响指标高锰酸盐指数、化学需氧量、氨氮、总磷、生化需氧量和溶解氧，对海南省主要河流进行综合污染指数变化趋势分析。

“十三五”期间，海南省河流总体综合污染指数在 0.40～0.45 范围内波动，2016 年达到最高，之后在 0.42 上下波动。秩相关系数法分析结果表明无显著变化趋势。三大流域综合污染指数均低于海南省总体水平，其中南渡江流域综合污染指数波动趋势与海南省总体一致，万泉河流域、昌化江流域自 2017 年起综合污染指数维持在较低水平。

“十三五”时期末（2020 年）与“十二五”时期末（2015 年）相比，海南省河流综合污染指数下降 8.7%（图 2-3-27）。

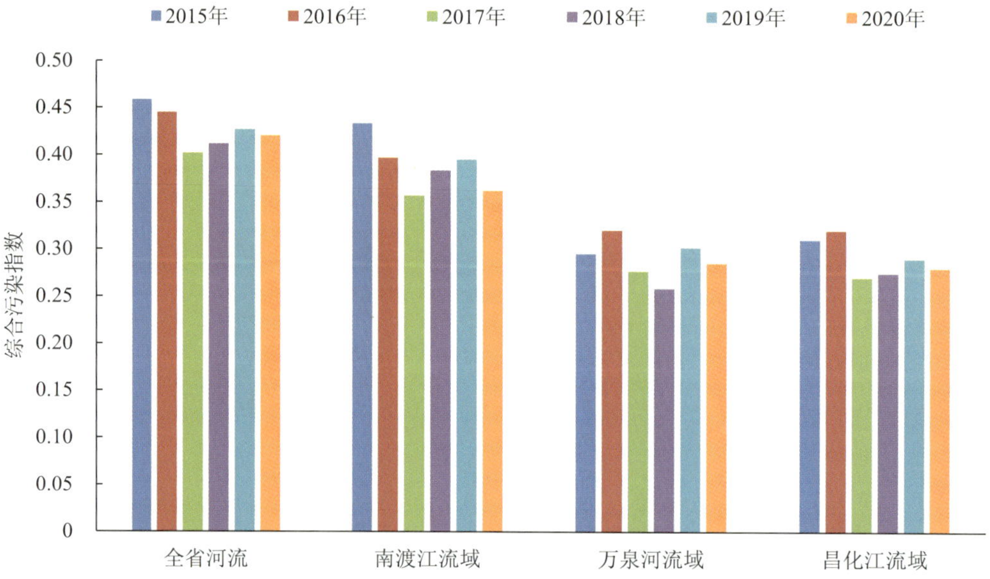

图 2-3-27　2015—2020 年海南省河流及三大流域综合污染指数变化

各条河流综合污染指数秩相关系数法分析结果表明，“十三五”期间，腰子河、三亚河、罗带河、太阳河等 4 条河流综合污染指数均呈显著下降趋势，水质明显好转；龙滚河综合污染指数呈显著上升趋势，水质明显下降；其余河流水质无显著变化趋势。

三、湖库水质年际变化分析

（一）湖库水质状况

“十三五”期间，海南省湖库水质优良个数比例在82.6%～91.3%范围内波动，呈先升后降趋势。秩相关系数法分析结果表明，“十三五”期间，海南省湖库水质无显著变化趋势。

“十三五”时期末（2020 年）与“十二五”时期末（2015 年）相比，海南省湖库水质总体有所上升，优良个数比例上升了 3.7 个百分点（图 2-3-28）。

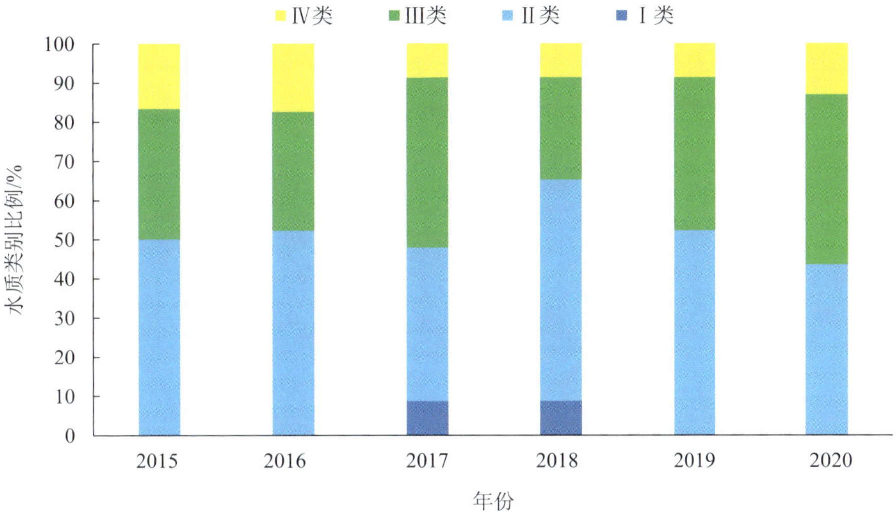

图 2-3-28 2015—2020 年海南省湖库水质类别比例

（二）综合污染指数变化

根据“十三五”期间海南省湖库水质污染特征，选用湖库水质主要影响指标高锰酸盐指数、化学需氧量、氨氮、总磷、总氮、生化需氧量和溶解氧，对海南省主要湖库进行综合污染指数变化趋势分析。

“十三五”期间，海南省湖库综合污染指数在 0.33～0.40 范围内波动，先降后升，秩相关系数法分析结果表明无显著变化趋势。

“十三五”时期末（2020 年）与“十二五”时期末（2015 年）相比，海南省湖库综合污染指数下降 13.0%。

各湖库综合污染指数秩相关分析结果表明，“十三五”期间，各湖库水质无显著变化趋势。

第四节 水功能区水质状况及“十三五”期间变化趋势分析

一、水质状况

2020 年，海南省 66 个水功能区总体水质为优，水质优良比例为 94.0%。其中，Ⅰ

类水功能区 4 个，占比为 6.1%；Ⅱ类水功能区 47 个，占比为 71.2%；Ⅲ类水功能区 11 个，占比为 16.7%；Ⅳ类水功能区 3 个，占比为 4.5%；Ⅴ类水功能区 1 个，占比为 1.5%；无劣Ⅴ类水功能区（图 2-3-29）。主要污染指标为化学需氧量、高锰酸盐指数、生化需氧量。

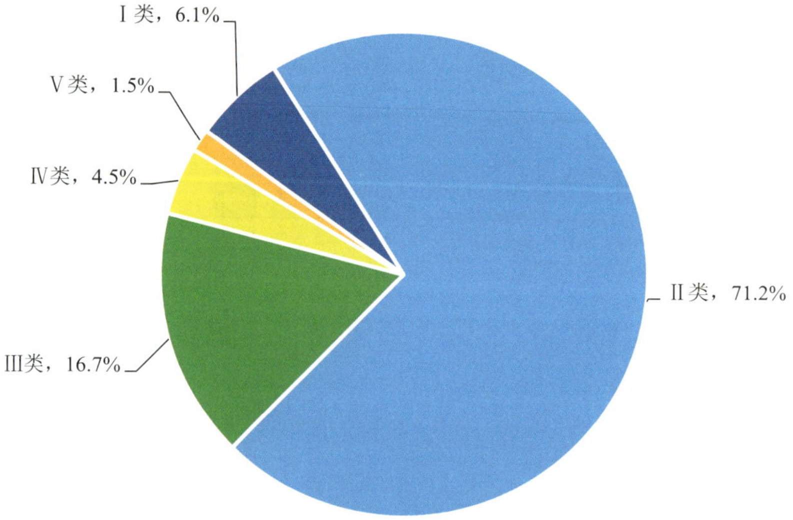

图 2-3-29　2020 年海南省水功能区水质类别比例

二、水功能区达标情况

（一）全因子评价

2020 年，海南省 66 个水功能区中，49 个水功能区达到相应水质目标，达标率为 74.2%，同比持平。

24 个国家重要水功能区中，有 21 个水功能区达到了相应水质目标，达标率为 87.5%，同比下降 4.2 个百分点。

2020 年，海南省各市县水功能区全因子评价达标情况见图 2-3-30。

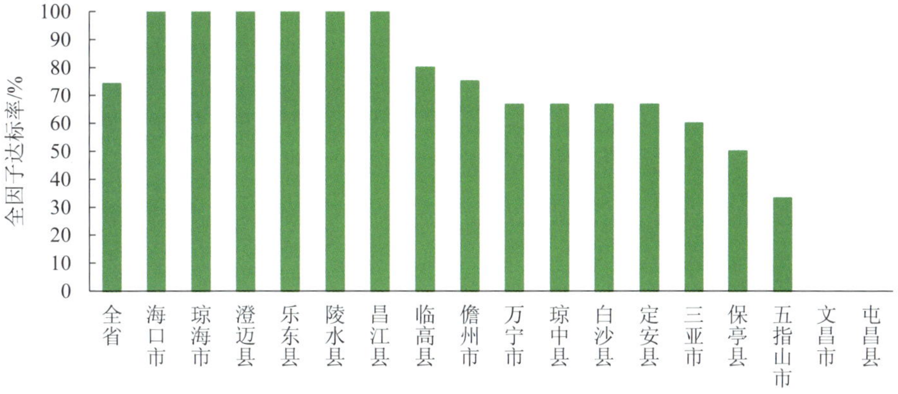

图 2-3-30　2020 年海南省各市县水功能区全因子评价达标情况

（二）双因子评价

2020 年，海南省 66 个水功能区中，48 个水功能区达到相应考核目标，达标率为 72.7%，同比上升 16.0 个百分点，但仍未达到 2020 年 95%的控制目标。

24个国家重要水功能区中，21个水功能区达到相应考核目标，达标率为87.5%，同比上升12.5个百分点，但仍未达到2020年95%的控制目标。

海南省除东方市、三沙市因未布设水功能区考核断面不参与考核外，实际考核17个市县。其中，海口、琼海、澄迈、乐东、陵水、昌江等6个市县达标率均为100%，达到2020年控制目标，其余11个市县的达标率为0～80.0%，均未达到2020年控制目标（图2-3-31）。

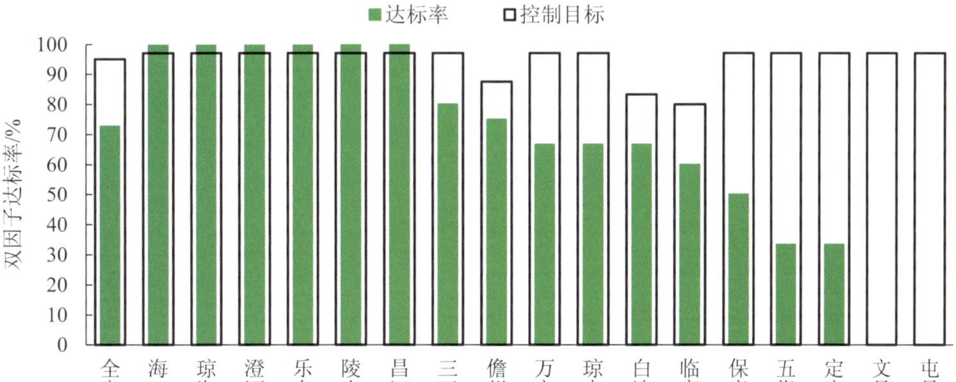

图 2-3-31　2020 年海南省各市县水功能区双因子考核达标情况

三、时空变化规律

（一）区域变化

海南省水功能区水质在全岛范围内呈现“中部优、周边良”的分布特征。海南岛地势中间高、四周低，中部山区多为源头水保护区、保留区，水质基本保持为优；大部分农业用水区、工业用水区等水功能区分布在居民生产活动密集的丘陵、台地，受人类活动影响，水质较源头水略有下降。

同一河流水功能区水质同样呈现“上游优、下游良”的变化趋势。但位于东部、西部河流的部分源头水功能区受两岸农业种植、畜禽养殖、水产养殖影响，水质相对较差。如东部文教河，上游文教河源头水保护区水质为Ⅳ类，下游文教河开发利用区水质为Ⅴ类；西部春江上游的春江源头水保护区和文澜江上游的文澜江源头水保护区水质均为Ⅳ类。

（二）年际变化

“十三五”期间，海南省 66 个水功能区年度达标率和 24 个国家重要水功能区年度达标率均呈波动变化，2019 年达标率为近 5 年最低，2020 年出现回升。海南岛南部水功能区水质保持稳定，大部分水功能区水质均稳定在Ⅱ类；西部水功能区水质呈现好转趋势；东部水功能区水质基本稳定，但个别河流（文教河）水功能区水质仍然较差，长期在Ⅳ～Ⅴ类波动。

“十三五”时期末（2020 年）与“十二五”时期末（2015 年）相比，海南省 66 个水功能区达标率上升 7.5 个百分点，24 个国家重要水功能区达标率持平（图 2-3-32）。

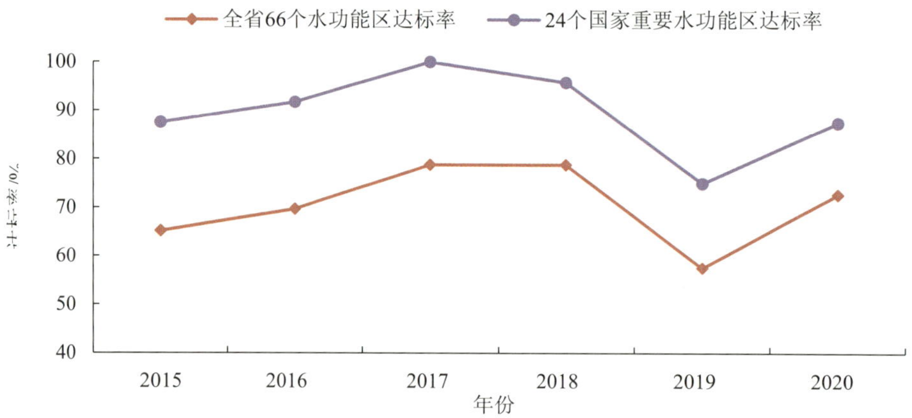

图 2-3-32　2015—2020 年海南省水功能区年度达标率情况

（三）主要污染物浓度变化

“十三五”期间，海南省水功能区水质保持平稳，主要超标指标为高锰酸盐指数、氨氮、总磷，各项指标浓度均在Ⅱ类限值以内波动变化。其中，高锰酸盐指数浓度略有上升，氨氮浓度自2017年以来逐年升高，总磷浓度波动上升，溶解氧浓度基本平稳（图2-3-33）。

“十三五”时期末（2020年）与“十二五”时期末（2015年）相比，氨氮浓度大幅下降，其余指标浓度基本持平，水质总体有所改善。

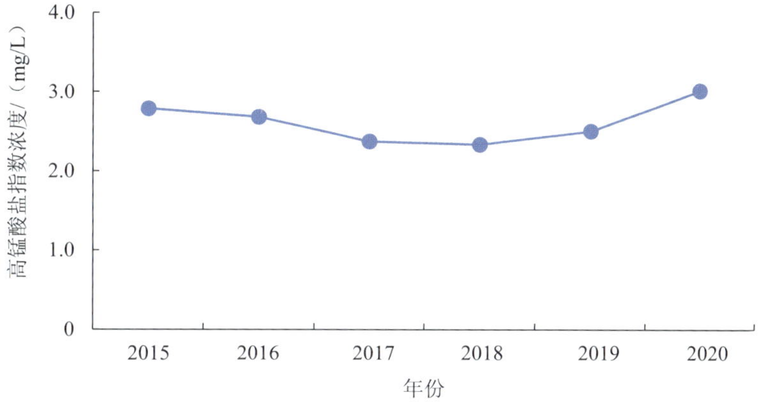

（a）高锰酸盐指数

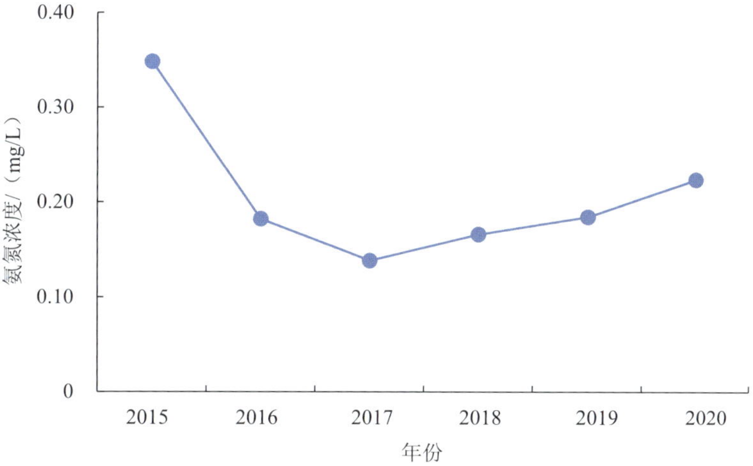

（b）氨氮

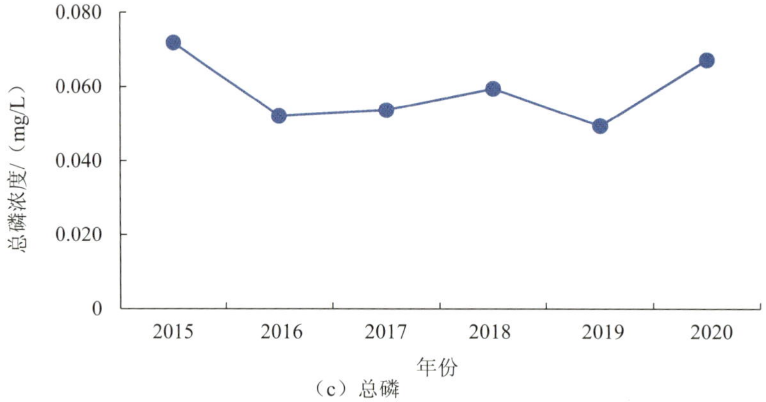

（c）总磷

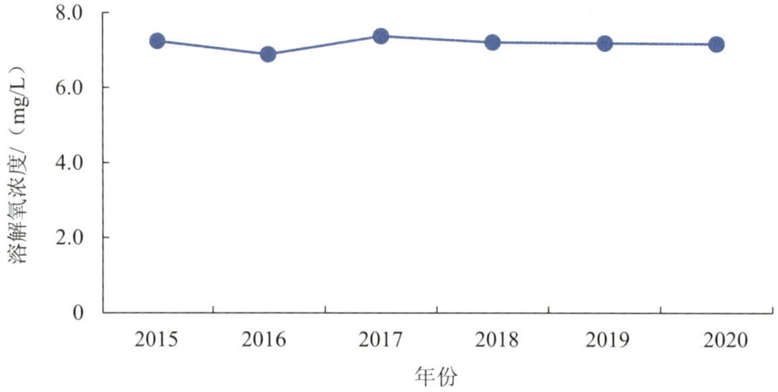

（d）溶解氧

图 2-3-33　2015—2020 年海南省水功能区主要超标指标浓度年际变化趋势

第五节　交界断面水质状况及“十三五”期间变化趋势分析

一、水质状况

2020年，海南省市县交界断面水质总体为优，水质优良比例为96.3%，同比下降3.7个百分点。监测的15条河流27个断面中，Ⅱ类水质断面占比为63.0%，同比下降14.8个百分点；Ⅲ类水质断面占比为33.3%，同比上升11.1个百分点；Ⅳ类水质断面占比为3.7%，同比上升3.7个百分点（图2-3-34）。

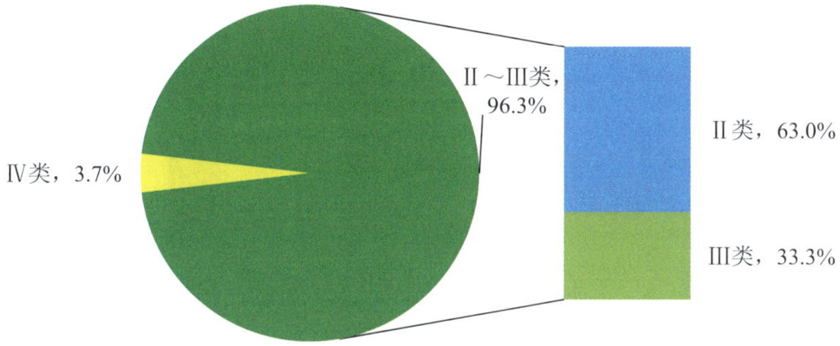

图 2-3-34　2020 年海南省市县交界断面水质类别比例

按照“十三五”水质目标评价，海南省市县交界断面水质达标率为 81.5%，同比下降 14.8 个百分点。文澜江光吉村、大塘河龙兴村、龙州河温鹅村、石碌水库入口、文昌江农垦橡胶所一队等 5 个市县交界断面水质均未达标，责任市县分别是儋州市、临高县、屯昌县、白沙县、海口市；其余 22 个市县交界断面水质达标。

海南省市县交界断面水质主要超标指标为总磷、高锰酸盐指数、化学需氧量。2020 年主要河流交界断面总磷、高锰酸盐指数、化学需氧量平均浓度均低于Ⅱ类标准限值，同比分别上升2.3%、6.5%、16.9%；主要湖库交界断面高锰酸盐指数、化学需氧量平均浓度均低于Ⅱ类标准限值，同比分别上升14.3%、26.4%，但总磷浓度超出Ⅱ类标准限值，达到0.034 mg/L，同比上升112.5%。

二、年际变化

“十三五”期间，海南省市县交界断面水质稳定为优，无劣Ⅴ类水质。2016—2019 年水质优良比例保持在 100%，2020 年石碌水库入口出现 1 个轻度污染断面，水质优良比例略有下降（图 2-3-35）。

“十三五”期间，海南省跨市县主要湖库的交界断面总磷浓度年均值波动变化，近 3 年逐年上升。其中，戈枕水库出口和牙叉农场（大斗山）点位总磷浓度呈波动上升趋势；石碌水库入口点位在 2016—2019 年总磷浓度略有波动，2020 年 6—8 月受上游入库河流清淤作业和水库水量骤降共同影响，总磷浓度激增，后随水量上涨迅速回落（图 2-3-36）。

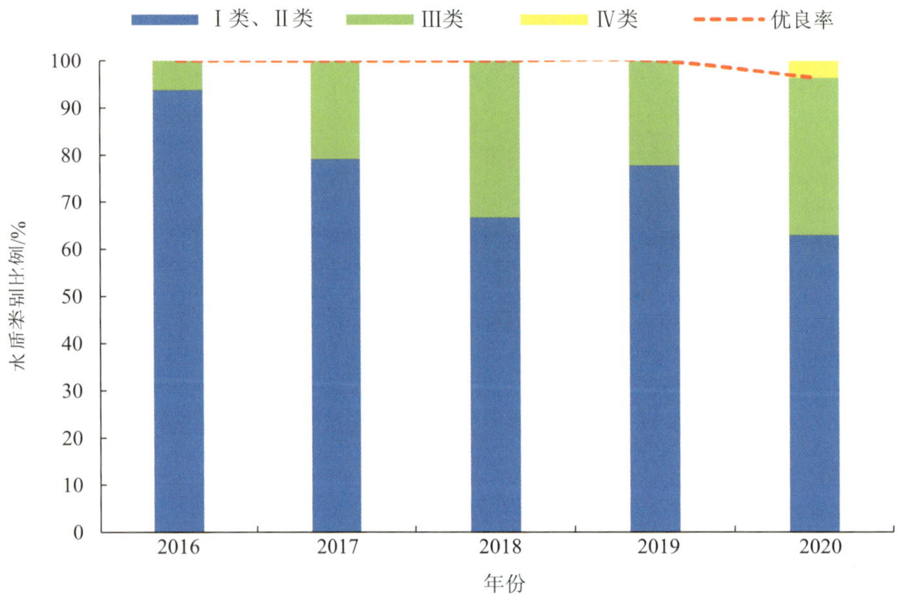

图 2-3-35　2016—2020 年海南省市县交界断面水质类别比例变化

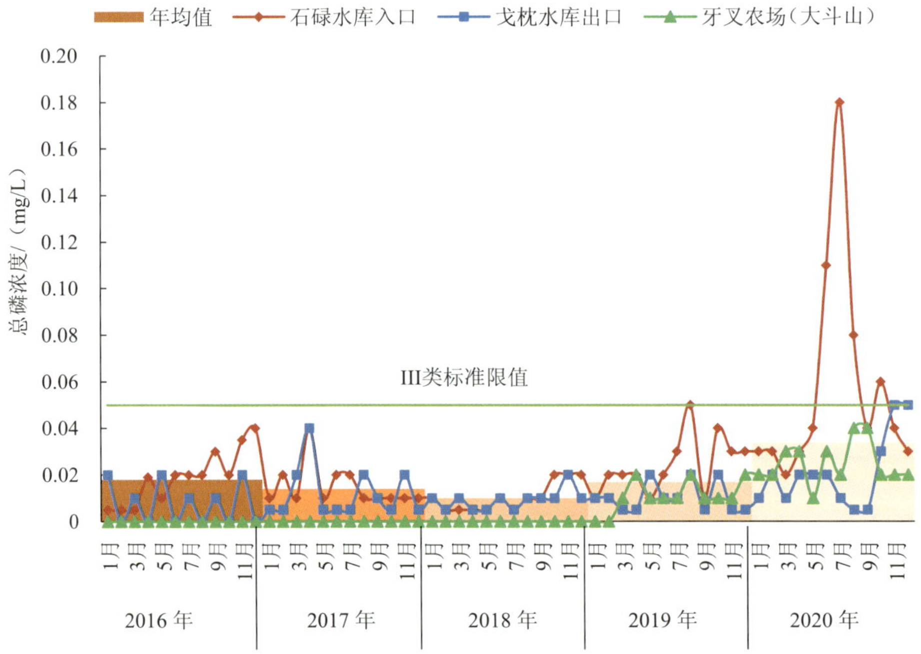

图 2-3-36　2016—2020 年海南省跨市县主要湖库交界断面总磷浓度变化

第六节　入海河流水质状况及“十三五”期间变化趋势分析

一、水质状况

（一）现状

2020 年，海南省入海河流入海断面水质总体良好，水质优良比例为 75.0%，同比持平。监测的 24 条河流的 24 个断面中，Ⅱ类水质断面占比为 37.5%，同比下降 4.2 个百分点；Ⅲ类水质断面占比为 37.5%，同比上升 4.2 个百分点；Ⅳ类水质断面占比为 16.6%，同比下降 4.2 个百分点；Ⅴ类水质断面占比为 4.2%，同比上升 4.2 个百分点；劣Ⅴ类水质断面占比为 4.2%，同比持平。

监测的 24 条入海河流入海断面中，南渡江、昌化江、万泉河、陵水河、太阳河、感恩河、龙首河、龙尾河、龙滚河等 9 条入海河流入海断面水质为优；九曲江、春江、北门江、文澜江、藤桥河、宁远河、珠碧江、文昌江、石壁河等 9 条入海河流入海断面水质为良好；望楼河、东山河、演州河、罗带河等 4 条入海河流入海断面水质为轻度污染；文教河入海河流入海断面水质为中度污染，珠溪河入海河流入海断面水质为重度污染。

（二）主要污染物浓度

2020 年，影响入海河流水质的主要污染指标为化学需氧量、高锰酸盐指数、总磷。

1. 化学需氧量

海南省入海河流入海断面化学需氧量浓度值为 7.2～36.3 mg/L，各断面浓度均值为 17.2 mg/L，超Ⅲ类水质断面比例为 20.8%。东部河流珠溪河河口断面年均浓度最高，昌化江流域昌化江大风断面年均浓度最低。与 2019 年相比，2020 年各断面浓度均值上升 8.2%，最高值上升 10.0%，超Ⅲ类水质断面比例上升 4.1 个百分点（图 2-3-37）。

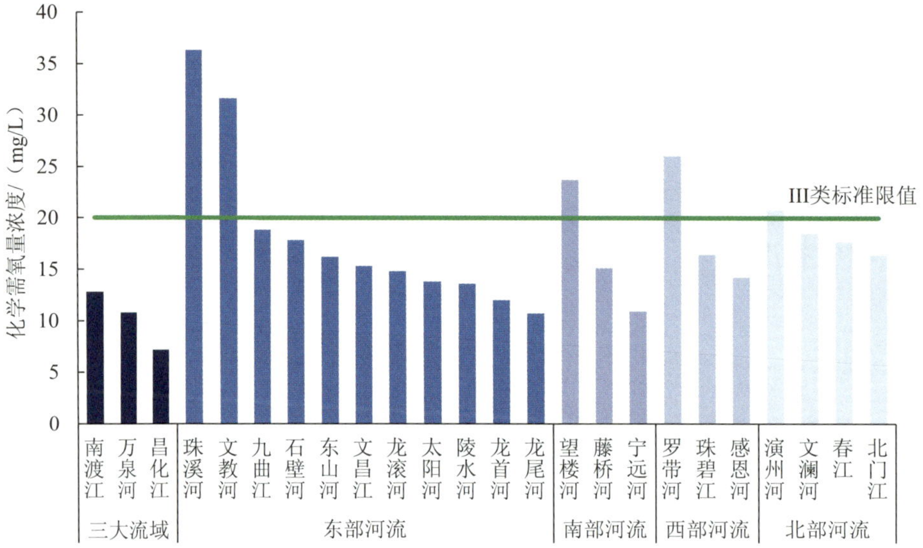

图 2-3-37　2020 年海南省入海河流化学需氧量浓度对比

2. 高锰酸盐指数

海南省入海河流入海断面高锰酸盐指数浓度值为 2.0～10.7 mg/L，各断面浓度均值为 4.6 mg/L，超III类水质断面比例为 16.7%。东部河流珠溪河河口断面最高，昌化江流域昌化江大风断面年均浓度最低。与 2019 年相比，2020 年各断面浓度均值上升 4.5%，最高值下降 25.2%，超III类水质断面比例上升 4.2 个百分点（图 2-3-38）。

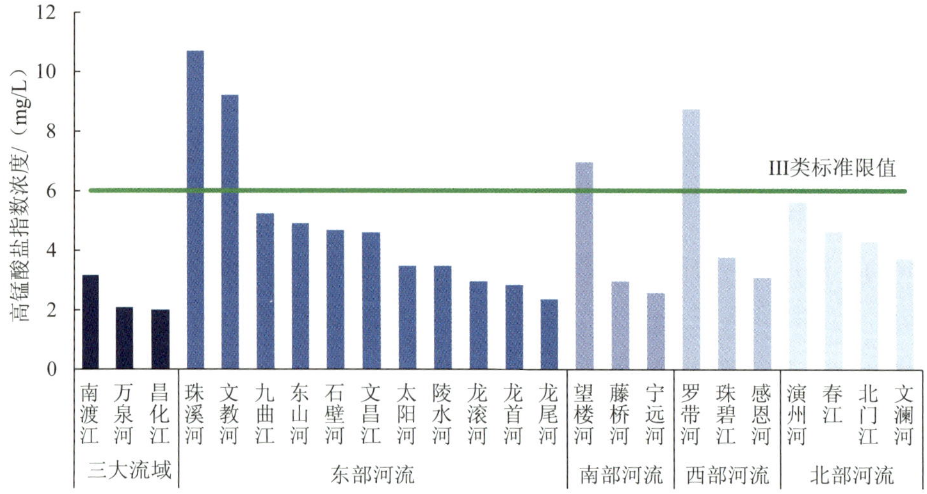

图 2-3-38　2020 年海南省入海河流高锰酸盐指数浓度对比

3. 总磷

海南省入海河流入海断面总磷浓度值为0.041～0.554 mg/L，各断面浓度均值为0.119 mg/L，超III类水质断面比例为8.3%。东部河流珠溪河河口断面年均浓度最高，昌化江流域昌化江大风断面年均浓度最低。与2019年相比，2020年各断面浓度均值下降7.8%，最高值下降11.1%，超III类水质断面比例持平（图2-3-39）。

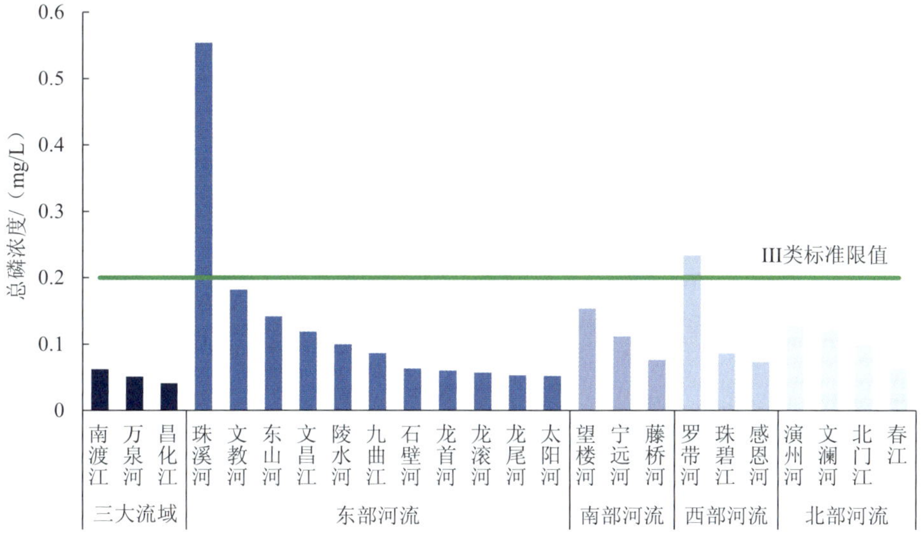

图 2-3-39　2020 年海南省入海河流总磷浓度对比

二、时空变化规律

（一）区域变化

从空间分布来看，南渡江、万泉河、昌化江三大流域入海河流入海断面水质均为优，主要污染指标均处于较低水平；东部入海河流水质轻度污染，其中珠溪河水质重度污染；南部、西部、北部个别河流水质轻度污染。

（二）年际变化

“十三五”期间，海南省入海河流入海断面水质总体良好，水质优良断面比例为75.0%～83.3%，稳中有降；劣V类水质断面比例维持在 4.2%（1 个断面）。“十三五”

时期末（2020 年）与“十二五”时期末（2015 年）相比，海南省入海河流入海断面水质优良比例下降了 3.9 个百分点，劣Ⅴ类水质断面比例上升了 4.2 个百分点（图 2-3-40）。

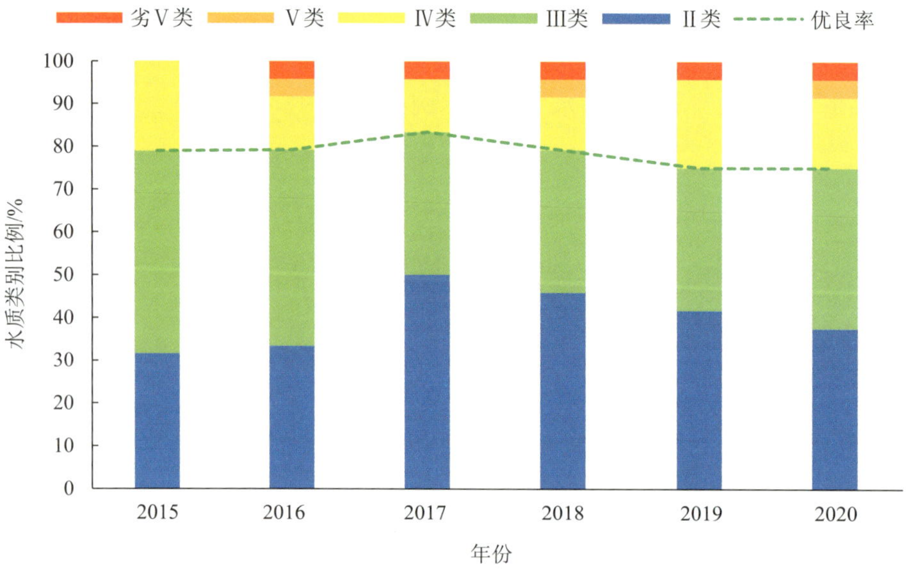

图 2-3-40　2015—2020 年海南省入海河流入海断面水质类别变化

第七节　原因分析

一是海南省经济快速发展，污染物排放总量增加。“十三五”期间，海南省国民生产总值增长约 35%，常住人口数量增长约 3%，城镇化率超过 60%。以生活污水为主的废水排放总量呈逐年上升趋势。在部分中小河流水环境容量接近饱和的情况下，污染物的大量排放进一步加大了水环境质量持续改善的压力。此外，经济发展同时伴随着人类活动范围的扩大及生产活动的频繁增加，受此影响，近年来不少河流的源头水保护区域水质均出现下降情况，已难以达到原有功能区控制目标要求。

二是现有涉水基础设施建设和治污水平短板突出。一方面，海南省城镇生活污水处理设施及配套管网建设“欠账”多，现有基础设施存在建设标准低、污水收集管网破损严重、收集率低，导致城镇污水处理厂“两低”问题突出。截至 2020 年年底，海南省 173 个建制镇中，仅有 38 个完成污水处理厂建设，“十四五”期间还有 3 000 km 污水收集管网需新建、改造。相当数量生活污水未经处理直排入河，造成严重污染。另一方面，海南省涉农污染治理滞后。非规模化畜禽养殖、水产养殖、农业种植等农业面源污染缺乏有效治理体系和精准管控措施，导致农业面源污染不断累积，成为水体污染的主要来源。

三是地表径流时空分布不均，以降雨为主要补给的沿海中小河流旱季纳污自净能力严重不足。海南岛水资源总量充沛，2020 年海南省地表水资源量为 260.6 亿 m^3，但时空分布不均，丰水年、枯水年地表径流比达到 3.3∶1，地区分布呈中部雨区向四周沿海递减特征，中部雨区中心与西部沿海地区比值高达 6∶1。由于河短流急，中小河流水资源很难蓄存，降雨是其主要补给。旱季时河流蒸发量远大于补给量，加上农业灌溉、水电开发等因素影响，短期内极易出现水位下降、流速减缓甚至断流现象，水环境容量急剧变小，水质迅速下降并难以恢复。2020 年 5—7 月海南省降水量为历史同期最少，气温显著偏高，气象干旱严重。海南省江河来水量较常年同期少 30%，水库蓄水量仅为正常库容的 33.4%，部分河流生态流量严重不足。6 月，石门水库下泄流量仅为 0.1 m^3/s，直接造成望楼河下游河段脱水断流，水体纳污自净能力急剧减弱，乐罗断面水质一度恶化为重度污染。同期演州河因上游凤潭水库关闸蓄水，水量明显减少，入海河口潮汐效应增强，污染物被海水顶托难以稀释扩散，造成演州河河口断面水质下降。

第八节 小 结

一、结论

（一）海南省地表水水质持续为优，总体保持平稳

2020 年，海南省地表水环境质量总体为优。水质优良比例为 90.1%，劣Ⅴ类水质比例为 0.7%。

“十三五”期间，海南省地表水环境质量持续为优，总体保持平稳，水质优良比例在 90.1%～94.4%范围内小幅波动，劣Ⅴ类水质断面数量不超过 2 个，2017—2020 年稳定降至 1 个，海南省基本消除劣Ⅴ类水体。

“十三五”时期末（2020 年）与“十二五”时期末（2015 年）相比，海南省地表水水质优良断面比例下降 2.8 个百分点，劣Ⅴ类水质断面比例上升 0.7 个百分点。

（二）大江大河水质优良，部分入海中小河流污染较为严重

2020年，南渡江、昌化江、万泉河三大流域水质均为优，水质优良断面比例为96.3%～100%，均无劣Ⅴ类水质断面；东、南、西、北4个区域中小河流水质均为良好，水质优良断面比例为80.0%～83.3%。“十三五”期间，三大流域水质持续为优，东、南、西、北区域中小河流水质总体保持优良，但个别河流水质出现污染。

从流域面积来看，三大流域干流及主要大江大河水质均保持优良，受污染河流主要为流域面积在 500 km^2 以下的中小河流。

从区域分布情况来看，海南省河流水质呈现“中部优良，沿海局部污染”的分布特征，劣于Ⅲ类水质标准的断面主要分布在入海河口，主要污染指标为化学需氧量、总磷和高锰酸盐指数。其中，东部珠溪河持续重度污染；东部文教河和东山河、西部罗带河持续轻度污染；南部望楼河和北部演州河 2020 年水质下降，由良下降为轻度污染。

（三）近 3 年湖库氮磷累积，富营养化呈加重趋势

2020 年，监测的 23 个主要湖库中，水质优良的湖库有 20 个，占比为 87.0%；Ⅳ类水质的湖库有 3 个，占比为 13.0%；无Ⅴ类、劣Ⅴ类水质的湖库。23 个主要湖库中，中度富营养的湖库有 1 个，占比为 4.4%；轻度富营养的湖库有 3 个，占比为 13.0%；其余 19 个湖库未呈现富营养化。轻度污染湖库主要集中在海南岛西部（东方市高坡岭水库、白沙县珠碧江水库）和东部（文昌市湖山水库）。

“十三五”期间，湖库总体受氮磷影响增强，部分湖库富营养化加重。海南省湖库总磷和总氮浓度自 2018 年起逐年上升，由于氮磷持续累积，春江水库、石门水库、高坡岭水库均由中营养转为轻度富营养；湖山水库由轻度富营养转为中度富营养。

（四）约 1/4 水功能区仍未达标，超六成为源头水保护区

2020年，海南省66个水功能区中，48个水功能区达到相应考核目标，达标率为72.7%，同比上升16.0个百分点；18个水功能区未达到控制目标，其中12个为河流源头水保护区。24个国家重要水功能区中，21个水功能区达到相应考核目标，达标率为87.5%，同比上升12.5个百分点；3个水功能区未达到控制目标，其中2个为源头水保护区。“十三五”期间，河流源头水保护区不达标情况较为普遍。

（五）市县交界断面水质为优，1 个交界断面水质下降

2020年，海南省市县交界断面水质总体为优，水质优良比例为96.3%，同比下降3.7个百分点。“十三五”期间，市县交界断面水质持续为优，石碌水库入口点位2020年受总磷影响水质下降，由良下降为轻度污染。

二、对策与建议

（一）加强统筹谋划，系统推进污染物减排

坚持点面结合，系统控制水污染物排放。加大重点工业企业、城镇生活污水、规模化养殖、船舶港口等污染物排放管控力度，持续推进入河排污口排查整治；加强农业面源及畜禽、水产养殖污染控制，全面推进化肥、农药减施或禁施、养殖废弃物资源化利用或生态消纳。通过环保督察、水环境质量预警通报及考评等方式，健全监督问责机制，压实地方治水责任，有效减少入河污染物排放量。

（二）精准靶向发力，补齐基础设施和治理水平短板

一是大力推进建成区污水管网建设及改造工作。对建成区污水管网底数进行全面摸排，建立管网台账。加快建成区污水管网建设及雨污分流改造进度，在新城区实现雨污分流，老城区管网应分尽分。二是强化农业面源污染防治。结合“多规合一”“三线一单”的落地实施，研究制定农药、化肥区域管控目标，谋划实施畜禽养殖废弃物资源化利用与生态有机高效、高品质农业建设，分步骤、分阶段、分区域推进农药、化肥减施与禁施，推动畜禽非规模化养殖及水产养殖行业转型升级，探索推广生态、绿色养殖新模式。

（三）实施科学调度，扩充水环境容量

探索实施全岛全流域水资源科学调度，将水体生态目标前置，制定主要河流生态流量保障方案，扩充水体水环境容量，守住“河流不断流、生态功能不退化”的红线；对梯级开发过度的河道制定修复方案，清退一批功能单一、效率低、效益可替代的水利工程设施，从根源上解决海南省地表水生态系统退化、承载力脆弱、质量下降等问题。

（四）加强基础能力建设，架构治水科技支撑平台

加强环境监测能力建设，搭建水环境保护管理支撑科研平台，形成“架构统一、业务协同、资源共享、上下游联动”的水环境监测与管理体系及水环境监测预警体系，及时了解和掌握河流、湖库水质状况，探索重点流域污染预警预测及溯源，综合分析研判水质变化趋势，为做好精细化水环境保护管理工作提供有力的技术支撑。

专栏 6　省级“河（湖）长制”管理河流、湖库水质明显提升

全面推行“河（湖）长制”是党中央、国务院为推进生态文明建设作出的重大决策部署，是保障国家水安全、加强河湖管理的制度创新。海南省以“河长制”“湖长制”为抓手，聚焦“盛水的盆”和“盆里的水”，维护河湖健康生态，切实掌握海南省省级“河（湖）长制”河流、湖库水质状况，为建设海南自由贸易港提供水生态文明保障。

自 2018 年起，海南省逐步开展 52 条省级“河长制”河流水质监测工作，共布设 113 个监测断面。随着“河（湖）长制”工作的全面展开，省级河（湖）长管理河流、湖库名录更新，监测断面也在不断优化，2020 年已更新至 51 条河流、4 座水库开展水质专项监测，共布设 120 个监测断面（点位）。定期对省级“河（湖）长制”河流、湖库水质进行监测，开展河湖“体检”，为日常管理提供了大量基础数据。通过对水质监测信息的及时反馈，形成半年度、年度“河流、湖库体检报告单”——海南省省级“河（湖）长制”河流、湖库水环境质量专项报告，报告省级河（湖）的过去“病史”和目前状况，从以往“治疗”效果到当前“康复”建议，为环境管理决策、环境质量改善、环境污染执法提供监测技术支撑，让河（湖）长管理工作更有的放矢。

2018年以来，海南省委、省政府高位推动“河（湖）长制”从有名转向有实，从省级河（湖）长到乡镇级河（湖）长，层层压实责任，各级河（湖）长年均巡河约4.6万人次，持续开展“清四乱”专项行动、河湖污染治理、打击非法采砂、岸线保护与利用等多项工作，完成省级河湖管理范围划定。实施3年来，省级“河长制”河流优良水体数量由37条增加至45条，重度污染水体数量由3条减少至1条，省级“湖长制”湖库水质保持优良，“河（湖）长制”工作取得阶段性成效，充分发挥了环境监测的“顶梁柱”作用，为落实“十四五”生态环境重点工作任务、打好水污染防治攻坚战奠定了良好基础。

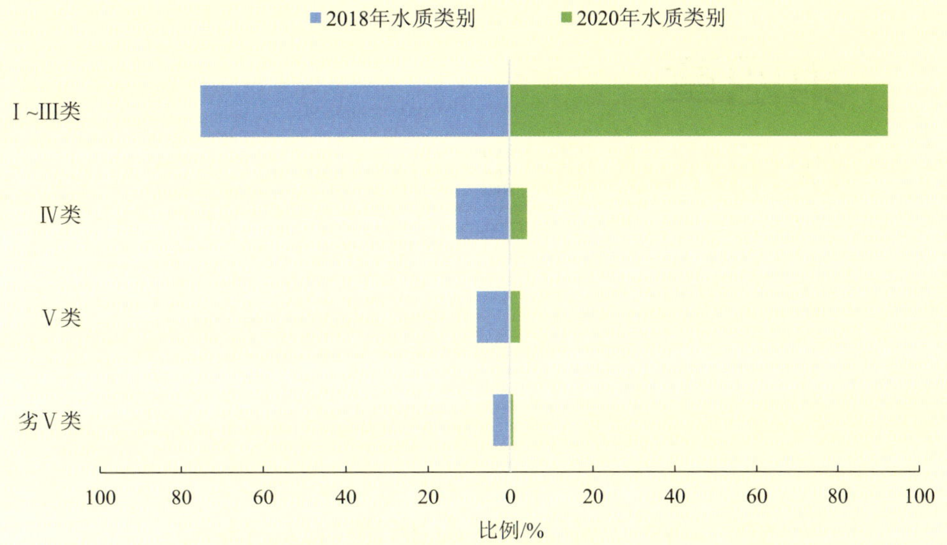

2018 年和 2020 年海南省省级“河（湖）长制”管理河流、湖库水质类别比例对比

第四章 饮用水水源地

“十三五”期间，海南省城市（镇）集中式饮用水水源地水质总体稳定达标。

第一节 饮用水水源地达标情况

海南省城市（镇）集中式饮用水水源地以地表水为主要水源。2020年，海南省30个城市（镇）集中式饮用水水源地稳定达标，水质达标率为100%，同比持平。全年取水量为60 832.53万 m^3（其中，地表水源地取水量为60 651.94万 m^3，地下水取水量为180.59万 m^3），较2019年取水量增加2.2%，取水量达标率为100%，同比持平。

第二节 饮用水水源地水质状况

2020年，海南省30个城市（镇）集中式饮用水水源地水质优良比例为100%。其中水质为优（Ⅰ～Ⅱ类）的饮用水水源地数量占比为80.0%；水质为良（Ⅲ类）的饮用水水源地数量占比为20.0%。

地表水常规监测项目中，氰化物、挥发酚、硒、汞、铬（六价）、阴离子表面活性剂和硫化物等 7 个项目全年少量检出，检出值均达到Ⅰ类标准。所有地表水型水源地监测断面中，单次监测值超Ⅱ类标准的监测项目为总磷、高锰酸盐指数、溶解氧和氨氮。

地下水常规监测项目中，挥发酚、阴离子表面活性剂、硫化物、氰化物、碘化物、硒、镉、铬（六价）、总大肠菌群、三氯甲烷、四氯化碳、苯、甲苯、肉眼可见物和浑浊度 15 个项目全年未检出。海口市秀英水厂地下水饮用水水源地 3 个监测点位，单次监测值超Ⅱ类标准的监测项目为氨氮、砷、锰和亚硝酸盐。

第三节 “十三五”期间饮用水水源地水质变化趋势分析

“十三五”期间，海南省城市（镇）集中式饮用水水源地水质保持优良态势，总体稳中向好。2016 年，水质达标率为 96.4%，定安县南渡江饮用水水源地水质超标，主要受当年 10 月地质背景因素影响，铁含量达到 0.33 mg/L，超过铁的标准限值（0.3 mg/L）。自 2017 年起，定安县南渡江饮用水水源水质好转，2017—2020 年海南省城市（镇）集中式饮用水水源地全部稳定达标，达标率均为 100%。

“十三五”时期末（2020 年）与“十二五”时期末（2015 年）相比，海南省城市（镇）集中式饮用水水源地水质达标率保持稳定，均为 100%。

第四节 小 结

“十三五”期间，仅定安县南渡江饮用水水源地 2016 年 10 月受铁影响水质超标，其余时段均达标；其余饮用水水源地在“十三五”期间水质均稳定达标，其中水质为优（Ⅰ～Ⅱ类）的饮用水水源地数量占比为 84.9%。

第五章
地下水

“十三五”期间，海南省地下水环境质量总体良好。地下水水位主要表现为基本稳定至上升状态；地下水水质总体保持稳定，总体水质高于全国平均水平。

第一节　地下水环境质量现状

一、地下水水位现状

2020 年，海南省地下水水位变化主要表现为基本稳定至下降状态。从区域来看，海口市石山镇地下水水位呈上升状态，海口市海甸岛、龙桥镇、龙塘镇等地区地下水水位呈下降状态。从含水层来看，海口市潜水、承压水水位总体上呈基本稳定至下降状态。与 2019 年相比，2020 年海南省地下水水位总体稳定，部分区域呈下降趋势。

二、地下水降落漏斗现状

2020 年，海口市第 2 层承压水开采降落漏斗中心位置在解放路—海南华侨中学一带，漏斗面积（陆地部分）为 775 km^2，较 2019 年减少 6 km^2；漏斗中心年平均水位标高为 −22.63 m，较 2019 年上升 0.24 m。

三、地下水水质现状

2020 年，海南省 52 个省级地下水监测点开展了两期水质监测，主要分布在海口市、澄迈县、临高县、儋州市，包括潜水水样 17 个、第 1 层承压水水样 7 个、第 2 层承压水水样 50 个、第 3 层和第 4 层承压水水样 25 个。监测结果表明，枯水期Ⅰ～Ⅲ类水质占比为 51.0%，Ⅳ～Ⅴ类水质占比为 49.0%；丰水期Ⅰ～Ⅲ类水质占比为 48.0%，Ⅳ～Ⅴ类水质占比为 52.0%。主要超标指标为铁、砷、锰等，主要因背景值影响而超标。与 2019 年相比，2020 年水质总体保持稳定。

第二节　地下水环境质量时空变化规律分析

地下水监测点位主要分布在海口市、澄迈县、临高县、儋州市，各市县水质总体呈波动变化，近两年水质均有所改善，Ⅰ～Ⅱ类水质比例明显增加。枯水期水质较丰水期总体稍好，表现为Ⅰ～Ⅲ类水质比例较高、Ⅴ类水质比例较低。海口市的点位水质相比其他 3 个市县总体稍好且相对稳定，枯水期年际水质波动稍大，丰水期年际水质呈较稳定的改善趋势；澄迈县与临高县年际间和枯水期、丰水期水质均波动较大；儋州市各年度的枯水期、丰水期水质总体基本稳定。

第三节　“十三五”期间地下水环境质量变化趋势分析

一、地下水水位变化

“十三五”期间，海南省地下水水位呈现基本稳定至上升状态。

从区域分布来看，海口市大部分地区地下水水位主要表现为基本稳定状态，海口市东部白驹大道东部试验场、南大桥、万宁市兴隆华侨农场等地区地下水水位表现为上升状态，海口市海甸岛、龙桥镇、龙塘镇、西秀镇拔南村等地区地下水水位表现为下降状态。

从含水层分布来看，海口市潜水水位主要呈基本稳定状态，承压水水位主要呈基本稳定至上升状态。

“十三五”时期末（2020 年）与“十二五”时期末（2015 年）相比，地下水水位总体稳定，部分地区略有波动。

二、地下水降落漏斗变化

“十三五”期间，海口市第 2 层承压水降落漏斗面积（陆地部分）从 788 km^2 逐年减少至 775 km^2，共减少了 13 km^2，呈缓慢减少状态。

与“十二五”时期末（2015 年）的 743 km^2 相比，“十三五”时期末（2020 年）仍有 32 km^2 的差距。

三、地下水水质变化

“十三五”期间，海南省地下水Ⅰ～Ⅲ类水质比例有上升趋势，特别是近两年改变了无Ⅰ类、Ⅱ类水质的状态。

从不同水期来看，总体上枯水期水质比丰水期水质略好，枯水期Ⅰ～Ⅲ类水质比例逐年上升，从 22.2%上升到 51.0%，Ⅳ～Ⅴ类水质比例下降后又略有回升；丰水期Ⅰ～Ⅲ类水质比例逐年上升，从 10.4%上升到 47.9%，Ⅳ类水质比例呈下降趋势，Ⅴ类水质比例近 3 年有逐渐下降趋势。

从年度总体水质来看，地下水Ⅰ～Ⅲ类水质比例有所增加，但Ⅴ类水质比例变化不大。超标指标主要是铁、砷、pH、锰，与地区地质背景值影响相关性较大。

“十三五”时期末（2020 年）与“十二五”时期末（2015 年）相比，总体水质变化不大，个别点位水质超标指标存在不稳定的波动变化。

第四节 原因分析

近年来，海南省通过不断提高城市公共供水管网覆盖，严格控制并逐步减少地下水的开采量等多种措施保护地下水资源并取得成效。各级政府落实《海南省水污染防治行动计划实施方案》和《海南省土壤污染防治行动计划实施方案》，积极开展地下水环境状况调查评估、加油站地下油罐更新改造，关闭、整治海南省简易或非正规垃圾填埋场，封填回埋报废矿井、钻井、取水井，开展地下水污染地块修复和风险管控等地下水污染防治工作。同时完善构建地下水环境质量监测网络，依托各级、各部门地下水监测工程井持续开展海南省地下水监测工作，为海南省地下水资源可持续利用与水环境质量持续改善提供了有力保障。

第五节 小 结

“十三五”期间，海南省地下水水位处于基本稳定至上升状态，浮动变化不大；地下水降落漏斗面积逐年减少；地下水水质总体良好，基本保持稳定。“十三五”时期末（2020 年）与“十二五”时期末（2015 年）相比，地下水环境质量总体呈稳中向好趋势。

第六章 海 洋

“十三五”期间，海南省近岸海域水质保持为优，沉积物质量良好；海洋生物多样性丰富，珊瑚礁生态系统呈健康状态，海草床生态系统呈亚健康状态；重点港湾水质基本满足所属海洋功能区环境保护要求，海水浴场水质以优、适宜游泳为主，海洋垃圾以塑料和人造物品为主，海水养殖区环境质量优良，海洋工程建设项目周边环境质量基本保持稳定。

第一节 近岸海域环境质量

一、海水水质现状

（一）总体状况

2020 年，海南省近岸海域水质总体为优，以一类海水为主。

海南省近岸海域优良水质面积比例为 99.88%①，同比上升 0.84 个百分点。其中一类水质面积比例为 90.44%，同比下降 3.98 个百分点；二类水质面积比例为 9.44%，同比上升 4.82 个百分点；三类、四类、劣四类水质面积分别为 21.3 km^2、2.4 km^2、4.7 km^2，同比分别减少 49.8 km^2、111.3 km^2、37.9 km^2。

海南省 115 个近岸海域水质监测点位的优良水质点位比例为 95.6%，同比下降 1.1 个百分点。其中一类水质点位比例为 85.2%，同比上升 2.2 个百分点；二类水质点位比例为 10.4%，同比下降 3.3 个百分点；三类水质点位比例为 0.9%，同比下降 0.2 个百分点；

① 海南省近岸海域优良水质面积比例极高，为表现各类水质面积差异，面积比例特保留两位小数。

四类水质点位比例为 2.6%，同比上升 1.5 个百分点；劣四类水质点位比例为 0.9%，同比下降 0.2 个百分点（图 2-6-1）。

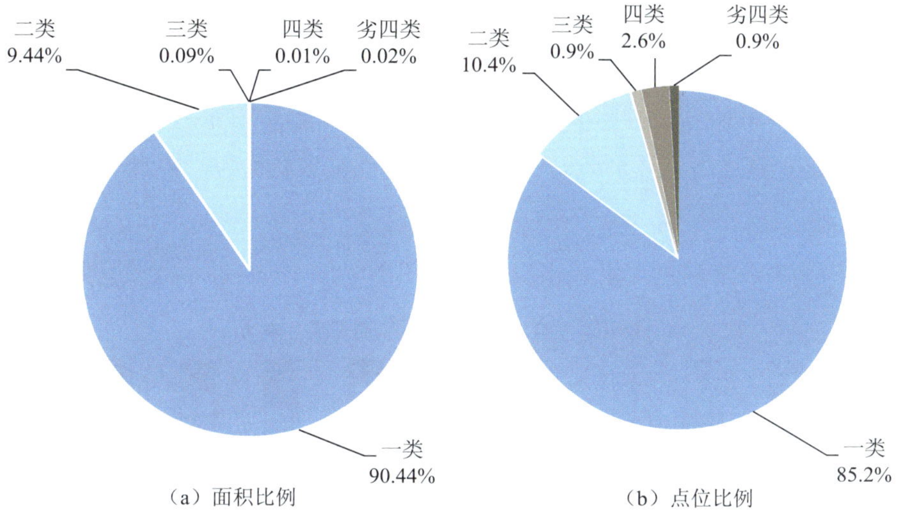

图 2-6-1 2020 年海南省近岸海域水质类别比例

（二）五大海区水质状况

2020 年，海南岛东部近岸海域水质为优。优良水质面积比例为 99.69%，其中一类水质面积比例为 97.05%，二类水质面积比例为 2.64%，三类水质面积比例为 0.22%，四类水质面积比例为 0.03%，劣四类水质面积比例为 0.06%。32 个近岸海域水质监测点位的优良水质点位比例为 90.7%，其中一类水质点位比例为 84.4%，二类水质点位比例为 6.3%，三类、四类、劣四类水质点位比例均为 3.1%。

2020 年，海南岛南部近岸海域水质为优。优良水质面积比例为 100%，其中一类水质面积比例为 89.55%，二类水质面积比例为 10.45%，无三类、四类、劣四类水质海域。27 个近岸海域水质监测点位的优良水质点位比例为 92.3%，其中一类水质点位比例为 88.9%，二类水质点位比例为 7.4%，四类水质点位比例为 3.7%，无三类、劣四类水质点位。

2020 年，海南岛西部近岸海域水质为优。优良水质面积比例为 100%，其中一类水质面积比例为 82.64%，二类水质面积比例为 17.36%，无三类、四类、劣四类水质海域。33 个近岸海域水质监测点位的优良水质点位比例为 97.0%，其中一类水质点位比例为 75.8%，二类水质点位比例为 21.2%，四类水质点位比例为 3.0%，无三类、劣四类水质点位。

2020年，海南岛北部近岸海域水质为优。优良水质面积比例为100%，其中一类水质面积比例为77.95%，二类水质面积比例为22.05%，无三类、四类、劣四类水质海域。19个近岸海域水质监测点位的优良水质点位比例为100%，其中一类水质点位比例为94.7%，二类水质点位比例为5.3%，无三类、四类、劣四类水质点位。

2020年，西沙群岛近岸海域水质为优。优良水质面积比例为100%，且均为一类水质。西沙永兴岛、赵述岛、甘泉岛、东岛4个监测点位水质均为一类水质，优良水质点位比例为100%。

2020年海南省各海区近岸海域水质状况见图2-6-2。

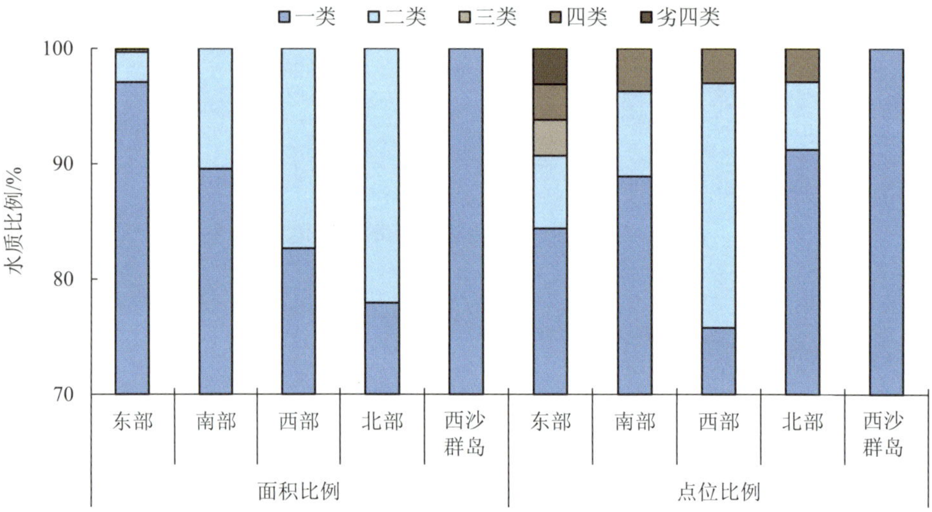

图2-6-2　2020年海南省各海区近岸海域水质状况

注：0～70%均为一类水质。

（三）沿海市县水质状况

2020年，按点位计算，海南省13个沿海市县中，12个市县近岸海域水质为优，1个市县水质一般。三沙、琼海、澄迈、海口、陵水、临高、乐东、东方、昌江等9个市县近岸海域水质为优，优良水质点位比例均为100%；三亚、文昌、儋州等3个市县近岸海域水质为优，优良水质点位比例分别为93.3%、93.3%、91.7%；万宁近岸海域水质一般，优良水质点位比例为77.8%，其中一类水质点位比例为66.7%，二类、三类、劣四类水质点位比例均为11.1%，无四类水质点位（图2-6-3）。

劣于二类的水质出现在万宁小海、三亚榆林港、文昌木兰头、洋浦港近岸海域。其中，万宁小海近岸海域水质为四类，主要污染指标为活性磷酸盐、无机氮；三亚榆林港、文昌木兰头、洋浦港近岸海域水质均为四类，主要污染指标均为粪大肠菌群。与 2019 年相比，2020 年文昌清澜红树林自然保护区近岸海域水质由四类好转为二类，八门湾旅游休闲娱乐区近岸海域水质由三类好转为一类；文昌木兰头、洋浦港近岸海域水质均由一类下降为四类，三亚榆林港近岸海域水质由二类下降为四类；其余海域水质基本保持稳定。

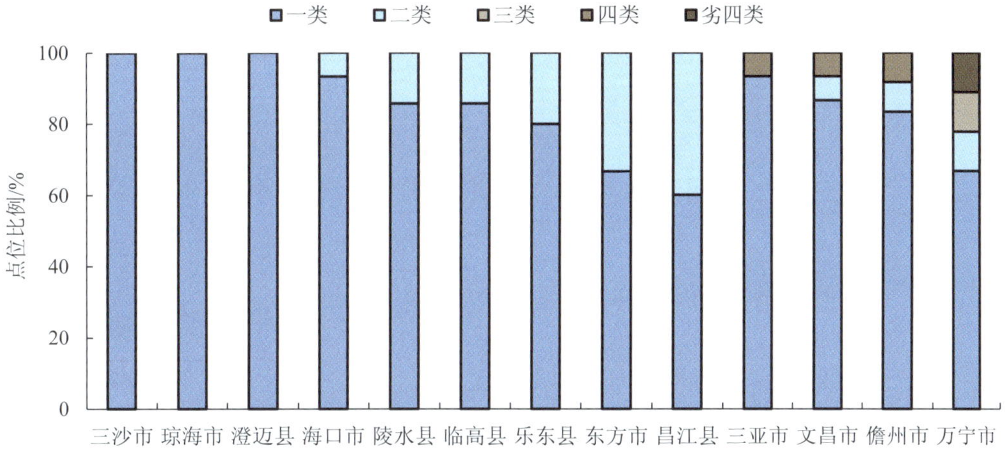

图 2-6-3　2020 年海南省沿海各市县近岸海域水质状况

（四）富营养化状况

2020年，海南省近岸海域呈富营养化状态的海域面积为15.8 km^2，同比减少108.8 km^2。其中，轻度富营养、中度富营养、重度富营养海域面积分别为10.4 km^2、1.8 km^2、3.6 km^2，同比分别减少80.1 km^2、19.0 km^2、9.7 km^2。呈富营养化状态的海域主要分布在万宁小海近岸海域。

（五）超标（超二类标准）指标

1. 全省情况

2020 年，全省近岸海域超标指标为活性磷酸盐、无机氮、粪大肠菌群、pH。

与 2019 年相比，2020 年活性磷酸盐、pH 点位超标率基本持平，且活性磷酸盐超标倍数略有下降；无机氮点位超标率由未超标上升为 0.9%，化学需氧量点位超标率由 2.2%

好转为未超标；粪大肠菌群点位超标率、超标倍数均有所上升。

2. 五大海区

2020 年，五大海区中，海南岛东部近岸海域超标指标为活性磷酸盐、无机氮、粪大肠菌群，海南岛南部、西部近岸海域超标指标为粪大肠菌群，海南岛北部近岸海域、西沙群岛海域无超标指标。

3. 沿海市县

2020 年，海南省 13 个沿海市县中，万宁近岸海域主要超标指标为活性磷酸盐、无机氮，三亚、儋州、文昌等 3 个市县近岸海域主要超标指标为粪大肠菌群，其余市县无超标指标。

二、“十三五”期间海水水质变化趋势分析

（一）水质变化情况

“十三五”期间，海南省近岸海域水质稳定为优。优良水质点位比例为94.3%～97.7%，高值出现在2016年，低值出现在2017年；2016年、2017年无劣四类水质，其余年份劣四类水质点位不超过2个。5年间，水质出现过劣于二类的海域分布在海口东寨红树林、秀英港区、海口湾度假旅游区，文昌清澜红树林自然保护区、八门湾旅游休闲娱乐区、文昌木兰头，万宁小海，三亚榆林港、三亚港和洋浦港，其中万宁小海近岸海域水质持续劣于二类，文昌清澜红树林自然保护区、八门湾旅游休闲娱乐区近岸海域多年水质劣于二类（图2-6-4）。

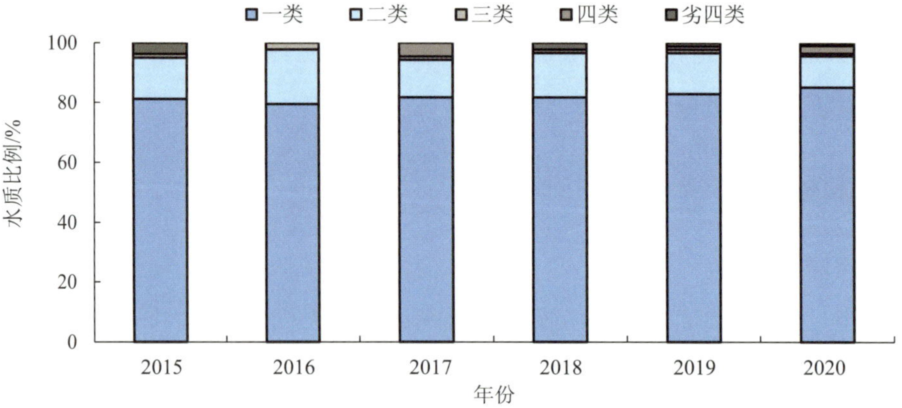

图 2-6-4　2015—2020 年海南省近岸海域水质类别比例变化

“十三五”时期末（2020 年）与“十二五”时期末（2015 年）相比，海南省近岸海域水质总体保持为优，优良水质点位比例基本持平；劣四类水质点位比例有所下降，由 3.8%下降为 0.9%，劣四类水质点位数由 3 个减少为 1 个。三亚榆林港、洋浦港、文昌木兰头近岸海域水质均由一类下降为四类，主要是粪大肠菌群含量上升所致；万宁小海近岸海域水质由劣四类好转为三类、文昌清澜红树林自然保护区近岸海域水质由三类好转为二类；其余海域水质基本保持稳定。

（二）超标指标时空变化趋势分析

“十三五”期间，海南省近岸海域水质主要超标指标为活性磷酸盐、无机氮、化学需氧量、粪大肠菌群。

1. 活性磷酸盐

“十三五”期间，除万宁小海水质因活性磷酸盐年均值多年超四类标准、榆林港个别年份水质为四类外，其余点位水质均达到或优于二类标准。秩相关系数法分析结果表明，昌江核电、儋州头东村养殖区、三亚湾 3 个点位活性磷酸盐年均值呈显著下降趋势，其余点位无显著变化。

“十三五”期间，2017 年海口、万宁近岸海域和 2018 年文昌近岸海域活性磷酸盐超三类标准；万宁近岸海域活性磷酸盐先升后降，2018 年达到最高，2018—2020 年均超四类标准。

“十三五”时期末（2020 年）与“十二五”时期末（2015 年）相比，活性磷酸盐年均值有所上升的点位主要分布在东方、陵水等市县，活性磷酸盐年均值有所下降的点位主要分布在儋州、临高等市县。

2. 化学需氧量

“十三五”期间，化学需氧量年均值出现过劣于二类的点位为万宁小海、文昌八门湾旅游休闲娱乐区，其余点位均达到或优于二类标准。秩相关系数法分析结果表明，海口湾度假旅游区、新海港区 2 个点位化学需氧量年均值呈显著上升趋势，陵水香水湾、陵水湾、澄迈桥头金牌 3 个点位化学需氧量年均值呈显著下降趋势，其余点位无显著变化。

“十三五”期间，2018 年万宁近岸海域化学需氧量超三类标准，2019 年文昌近岸海域化学需氧量超二类标准。

“十三五”时期末（2020年）与“十二五”时期末（2015年）相比，部分点位化学需氧量年均值有所上升，主要分布在海口、三亚、临高等市县。

3. 无机氮

“十三五”期间，无机氮年均值出现过劣于二类的点位为海口秀英港区、三亚榆林港、万宁小海3个点位，各出现1次。其中，榆林港无机氮年均值为四类，其余2个点位为三类。秩相关系数法分析结果表明，三亚、万宁等市县多个点位无机氮年均值呈显著下降趋势，其余点位无显著变化。

“十三五”期间，2016年海口近岸海域、2017年万宁近岸海域、2018年三亚近岸海域、2020年万宁近岸海域无机氮超二类标准。三亚和万宁近岸海域无机氮呈下降趋势。

“十三五”时期末（2020年）与“十二五”时期末（2015年）相比，部分点位无机氮年均值有所下降，主要分布在三亚、万宁等市县。

4. 粪大肠菌群

“十三五”期间，粪大肠菌群年均值出现过四类的点位为三亚榆林港、三亚港、文昌木兰头、洋浦港、海口湾度假旅游区5个点位，各出现1次。秩相关系数法分析结果表明，陵水、儋州等市县多个点位粪大肠菌群年均值呈显著上升趋势，其余点位无显著变化。

“十三五”期间，2017年海口和三亚近岸海域、2019年文昌近岸海域及2020年三亚、文昌和儋州近岸海域粪大肠菌群超三类标准。

“十三五”时期末（2020年）与“十二五”时期末（2015年）相比，文昌木兰头、八门湾旅游休闲娱乐区和洋浦港3个点位粪大肠菌群年均值均有所下降，海口多个点位粪大肠菌群年均值有所上升。

三、海水水质特征及变化原因分析

（一）水质特征

海南省近岸海域水质总体为优且保持稳定，但局部个别海域水质长年劣于二类。近岸海域水质以一类水质为主，劣于二类的水质主要分布在封闭或半封闭海湾、入海河口、养殖集中区、港口等近岸海域。万宁小海近岸海域水质长年劣于二类，文昌八门湾旅游休闲娱乐区、清澜红树林自然保护区和三亚榆林港水质多年劣于二类。

近岸海域水质主要污染指标为活性磷酸盐、化学需氧量、无机氮和粪大肠菌群。“十三五”期间，部分点位无机氮年均含量呈显著下降趋势，部分点位粪大肠菌群年均值呈显著上升趋势，部分点位活性磷酸盐、化学需氧量处于波动状态。

近岸海域水质主要污染指标区域分布较为明显。无机氮、粪大肠菌群主要分布在港口区域，如海口秀英港区、三亚榆林港、洋浦港等；化学需氧量主要分布在有入海河流的海湾，如文昌八门湾、万宁小海等海湾；活性磷酸盐影响范围广，海口、三亚、文昌、万宁多个点位水质受其影响。

（二）原因分析

劣于二类的水质主要分布在封闭或半封闭海湾、入海河口、养殖集中区、港口等近岸海域。位于以上海域的点位水质较差，主要是受入海河流携带的沿河两岸镇村生活污染源和农业面源影响，以及周边养殖废水、港口废水影响，加之封闭、半封闭海湾水体交换能力差、污染物扩散困难的不利条件，造成水质污染。

海南省近岸海域水质主要受营养盐影响。海南省近岸海域主要受氮、磷等营养盐污染，以海域周边生活污染源或是入海河流携带的生活污染源、农业面源，以及养殖废水影响为主。

多个点位无机氮年均含量呈显著下降趋势。“十三五”期间，东部、南部近岸海域多个点位无机氮年均含量呈显著下降趋势，主要得益于减排工作、城镇污水处理设施建设和升级改造的大力推进。另外，在产业结构调整下，如高位池养殖、高密度网箱养殖等氨氮排放量特别大的海水养殖业规模实施清退，进入海域的无机氮污染物得到有效控制。

四、海洋沉积物质量现状

（一）总体情况

2020 年，海南省近岸海域沉积物质量总体良好，开展沉积物质量监测的 39 个点位中，沉积物质量为一类的点位比例为 100%。

与 2019 年相比，2020 年海南省近岸海域沉积物质量为一类的点位比例上升了 2.6 个百分点。铜鼓岭近岸海域沉积物质量受砷影响减弱，由二类好转为一类。

（二）五大海区、沿海市县情况

海南岛东部、南部、北部、西部和西沙群岛近岸海域沉积物质量均为良好，沿海 13 个市县近岸监测海域沉积物质量均为良好，所有监测点位沉积物质量均为一类。

（三）污染物情况

开展监测的 13 个项目中，六六六、滴滴涕、多氯联苯均未检出；石油类、铬、锌、镉、有机碳 5 个项目检出率为 82.0%～97.4%，总汞、铜、铅、砷、硫化物 5 个项目检出率均为 100%，所有项目含量均达到一类标准。对检出率大于 90%的铬、石油类、砷、铜、铅、总汞、硫化物 7 个项目进行空间分布规律分析。

1. 铬

海南省近岸海域沉积物铬含量均值为 30.74 mg/kg，范围为未检出～50.20 mg/kg，均达到一类标准。沉积物铬含量相对较高的海域分布在海口、临高、儋州和陵水近岸海域。

2. 石油类

海南省近岸海域沉积物石油类含量均值为 16.5 mg/kg，范围为未检出～37.7 mg/kg，均达到一类标准。沉积物石油类含量相对较高的海域分布在临高和儋州近岸海域。

3. 砷

海南省近岸海域沉积物砷含量均值为 9.29 mg/kg，范围为 0.49～18.19 mg/kg，均达到一类标准。沉积物砷含量相对较高的海域分布在儋州、琼海、陵水和万宁近岸海域。

4. 铜

海南省近岸海域沉积物铜含量均值为 7.89 mg/kg，范围为 0.06～16.80 mg/kg，均达到一类标准。沉积物铜含量相对较高的海域分布在海口、澄迈、临高和儋州近岸海域。

5. 铅

海南省近岸海域沉积物铅含量均值为 18.08 mg/kg，范围为 1.79～41.60 mg/kg，均达到一类标准。沉积物铅含量相对较高的海域分布在昌江、东方和陵水近岸海域。

6. 总汞

海南省近岸海域沉积物总汞含量均值为 0.035 mg/kg，范围为 0.003～0.105 mg/kg，均达到一类标准。沉积物总汞含量相对较高的海域分布在临高近岸海域。

7. 硫化物

海南省近岸海域沉积物硫化物含量均值为 9.00 mg/kg，范围为 0.18～107.96 mg/kg，均达到一类标准。沉积物硫化物含量相对较高的海域分布在儋州近岸海域。

五、“十三五”期间海洋沉积物质量变化趋势分析①

（一）沉积物质量变化

“十三五”期间，海南省近岸海域沉积物质量稳中向好，沉积物质量为一类的点位比例逐年上升，2020 年达到 100%。除 2017 年澄迈桥头金牌、马村港和 2019 年文昌铜鼓岭沉积物质量出现二类外，其余年份各监测点位沉积物质量均保持一类。

“十三五”时期末（2020 年）与“十二五”时期末（2015 年）相比，海南省近岸海域沉积物质量为一类的点位比例上升了 6.9 个百分点。

（二）主要污染物变化

“十三五”期间，海南省近岸海域沉积物各监测项目含量均值均达到一类标准。13 个监测项目中，铬、铜、锌 3 个项目含量均值波动下降；铅、石油类、砷、镉、总汞、有机碳、硫化物等 7 个项目含量均值波动上升；六六六、多氯联苯、滴滴涕等 3 个项目含量均值保持稳定，基本未检出。

选择沉积物中较易沉淀和富集的砷、铬、铅等 3 个重金属项目和石油类进行空间变化比较。

1. 砷

“十三五”期间，海南省近岸海域沉积物砷含量均值呈上升趋势，“十三五”时期末（2020年）较“十二五”时期末（2015年）上升了17.6%，但均远低于一类标准。2019年最大值出现在文昌铜鼓岭近岸，达到二类标准；2017年最大值出现在澄迈马村港，2020年最大值出现在儋州兵马角，达到一类标准。

2. 铬

“十三五”期间，海南省近岸海域沉积物铬含量均值呈下降趋势，“十三五”时期末（2020 年）较“十二五”时期末（2015 年）下降了 13.6%，但均远低于一类标准。

① 2016 年、2018 年未开展海洋沉积物监测。

2017 年最大值出现在澄迈桥头金牌，达到二类标准；2019 年最大值出现在昌江棋子湾度假旅游区，2020 年最大值出现在海口湾，达到一类标准。

3. 铅

“十三五”期间，海南省近岸海域沉积物铅含量均值呈上升趋势，“十三五”时期末（2020 年）较“十二五”时期末（2015 年）上升了 90.3%，但均远低于一类标准。2017 年最大值出现在澄迈桥头金牌，2019 年最大值出现在昌江棋子湾度假旅游区，2020 年最大值出现在东方黑脸琵鹭自然保护区，均达到一类标准。

4. 石油类

“十三五”期间，海南省近岸海域沉积物石油类含量均值呈上升趋势，“十三五”时期末（2020 年）较“十二五”时期末（2015 年）上升了 65.0%，但均远低于一类标准。2017 年最大值出现在澄迈马村港，2019 年最大值出现在海口三连村，2020 年最大值出现在儋州兵马角，均达到一类标准。

第二节　重点港湾环境质量

一、水质现状

2020 年，12 个重点港湾水质基本满足所属海洋功能区环境保护要求。其中，海口湾、石梅湾、陵水湾、三亚湾、龙栖湾、八所港、昌化港、洋浦湾—白马井等 8 个重点港湾近岸海域所有监测指标均达到或优于二类海水水质标准，满足所属海洋功能区环境保护要求；清澜港、博鳌港、后水湾、马村港等 4 个重点港湾个别点位个别时段受溶解氧、铅、活性磷酸盐影响，未达到所属海洋功能区环境保护要求。

二、“十三五”期间变化趋势分析

“十三五”期间，重点港湾海水质量总体为优，水质呈先下降后上升的趋势。除 2018 年夏季清澜湾、2019 年夏季清澜湾、2019 年夏季博鳌港、2017 年夏季陵水湾、2018 年夏季洋浦湾—白马井和 2017 年春季马村港、2019 年春季马村港水质一般外，其余各年份各重点港湾水质均为优或良好。

除洋浦湾—白马井、后水湾和马村港外，其余各重点港湾均为春季水质优于夏季水质。

“十三五”时期末（2020 年）与“十二五”时期末（2015 年）相比，重点港湾水质总体呈上升趋势。除春季清澜湾、昌化港、洋浦湾—白马井、后水湾及春、夏季马村港水质呈下降趋势外，其余各季节各重点港湾水质均呈上升趋势。

（一）海口湾

“十三五”期间，海口湾春、夏季优良水质比例均为 100%，大多数年份春季水质优于夏季。2016 年春、夏季水质均为良好，2017—2018 年水质在良好和优之间波动，2019—2020 年春、夏季水质均为优，水质总体呈上升趋势。

“十三五”时期末（2020 年）与“十二五”时期末（2015 年）相比，海口湾春、夏季水质均由良好上升为优。

（二）清澜湾

“十三五”期间，清澜湾除 2018 年夏季存在三类水质点位、2019 年夏季存在四类水质点位外，其余年份优良水质比例均为 100%，除 2020 年春、夏季水质类别比例一致，其余年份春季水质均优于夏季。2016 年水质在良好和优之间波动，2017 年和 2020 年春、夏季水质均为优，2018 年春、夏季水质在一般和优之间波动，2019 年春、夏季水质在一般和良好之间波动，水质总体呈先下降后上升趋势。

“十三五”时期末（2020 年）与“十二五”时期末（2015 年）相比，清澜湾春季水质保持为优，夏季水质由良好上升为优。

（三）博鳌港

“十三五”期间，博鳌港除 2018 年夏季、2019 年夏季、2020 年春、夏季存在三类水质点位外，其余年份优良水质比例均为 100%，大多数年份春季水质优于夏季水质。2016 年春、夏季水质均为优，2017 年和 2018 年春、夏季水质在良好和优之间波动，2019 年春、夏季水质在一般和优之间波动，2020 年春、夏季水质均为良好，水质总体呈下降趋势。

“十三五”时期末（2020 年）与“十二五”时期末（2015 年）相比，博鳌港春季水质由差上升为良好，夏季水质保持良好。

（四）石梅湾

“十三五”期间，石梅湾除2017年夏季存在四类水质点位、2018年夏季存在三类水质点位外，其余年份优良水质比例均为100%，大多数年份春季水质优于夏季。2016年、2020年春、夏季水质均为优，2017—2019年春、夏季水质均在良好和优之间波动，水质总体呈先下降后上升趋势。

“十三五”时期末（2020 年）与“十二五”时期末（2015 年）相比，石梅湾春季水质保持为优，夏季水质由良好上升为优。

（五）陵水湾

“十三五”期间，陵水湾除 2017 年夏季存在劣四类水质点位外，其余年份优良水质比例均为 100%，2018—2020 年春、夏季水质类别比例一致，2016—2017 年春季水质优于夏季水质。2018—2020 年春、夏季水质均为优，2016 年春、夏季水质在良好和优之间波动，2017 年春、夏季水质均在一般和优之间波动，水质总体呈上升趋势。

“十三五”时期末（2020 年）与“十二五”时期末（2015 年）相比，陵水湾春季水质保持为优，夏季水质由良好上升为优。

（六）三亚湾

“十三五”期间，三亚湾春、夏季优良水质比例均为100%，大多数年份春季水质优于夏季，春、夏季水质均为优，水质总体保持为优。

“十三五”时期末（2020 年）与“十二五”时期末（2015 年）相比，三亚湾春季水质保持为优，夏季水质均由良好上升为优。

（七）龙栖湾

“十三五”期间，龙栖湾春、夏季优良水质比例均为 100%，水质均为优，2016 年、2018 年和 2020 年春、夏季水质类别比例一致，2017 年和 2019 年春季水质优于夏季水质，水质总体保持为优。

“十三五”时期末（2020 年）与“十二五”时期末（2015 年）相比，龙栖湾春、夏季水质保持为优。

（八）八所港

“十三五”期间，八所港春、夏季优良水质比例均为 100%，水质均为优，2017 年、2018 年和 2020 年春、夏季水质类别比例一致，2016 年和 2019 年春季水质优于夏季水质，水质总体保持为优。

“十三五”时期末（2020 年）与“十二五”时期末（2015 年）相比，八所港春、夏季水质保持为优。

（九）昌化港

“十三五”期间，昌化港春、夏季优良水质比例均为 100%，除 2017 年夏季水质为良好外，其余年份水质均为优，2016 年、2018 年和 2020 年春、夏季水质类别比例一致，2017 年和 2019 年春季水质优于夏季水质，水质总体变化不大。

“十三五”时期末（2020 年）与“十二五”时期末（2015 年）相比，昌化港春季水质保持为优，夏季水质由良好上升为优。

（十）洋浦湾—白马井

“十三五”期间，洋浦湾—白马井除 2016 年春季存在四类水质点位、2018 年春季存在四类水质点位、2018 年夏季存在三类水质点位外，其余年份优良水质比例均为 100%，大多数年份春季水质优于夏季水质。2016 年和 2020 年春、夏季水质均为良好，2017—2019 年春、夏季水质均在良好和优之间波动，2018 年春、夏季水质均在一般和良好之间波动，水质总体呈上升趋势。

“十三五”时期末（2020 年）与“十二五”时期末（2015 年）相比，洋浦湾—白马井春、夏季水质保持良好。

（十一）后水湾

“十三五”期间，后水湾除 2016 年春季存在三类水质点位外，其余年份优良水质比例均为 100%，大多数年份夏季水质优于春季水质。2016 年春、夏季水质在良好和优之间波动，2017—2020 年春、夏季水质均为优，水质总体变化不大。

“十三五”时期末（2020 年）与“十二五”时期末（2015 年）相比，后水湾春季水质保持为优，夏季水质由良好上升为优。

（十二）马村港

“十三五”期间，马村港除 2017 年春季存在三类水质点位、2018 年春、夏季存在四类水质点位、2019 年春季存在四类水质点位外，其余年份优良水质比例均为 100%，大多数年份春季水质优于夏季水质。2016 年和 2020 年春、夏季水质均在良好和优之间波动，2017 年春、夏季水质在一般和良好之间波动，2018 年春、夏季水质保持良好，2019 年春、夏季水质在一般和优之间波动，水质总体呈上升趋势。

“十三五”时期末（2020 年）与“十二五”时期末（2015 年）相比，马村港春季水质保持为优，夏季水质保持良好。

第三节　海水浴场水质状况

一、水质现状

2020年6—9月，海口假日海滩、三亚大东海和亚龙湾三大国家重点海水浴场水质以优、适宜游泳为主，水质等级为优或良的天数比例均为100%。其中，海口假日海滩、三亚亚龙湾、大东海水质等级为优的天数比例分别为100%、94.4%、88.9%。与2019年相比，2020年三大重点海水浴场水质基本保持稳定。

二、“十三五”期间变化趋势分析

“十三五”期间，三大重点海水浴场水质均以优、适宜游泳为主，水质等级为优或良的天数比例稳定在 100%。

“十三五”时期末（2020 年）与“十二五”时期末（2015 年）相比，三大重点海水浴场水质基本保持稳定。

第四节 海洋生物多样性

一、浮游植物物种多样性及变化

（一）浮游植物种类及优势种

“十二五”至“十三五”期间，海南省近岸海域浮游植物种类主要以硅藻和甲藻为主，优势种略有变化。

2011 年和 2013 年浮游植物优势种主要为中肋骨条藻（*Skeletonema costatum*）、菱形海线藻（*Thalassionema nitzschioides*）和尖刺菱形藻（*Nitzschia pungens*）等硅藻，2015 年优势种有所变化，中肋骨条藻已不是优势种，而菱形海线藻仍然为优势种。

2017 年浮游植物优势种主要为中肋骨条藻、菱形藻（*Thalassionema* sp.）、菱形海线藻等硅藻，2019 年优势种主要为中肋骨条藻、直立伪几内亚藻（*Pseudoguinardia recta*）、菱形海线藻等硅藻。

（二）浮游植物总物种数

“十二五”至“十三五”期间，海南省近岸海域浮游植物总物种数均保持在较高水平，呈波动上升的趋势，总物种数为 193～316，其中 2017 年最多、2011 年最少。各监测年份浮游植物总物种数均达到Ⅰ级，赋值得分均为 100 分。

与“十二五”期间相比，“十三五”期间浮游植物总物种数无明显变化。

（三）浮游植物平均单站物种数

“十二五”至“十三五”期间，海南省近岸海域浮游植物平均单站物种数保持在较高水平，呈先上升后平稳趋势，平均单站物种数为 45～73，其中 2013 年最多、2011 年最少。2011 年浮游植物平均单站物种数为Ⅱ级，赋值得分为 90.9 分；其余年份均达到Ⅰ级，赋值得分为 100 分。

与“十二五”期间相比，“十三五”期间浮游植物平均单站物种数无明显变化。

（四）浮游植物丰度

“十二五”至“十三五”期间，海南省近岸海域浮游植物丰度大幅下降，丰度为 2.0×10^3～75.2×10^3 个/L，其中 2011 年最高、2015 年最低。

（五）浮游植物均匀度

“十二五”至“十三五”期间，海南省近岸海域浮游植物均匀度指数呈平稳趋势，均匀度为 0.59～0.86，其中 2019 年最高、2015 年最低。

（六）浮游植物多样性指数

“十二五”至“十三五”期间，海南省近岸海域浮游植物多样性指数呈逐年上升趋势，多样性指数为 2.9～4.1，其中 2019 年最高、2011 年和 2013 年最低。除 2019 年浮游植物多样性指数达到Ⅰ级，其余年份均为Ⅱ级；赋值得分呈上升趋势，从 2013 年的 80.8 分逐步上升至 2019 年的 100 分。

与“十二五”期间相比，“十三五”期间浮游植物多样性指数略有提高。

二、浮游动物物种多样性及变化

（一）浮游动物种类及优势种

“十二五”至“十三五”期间，海南省近岸海域浮游动物主要以桡足类、水螅水母类、毛颚类及浮游幼虫等为主，优势种有所变化。

2011 年浮游动物优势种主要为肥胖箭虫（*Sagitta enflata*）、百陶箭虫（*Sagitta bedoti*）、鱼卵、中华哲水蚤（*Calanus sinicus*）、瘦新哲水蚤（*Neocalanus gracilis*）、半球美螅水母（*Clytiahemis phaerica*）等，2013 年浮游动物的优势种主要为肥胖箭虫、亚强真哲水蚤（*Eucalanus subcrassus*）、锥形宽水蚤（*Temora turbinata*）、微刺哲水蚤（*Canthocalanus pauper*）等，2015 年浮游动物的优势种主要为达氏筛哲水蚤（*Cosmocalanus darwini*）、微刺哲水蚤、亚强真哲水蚤、异尾宽水蚤（*Temora discaudata*）、锥形宽水蚤及肥胖箭虫等。

2017 年浮游动物优势种主要为桡足类的微刺哲水蚤、中华哲水蚤、精致真刺水蚤

（*Euchaeta concinna*）、亚强真哲水蚤、异尾宽水蚤，毛颚类的肥胖箭虫，枝角类的鸟喙尖头溞（*Penilia avirostris*），樱虾类的亨生莹虾（*Lucifer hansenis*），水螅水母类（*Hydropolypse* sp.），浮游幼虫的短尾类溞状幼虫［*Zoea larva*（*Brachyura*）］、鱼卵、长尾类糠虾幼虫（*Mysidacea larvae*）、桡足类幼体（*Copepodite larva*）。2019年浮游动物的优势种主要为桡足类的微刺哲水蚤、伯氏平头水蚤（*Candacia bradyi*）、精致真刺水蚤、亚强次真哲水蚤（*Subeucalanus subcrassus*）、异尾宽水蚤，毛颚类的肥胖箭虫，樱虾类的正型莹虾（*Lucifer typus*），水螅水母类、双生水母（*Diphyes chamissonis*），浮游幼虫的短尾类溞状幼虫、鱼卵、长尾类糠虾幼虫、桡足类幼体、多毛类幼虫（*Polychaeta larva*）。

（二）浮游动物总物种数

“十二五”至“十三五”期间，海南省近岸海域浮游动物总物种数呈逐年上升趋势，总物种数为99～165，其中2019年最多、2011年最少。除2011年浮游动物总物种数为Ⅲ级，其余年份均为Ⅱ级；赋值得分呈上升趋势，从2011年的67.4分逐步上升至2019年的91.8分。

与“十二五”期间相比，“十三五”期间浮游动物总物种数略有提高。

（三）浮游动物平均单站物种数

“十二五”至“十三五”期间，海南省近岸海域浮游动物平均单站物种数呈波动上升趋势，平均单站物种数为18～44，其中2019年最多、2011年最少。各监测年份浮游动物平均单站物种数除2019年为Ⅱ级，其余年份均为Ⅲ级；赋值得分呈波动上升趋势，从2015年的66.2分逐步上升至2019年的79.4分。

与“十二五”期间相比，“十三五”期间浮游动物单站平均物种数略有提高。

（四）浮游动物的丰度

“十二五”至“十三五”期间，海南省近岸海域浮游动物的丰度波动较大，丰度为0.9×10^3～317.7×10^3个/L，其中2011年最低、2013年最高。各监测年份浮游动物丰度等级变化较大，2011年为Ⅴ级，2015年和2017年为Ⅳ级，2013年和2019年为Ⅲ级；除2011年赋值得分极低，其余年份赋值在38.7～57.3分波动。

与“十二五”期间相比，“十三五”期间浮游动物丰度略有提高。

（五）浮游动物均匀度指数

“十二五”至“十三五”期间，海南省近岸海域浮游动物均匀度指数保持平稳，均匀度指数为 0.70～0.80，其中 2015 年最高、2011 年最低。

（六）浮游动物丰富度指数

“十二五”至“十三五”期间，海南省近岸海域浮游动物丰富度指数呈上升趋势，丰富度指数为 2.3～7.1，其中 2019 年最高、2011 年最低。各监测年份浮游动物丰富度等级变化较大，2011 年为Ⅲ级，2013 年和 2015 年为Ⅱ级，2017 年和 2019 年为Ⅰ级；赋值得分呈上升趋势，从 2011 年的 55.7 分逐步上升至 2017 年的 100 分，2019 年保持在 100 分。

与“十二五”期间相比，“十三五”期间浮游动物丰富度指数略有提高。

（七）浮游动物多样性指数

“十二五”至“十三五”期间，海南省近岸海域浮游动物多样性指数呈先上升后平稳趋势，多样性指数为 2.8～3.9，其中 2019 年最高、2011 年最低。各监测年份浮游动物多样性指数均为Ⅱ级，赋值得分稳中有升。

与“十二五”期间相比，“十三五”期间浮游动物多样性指数无明显变化。

三、大型底栖生物物种多样性及变化

（一）大型底栖生物种类及优势种

“十二五”至“十三五”期间，海南省近岸海域大型底栖生物主要为环节动物和节肢动物，优势种变化较大。

2011 年大型底栖生物优势种主要为环节动物的多毛类（*Polychaeta* sp.）；2013 年大型底栖生物优势种主要为软体动物，如笋螺科（*Terebridae* spp.）、笔螺科（*Mitridae* spp.）、织纹螺科（*Nassarius* spp.）等；2015 年大型底栖生物优势种主要为环节动物的背褶沙蚕（*Tambalagamia fauvli*）、节肢动物的尖额涟虫科（*Leuconidae* spp.）、菱蟹科

（*Parthenopidae* spp.）。

2017 年大型底栖生物优势种主要为环节动物的吻沙蚕属（*Glycera* sp.）、智利巢沙蚕（*Diopatra chiliensis*）、欧文虫属（*Owenia* sp.）、稚齿虫属（*Prionospio* sp.），棘皮动物的克氏盘棘蛇尾（*Ophiocentrus koehleri*）、组蛇尾属（*Histampica* sp.），软体动物的角蛤（*Angulus lanceolatus*）、横斜纹蛤（*Loxoglypta transculpta*）等；2019 年大型底栖生物优势种主要为稚齿虫（*Prionospio* sp.）、索沙蚕（*Lumbrineris* sp.）和梳鳃虫（*Terebellides stroemii*）。

（二）大型底栖生物总物种数

“十二五”至“十三五”期间，海南省近岸海域大型底栖生物总物种数呈波动变化，总物种数为 120～167，其中 2017 年最多、2015 年最少。各监测年份大型底栖生物总物种数均为Ⅳ级，赋值得分变化不大。

与“十二五”期间相比，“十三五”期间大型底栖生物总物种数无明显变化。

（三）大型底栖生物平均单站物种数

“十二五”至“十三五”期间，海南省近岸海域大型底栖生物平均单站物种数呈波动变化，平均单站物种数为 7～14，其中 2011 年最多、2015 年最少。除 2013 年和 2015 年大型底栖生物平均单站物种数为Ⅳ级，其余年份均为Ⅲ级；赋值得分略有波动。

与“十二五”期间相比，“十三五”期间大型底栖生物平均单站物种数无明显变化。

（四）大型底栖生物栖息密度

“十二五”至“十三五”期间，海南省近岸海域大型底栖生物栖息密度呈波动下降趋势，栖息密度为 56.4～155.3 个/m^2，其中 2015 年最高、2019 年最低。除 2013 年和 2019 年大型底栖生物栖息密度为Ⅳ级外，其余年份均为Ⅲ级；赋值得分小幅下降，从 2015 年的 56.0 分逐步下降至 2019 年的 45.7 分。

与“十二五”期间相比，“十三五”期间大型底栖生物栖息密度无明显变化。

（五）大型底栖生物生物量

“十二五”至“十三五”期间，海南省近岸海域大型底栖生物生物量呈下降趋势，生物量为 4.0～36.5 g/m^2，其中 2011 年最高、2019 年最低。除 2019 年大型底栖生物生物量为Ⅳ级，其余年份均为Ⅲ级；赋值得分呈下降趋势，从 2011 年的 73.8 分降至 2019 年的 43.4 分。

与“十二五”期间相比，“十三五”期间大型底栖生物生物量略有下降。

（六）大型底栖生物均匀度指数

“十二五”至“十三五”期间，海南省近岸海域大型底栖生物均匀度指数保持平稳，除 2015 年均匀度指数为 0.92 外，其余年份均为 0.90。

（七）大型底栖生物丰富度指数

“十二五”至“十三五”期间，海南省近岸海域大型底栖生物丰富度指数呈上升趋势，丰富度指数为 1.9～3.1，其中 2017 年最高、2013 年最低。“十二五”期间大型底栖生物丰富度指数均为Ⅳ级，“十三五”期间均为Ⅲ级；赋值得分呈上升趋势，从 2011 年的 41.0 分上升至 2019 年的 52.3 分。

与“十二五”期间相比，“十三五”期间大型底栖生物丰富度指数略有提高。

（八）大型底栖生物多样性指数

“十二五”至“十三五”期间，海南省近岸海域大型底栖生物多样性指数呈平稳趋势，多样性指数为 2.3～2.9，2011 年最高、2015 年最低。各监测年份大型底栖生物多样性指数均为Ⅱ级，赋值得分变化不大。

与“十二五”期间相比，“十三五”期间大型底栖生物多样性指数无明显变化。

四、变化原因分析

（一）浮游植物丰度下降，浮游动物丰度上升，主要受海水温度影响

斯皮尔曼相关性分析表明，浮游植物丰度与水温呈负相关（$r=-0.32$，$p<0.01$），浮游动物丰度与水温呈正相关（$r=0.22$，$p<0.01$），可见水温的升高在一定程度上抑制了浮游植物的生长繁殖，但有利于浮游动物的生长繁殖。此外，除 2013 年采样时间为夏季外，其余年份采样时间均为春季，浮游动物一般在夏季具有较高的种类和丰度，

因此 2013 年浮游动物丰度明显高于其他春季采样的年份（图 2-6-5）。

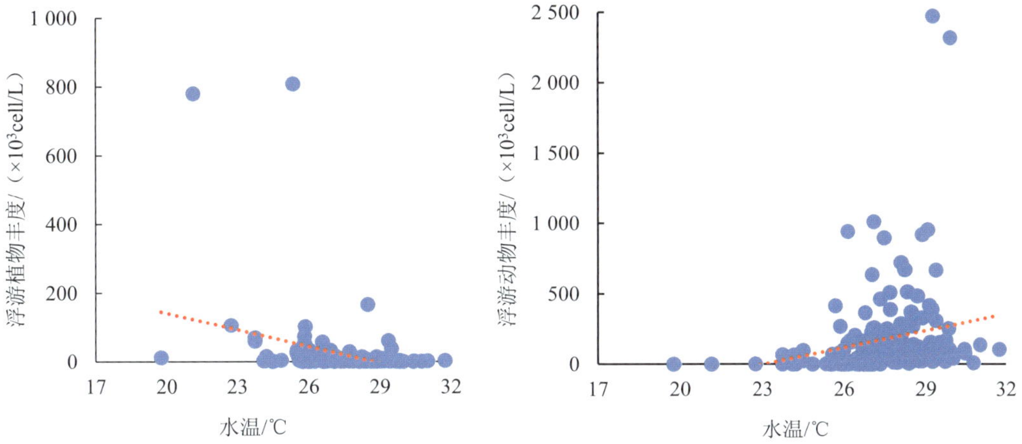

图 2-6-5　2011—2019 年海南省近岸海域浮游动植物丰度与水温相关性

（二）大型底栖生物栖息密度呈波动下降趋势，主要受盐度、悬浮物等因素影响

斯皮尔曼相关性分析表明，大型底栖生物的栖息密度与盐度呈负相关（$r = -0.31$，$p < 0.01$），与悬浮物呈正相关（$r = 0.21$，$p < 0.05$）（图 2-6-6）。

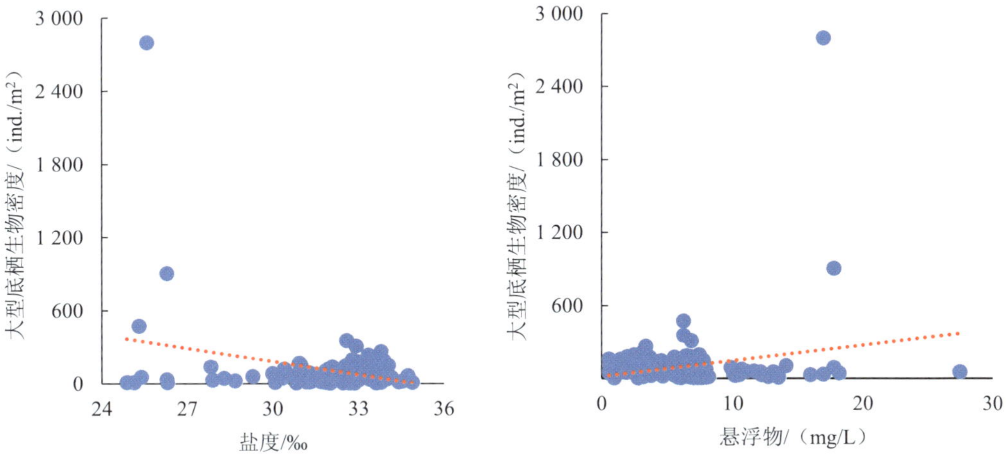

图 2-6-6　2011—2019 年海南省近岸海域底栖生物密度与盐度、悬浮物相关性

第五节　典型海洋生态系统健康状况

一、健康状况

（一）珊瑚礁生态系统

1. 西沙群岛珊瑚礁生态系统

2020 年，西沙群岛珊瑚礁生态系统监测海域包括永兴岛、西沙洲、赵述岛、北岛、晋卿岛、甘泉岛等 6 个海域。结果表明，西沙群岛珊瑚礁生态系统处于健康状态。

西沙群岛监测海域鉴定出造礁石珊瑚 12 科 36 属 92 种，其中造礁石珊瑚种类相对较多的是甘泉岛海域，常见种有疣状杯形珊瑚（*Pocillopora verrucosa*）、多曲杯形珊瑚（*Pocillopora meandrina*）、芽枝鹿角珊瑚（*Acropora gemmifera*）、澄黄滨珊瑚（*Porites lutea*）、佳丽鹿角珊瑚（*Acropora pulchra*）、指状蔷薇珊瑚（*Montipora digitita*）等。

西沙群岛监测海域造礁石珊瑚平均覆盖度为 9.0%～44.5%，平均值为 23.5%，其中甘泉岛海域造礁石珊瑚的覆盖度最高，永兴岛海域最低，其余海域相差不大。造礁石珊瑚平均补充量为 5.33 个/m^2，所有监测海域造礁石珊瑚补充量均相对较高。造礁石珊瑚平均死亡率为 0.9%，死亡率较高的为赵述岛海域。

西沙群岛监测海域珊瑚礁鱼类较为丰富，平均密度达 129.29 尾/（100 m^2），其中永兴岛和甘泉岛海域珊瑚礁鱼类密度较高，北岛和西沙洲的珊瑚礁鱼类密度偏低，常见的珊瑚礁鱼类有 69 种，有经济价值的鱼类较少，主要是观赏鱼类。

与 2019 年相比，2020 年西沙群岛监测海域造礁石珊瑚平均覆盖度上升了 10.5 个百分点，造礁石珊瑚平均补充量增加了 56.3%，珊瑚礁鱼类平均密度增加了 30.1%。

2. 海南岛东海岸海域珊瑚礁生态系统

2020 年，海南岛东海岸珊瑚礁生态系统监测海域包括铜鼓岭、长圮港、龙湾、蜈支洲岛、亚龙湾、大东海、小东海、鹿回头、西瑁州岛、红塘湾等 10 个珊瑚礁海域。结果表明，海南岛东海岸珊瑚礁生态系统处于健康状态。

海南岛东海岸珊瑚礁监测海域鉴定出造礁石珊瑚 13 科 30 属 72 种，常见种有丛生盔形珊瑚（*Galaxea fascicularis*）、澄黄滨珊瑚（*Porites lutea*）、二异角孔珊瑚（*Goniopora duofasciata*）、十字牡丹珊瑚（*Pavona decussate*）、多孔鹿角珊瑚（*Acropora millepora*）、精巧扁脑珊瑚（*P. daedalea*）等。

海南岛东海岸珊瑚礁监测海域造礁石珊瑚平均覆盖度为4.0%～37.0%，平均值为18.0%，其中蜈支洲岛、亚龙湾、鹿回头和红塘湾海域造礁石珊瑚平均覆盖度相对较高，龙湾、长圮港、大东海相对较低。造礁石珊瑚平均补充量为1.70个/m^2，其中铜鼓岭、亚龙湾、蜈支洲岛造礁石珊瑚平均补充量相对较高，龙湾、长圮港、大东海相对较低。

海南岛东海岸珊瑚礁监测海域鉴定出珊瑚礁鱼类 35 种，常见种有五带豆娘、褐篮子鱼、黑副雀雕等，蜈支洲岛海域珊瑚礁鱼类种类较多，长圮港、龙湾和红塘湾海域珊瑚礁鱼类种类较少。珊瑚礁鱼类平均密度为 39.80 尾/（100 m^2），蜈支洲岛海域平均密度相对较高，龙湾、长圮港和红塘湾海域相对较低。

与 2019 年相比，2020 年海南岛东海岸造礁石珊瑚平均覆盖度上升了 3.2 个百分点，造礁石珊瑚平均补充量增长了 97.7%，珊瑚礁鱼类平均密度下降了 24.5%。

（二）海草床生态系统

2020 年，海南岛东海岸海草床生态系统监测海域包括高隆湾、长圮港、龙湾、新村港及黎安港等 5 个海草床分布海域。结果表明，海南岛东海岸海草床生态系统处于亚健康状态。

海南岛东海岸海草床监测海域鉴定出海草 2 科 3 亚科 5 属 5 种，分别为圆叶丝粉草（*Cymodocea rotunda*）、单脉二药草（*Halodule uninervis*）、海菖蒲（*Enhalus acoroides*）、泰来草（*Thalassia hemprichii*）和卵叶喜盐草（*Halophila ovalis*），优势种为海菖蒲和泰来草。

海南岛东海岸海草床监测海域海草覆盖度为 3.6%～24.0%，平均值为 16.0%，黎安港海域海草覆盖度最高，长圮港海域最低。海草密度为 83.62～1 367.00 株/m^2，平均密度为 512.99 株/m^2，高隆湾海域的卵叶喜盐草平均密度最高，龙湾海域的海菖蒲平均密度最低。海草生物量为 51.95～359.31 g/m^2，平均生物量为 202.01 g/m^2，新村港海域的海菖蒲平均生物量最高，卵叶喜盐草平均生物量最低。

与2019年相比，2020年海南岛东海岸海草床监测海域海草平均覆盖度下降了3.7个百分点，海草平均密度减少了11.4%，海草平均生物量减少了10.6%。

二、“十三五”期间变化趋势分析

（一）珊瑚礁生态系统变化趋势

1. 西沙群岛海域珊瑚礁生态系统

（1）珊瑚礁覆盖度变化

“十三五”期间，西沙群岛珊瑚礁监测海域造礁石珊瑚有缓慢恢复的迹象，珊瑚礁平均覆盖度呈逐年上升趋势，由 2016 年的 5.4%上升到 2019 年的 13.0%，2020 年上升幅度增大，达到了 23.5%。

“十三五”时期末（2020 年）与“十二五”时期末（2015 年）相比，造礁石珊瑚礁平均覆盖度上升了 20.7 个百分点。

（2）珊瑚礁死亡率变化

“十三五”期间，西沙群岛珊瑚礁监测海域造礁石珊瑚平均死亡率波动较大，2018 年之前造礁石珊瑚平均死亡率均为 0，2018—2019 年逐年上升至 6.0%，2020 年大幅下降至 0.9%。

“十三五”时期末（2020 年）与“十二五”时期末（2015 年）相比，造礁石珊瑚平均死亡率上升了 0.9 个百分点，主要是由于赵述岛海域珊瑚出现白化死亡。

（3）珊瑚礁补充量变化

“十三五”期间，西沙群岛珊瑚礁监测海域造礁石珊瑚平均补充量呈逐年上升趋势，由 2016 年的 0.19 个/m^2 上升至 2020 年的 5.33 个/m^2。

“十三五”时期末（2020 年）与“十二五”时期末（2015 年）相比，造礁石珊瑚平均补充量上升了 5.22 个/m^2。

（4）珊瑚礁鱼类变化

“十三五”期间，西沙群岛珊瑚礁监测海域珊瑚礁鱼类平均密度先降后升，最低值为 2018 年的 70.23 尾/（100 m^2），近两年逐年增加至 129.29 尾/（100 m^2）。

“十三五”时期末（2020 年）与“十二五”时期末（2015 年）相比，珊瑚礁鱼类平均密度下降了 40.71 尾/（100 m^2）。

2. 海南岛东海岸海域珊瑚礁生态系统

（1）珊瑚礁覆盖度变化

“十三五”期间，海南岛东海岸珊瑚礁监测海域造礁石珊瑚平均覆盖度先降后升，由 2016 年的 15.4%下降到 2018 年的 12.9%，2019 年有所上升，从 2019 年的 14.8%上升到了 2020 年的 18.0%。

“十三五”时期末（2020 年）与“十二五”时期末（2015 年）相比，造礁石珊瑚礁平均覆盖度上升了 1.8 个百分点。

（2）珊瑚礁死亡率变化

“十三五”期间，海南岛东海岸珊瑚礁监测海域造礁石珊瑚平均死亡率先升后降，2016—2018 年逐年上升至 1.1%，2018—2020 年逐年下降至 0。

“十三五”时期末（2020 年）与“十二五”时期末（2015 年）相比，造礁石珊瑚平均死亡率保持在 0。

（3）珊瑚礁补充量变化

“十三五”期间，海南岛东海岸珊瑚礁监测海域造礁石珊瑚平均补充量先降后升，由 2016 年的 0.97 个/m^2下降至 2018 年的 0.64 个/m^2，再逐年上升到了 2020 年的 1.70 个/m^2。

“十三五”时期末（2020 年）与“十二五”时期末（2015 年）相比，造礁石珊瑚平均补充量上升了 1.39 个/m^2。

（4）珊瑚礁鱼类变化

“十三五”期间，海南岛东海岸珊瑚礁监测海域珊瑚礁鱼类平均密度波动较大，由 2016 年的 62.78 尾/（100 m^2）下降至 2018 年的 31.70 尾/（100 m^2），到 2019 年有所上升，达到 52.70 尾/（100 m^2），2020 年又有所下降，下降至 39.80 尾/（100 m^2）。

“十三五”时期末（2020 年）与“十二五”时期末（2015 年）相比，珊瑚礁鱼类平均密度下降了 37.76 尾/（100 m^2）。

（二）海草床生态系统变化趋势

1. 海草覆盖度变化

“十三五”期间，海南岛东海岸监测海域海草平均覆盖度呈逐年下降趋势，由 2016 年的 26.0%逐年下降至 2020 年的 16.0%。

“十三五”时期末（2020 年）与“十二五”时期末（2015 年）相比，海南岛东海岸监测海域海草平均覆盖度下降了 9.9 个百分点。

2. 海草密度变化

“十三五”期间，海南岛东海岸监测海域海草平均密度波动较大，2016 年海草平均密度为“十三五”期间最高，达 1 754.00 株/m^2，2017 年急剧下降至 259.65 株/m^2，2019—2020 年平稳在 500 株/m^2。各年份海草平均密度差异较大，可能是各个监测区域在各年份调查到的种类差异所致。

“十三五”时期末（2020 年）与“十二五”时期末（2015 年）相比，海草平均密度下降了 522.01 株/m^2，下降幅度达 50.4%。

3. 海草生物量变化

“十三五”期间，海南岛东海岸监测海域海草平均生物量呈逐年下降趋势，由 2016 年的 482.26 g/m^2 下降至 2020 年的 202.01 g/m^2。

“十三五”时期末（2020 年）与“十二五”时期末（2015 年）相比，2020 年下降了 423.36 g/m^2，下降幅度达 67.7%。

三、变化原因分析

“十三五”期间，海南岛东海岸和西沙群岛海域的珊瑚礁生态系统基本稳定，西沙群岛珊瑚礁平均覆盖度和造礁石珊瑚平均补充量均呈逐年上升趋势，海南岛东海岸珊瑚礁监测海域造礁石珊瑚平均覆盖度近两年也有所上升，得益于近年来政府严格把关用海企业的申请和开发管理，加大了环境保护力度，提升了公众的环保意识，增加了违法成本，使珊瑚礁得以休养生息。但也存在珊瑚礁白化的问题，与近些年全球变暖导致的海水升温有关。

“十三五”期间，海南岛东海岸海草床生态系统基本稳定，海湾沿岸的海草床健康状况基本良好。但受近年来暴雨和海洋工程等直接或间接影响，面积有所下降；而潟湖类型的海草床由于受人为直接清除影响以及养殖活动、旅游活动和日常生活引起的营养负荷，出现了海草衰亡情况。

第六节　海洋垃圾

一、现状

（一）海面漂浮垃圾

2020 年，三亚湾海域海面漂浮垃圾平均个数为 2 000 个/km^2，同比下降 52.3%，未发现大块及特大块海面漂浮垃圾。采集到的 5 件中小块及中块垃圾碎片中，塑料类和无法辨识的材料数量最多，各占 40.0%；纸制品占 20.0%。塑料类垃圾来源于海上人类活动。

（二）海滩垃圾

2020 年，三亚湾海域海滩垃圾平均个数为 239 900 个/km^2，同比下降 26.6%。采集到的 216 件海滩垃圾中，塑料类数量最多，占 94.0%；金属类、其他人造物品和纸制品类较少，分别为 3.2%、1.9%和 0.9%。

（三）海底垃圾

2020 年，三亚湾海域海底垃圾平均个数为 4 800 个/km^2，同比下降 59.4%。采集到的 12 件海底垃圾中，塑料类数量最多，占 66.6%；橡胶类占 16.7%；无法辨识的材料占 16.7%。

二、"十三五"期间变化趋势分析

（一）海面漂浮垃圾[①]

"十三五"期间，三亚湾海域海面漂浮垃圾呈现大块和特大块漂浮垃圾减少、中小块漂浮垃圾增多的趋势。垃圾类型仍以塑料类为主。

2016—2017 年大块和特大块漂浮垃圾最多，均为 46 个/km^2，未发现中小块漂浮垃圾。2018—2019 年海面漂浮垃圾总体平均个数大幅上升，其中，2019 年中小块漂浮垃圾达

① 2015 年未开展海面漂浮垃圾监测。

到 4 000 个/km^2。2020 年中小块漂浮垃圾平均个数有所下降，未发现大块和特大块垃圾。

（二）海滩垃圾

“十三五”期间，三亚湾海域海滩垃圾呈先下降后上升趋势。垃圾类型仍以塑料类为主，来源主要是众多游客。

2016—2017 年海滩垃圾平均个数均处于 14 万个/km^2 水平，2018 年则降低到 56 471 个/km^2。2019 年三亚湾海域海滩垃圾明显增多，达 326 720 个/km^2。2020 年有所下降，为 239 900 个/km^2。

“十三五”时期末（2020 年）与“十二五”时期末（2015 年）相比，三亚湾海域海滩垃圾平均个数上升了 50.7%。

（三）海底垃圾

“十三五”期间，三亚湾海域海底垃圾呈现波动上升趋势。垃圾类型仍以渔网和渔线等塑料类制品为主。

2016—2019 年，海底垃圾平均个数由不足 1 000 个/km^2 逐年上升至 10 000 个/km^2 以上，2020 年下降至 4 800 个/km^2。

“十三五”时期末（2020 年）与“十二五”时期末（2015 年）相比，三亚湾海域海底垃圾平均个数下降了 57.9%。

三、变化原因分析

“十三五”期间，三亚湾海域海面漂浮垃圾和海底垃圾整体呈现出下降的趋势，这可能与三亚试点海上环卫制度有关，但近两年海滩垃圾有上升趋势。调查到的海滩垃圾中以烟头、塑料居多，其次是啤酒瓶盖、易拉罐盖，这些垃圾均为人类活动所致，可能与三亚湾日益增多的游客有关。

第七节　海水养殖区环境质量

一、现状

2020年，海口东寨港、临高后水湾、陵水黎安港、陵水新村港、文昌冯家湾、万宁小海等6个海水养殖区综合环境质量等级均为优良，满足养殖功能需求。

（一）水质状况

6个海水养殖区水质总体良好，大部分监测指标达到二类海水水质标准，基本满足养殖功能的要求。除临高后水湾海水增养殖区外，其余5个海水养殖区个别时段个别监测指标劣于二类海水水质标准，主要超标指标为粪大肠菌群、活性磷酸盐和无机氮。

（二）沉积物质量状况

6个海水养殖区沉积物质量良好，仅陵水新村港海水养殖区部分点位有机碳含量劣于一类海洋沉积物质量标准，其余5个海水养殖区各项监测指标均达到一类海洋沉积物质量标准。

（三）生物质量状况

6个海水养殖区生物质量总体良好，大部分监测指标达到一类海洋生物质量标准，基本满足养殖功能的要求，个别时段个别监测指标劣于一类海洋生物质量标准，主要超标指标为粪大肠菌群、铅和石油烃。

（四）贝毒状况

6个海水养殖区的贝类中均未检出麻痹性贝毒（PSP）和腹泻性贝毒（DSP）。

二、“十三五”期间变化趋势分析

“十三五”期间，除2018年陵水黎安港海水增养殖区综合环境质量等级为较好外，其余各年份各养殖区综合环境质量等级均为优良。

从海水养殖区环境质量综合指数（EQI）上看，除 2018 年陵水黎安港增养殖区 EQI 为 81.2 外，其余各年度各养殖区 EQI 在 91.6～100 波动，变化幅度不大。秩相关系数法分析结果表明，“十三五”期间监测的 4 个海水养殖区 EQI 无显著变化。

“十三五”时期末（2020 年）与“十二五”时期末（2015 年）相比，持续监测的 4 个海水养殖区综合环境质量等级保持优良，EQI 均略有上升。

第八节　海洋工程建设项目环境质量

一、现状

2020 年，儋州海花岛、海口如意岛、海口南海明珠、文昌南海妈祖世界和平岛、三亚红塘湾、万宁日月岛等 6 个海洋工程建设项目周边海域水质均为优，沉积物质量均为良好。

各监测点位水质监测指标中，除春季海口南海明珠和三亚红塘湾各有 1 个点位石油类含量达到三类海水水质标准、夏季海口南海明珠和万宁日月岛各有 1 个点位铅含量达到二类海水水质标准外，其余各监测点位监测指标均达到一类海水水质标准。

各监测点位沉积物监测指标均达到一类海洋沉积物质量标准。

二、“十三五”期间变化趋势分析

2017—2020 年，6 个海洋工程建设项目中，除 2018 年 8 月海口如意岛周边海域水质一般外，其余工程项目周边海域水质均为优或良好。2018 年 8 月海口如意岛和 2020 年 5 月海口南海明珠周边海域受石油类影响出现三类水质点位。

6 个海洋工程建设项目中，除 2017 年儋州海花岛、海口如意岛、南海妈祖世界和平岛和海口南海明珠周边海域沉积物质量一般外，其余工程项目周边海域沉积物质量均为良好且一类沉积物质量比例为 100%，沉积物质量有所好转。2017 年儋州海花岛周边海域受镉和铜影响出现二类沉积物质量点位，2017 年海口如意岛、南海妈祖世界和平岛和海口南海明珠周边海域受镉影响出现二类沉积物质量点位。

（一）儋州海花岛海洋工程建设项目

2017—2020 年，儋州海花岛海洋工程建设项目水质除 2019 年 5 月水质良好外，其余监测时段均为优，水质优良点位比例均为 100%，仅 2019 年一类水质比例未达 100%，水质呈先下降后上升趋势；除 2017 年沉积物质量为二类的比例为 100%，2018—2020 年沉积物质量为一类的比例均为 100%，沉积物质量有所好转。

（二）海口如意岛海洋工程建设项目

2017—2020 年，海口如意岛海洋工程建设项目水质除 2017 年 7 月和 2019 年 5 月水质良好，2018 年 8 月水质一般外，其余监测时段均为优且一类水质比例均为 100%，2018 年 8 月存在三类水质，超标指标为石油类，水质呈先下降后上升趋势；除 2017 年沉积物质量出现二类，2018—2020 年沉积物质量为一类的比例均为 100%，沉积物质量有所好转。

（三）南海妈祖世界和平岛海洋工程建设项目

2017—2020 年，南海妈祖世界和平岛海洋工程建设项目水质均为优，水质优良点位比例均为 100%，仅 2019 年 5 月一类水质比例未达 100%。水质呈先下降后上升趋势；除 2017 年沉积物质量为二类的比例为 100%，2018—2020 年沉积物质量为一类的比例均为 100%，沉积物质量有所好转。

（四）海口南海明珠海洋工程建设项目

2017—2020 年，海口南海明珠海洋工程建设项目水质除 2020 年 5 月水质良好外，其余监测时段均为优且水质优良点位比例均为 100%，2020 年 5 月存在三类水质，超标指标为石油类，水质呈先下降后上升趋势；除 2017 年沉积物质量出现二类外，2018—2020 年沉积物质量为一类的比例均为 100%，沉积物质量有所好转。

（五）三亚红塘湾海洋工程建设项目

2017—2020 年，三亚红塘湾海洋工程建设项目水质除 2019 年 5 月和 2020 年 5 月水质良好外，其余监测时段水质均为优且一类水质比例均为 100%。2020 年 5 月存在三类水质，超标指标为石油类，水质呈先下降后上升趋势；2017—2020 年沉积物质量为一类的比例保持为 100%。

（六）万宁日月岛海洋工程建设项目

2017—2020年，万宁日月岛海洋工程建设项目水质除2017年7月和2019年5月水质良好外，其余监测时段均为优且水质优良点位比例均为100%，水质呈上升趋势。2017—2020年沉积物质量为一类的比例保持为100%。

第九节　原因分析

一是位于封闭、半封闭的个别海湾水质长年劣于二类，水体交换能力差，污染来源复杂。万宁小海近岸海域水质长年劣于二类，文昌八门湾旅游休闲娱乐区、清澜红树林自然保护区和三亚榆林港水质多年劣于二类，多以氮、磷等营养盐污染为主，主要原因是以上海域位于封闭或半封闭海湾、入海河口、养殖集中区、港口等，受入海河流携带、夹带的沿河两岸镇村生活污染源和农业面源影响，以及周边养殖废水、港口废水影响，加之封闭、半封闭海湾水体交换能力差、污染物扩散困难等不利条件，造成水质污染。

二是珊瑚礁保护力度加大使得珊瑚礁覆盖度逐步回升，但海草床生态系统破坏严重仍未引起重视。西沙群岛珊瑚礁平均覆盖度和造礁石珊瑚平均补充量均呈逐年上升趋势，海南岛东海岸珊瑚礁监测海域造礁石珊瑚平均覆盖度近两年也有所上升，得益于近年来政府严格把关用海企业的申请和开发管理，加大环境保护力度，提升了公众的环保意识，增加了违法成本，使珊瑚礁得以休养生息。海湾沿岸的海草床生态系统健康状况基本良好，但近年来受暴雨和海洋工程等的直接或间接影响，面积有所下降；而潟湖类型的海草床由于人为的直接清除以及养殖活动、旅游活动和日常生活引起的营养负荷影响，出现海草床衰落。

三是全球变暖导致海水升温，珊瑚礁白化问题仍然存在，浮游动植物丰度有所变化。近十年来海南省海水温度年均值呈上升趋势，浮游植物丰度大幅下降，浮游动物丰度有所上升。同时，海水升温也导致了珊瑚白化与死亡。

四是受旅游业发展影响，海滩垃圾增多。三亚湾海滩垃圾近两年有上升趋势，调查到的海滩垃圾中以烟头、塑料居多，其次是啤酒瓶盖、易拉罐盖，明显为人类活动的产物，可能与三亚湾游客日益增多有关。

第十节 小 结

一、结论

（一）近岸海域水质总体保持为优，局部海域水质污染仍未明显改善，沉积物质量稳中向好

2020 年，海南省近岸海域海水水质总体为优，优良水质面积比例为 99.88%，优良水质点位比例为 95.6%；沉积物质量总体良好，沉积物质量为一类的点位比例为 100%。

“十三五”期间，海南省近岸海域水质总体保持为优，优良水质点位比例基本保持在95%左右，以一类海水为主，万宁小海等局部海域水质长年劣于二类，主要污染指标为活性磷酸盐、化学需氧量、无机氮和粪大肠菌群。沉积物质量总体稳中向好，以一类沉积物为主，沉积物质量为一类的点位比例逐年上升至100%，二类沉积物主要受铬、砷影响。

“十三五”时期末（2020 年）与“十二五”时期末（2015 年）相比，海南省近岸海域优良水质点位比例基本持平，劣四类水质点位数由 3 个减少为 1 个；沉积物质量为一类的点位比例上升了 6.9 个百分点。

（二）海洋生物多样性较丰富，浮游动植物丰度和大型底栖生物栖息密度有所变化；珊瑚礁生态系统有缓慢恢复的迹象，海草床生态系统海草覆盖度持续下降

“十二五”至“十三五”期间，海南省近岸海域浮游动植物和大型底栖生物多样性指数以Ⅱ级为主。浮游植物物种数保持在较高水平，丰度大幅下降；浮游动物物种数增加，丰度波动上升；大型底栖生物物种数保持稳定，栖息密度和生物量均有所下降。与“十二五”期间相比，“十三五”期间浮游植物多样性指数略有提高，浮游动物和大型底栖生物多样性指数无明显变化。

2020年，珊瑚礁生态系统处于健康状态，海草床生态系统处于亚健康状态。其中，西沙群岛造礁石珊瑚平均覆盖度为23.5%，海南岛东海岸造礁石珊瑚平均覆盖度为18.0%，

海南岛东海岸海草床平均覆盖度为16.0%。“十三五”期间，西沙群岛造礁石珊瑚平均覆盖度逐年上升，海南岛东海岸造礁石珊瑚平均覆盖度略有波动，海南岛东海岸海草床平均覆盖度逐年下降。“十三五”时期末（2020年）与“十二五”时期末（2015年）相比，西沙群岛和海南岛东海岸造礁石珊瑚平均覆盖度分别上升20.7个百分点和1.8个百分点，海南岛东海岸海草床平均覆盖度下降9.9个百分点。

（三）重点港湾水质基本满足所属海洋功能区环境保护要求

2020 年，重点港湾近岸海域大部分监测指标均达到或优于二类海水水质标准，基本满足所属海洋功能区环境保护要求，仅个别时段、个别点位水质受石油类和铅影响，未能满足所属海洋功能区环境保护要求。

“十三五”期间，重点港湾水质总体为优，水质呈先下降后上升的趋势。除清澜湾、博鳌港、陵水湾、洋浦湾—白马井、马村港个别季节出现水质一般的情况外，重点港湾水质以优或良好为主。“十三五”时期末（2020 年）与“十二五”时期末（2015 年）相比，重点港湾水质总体呈上升趋势。

（四）海水浴场水质优良，海洋垃圾受人为活动影响较大

海口假日海滩、三亚大东海和亚龙湾三大国家重点海水浴场水质以优、适宜游泳为主。三亚湾海域海面漂浮垃圾和海底垃圾数量呈下降趋势，海滩垃圾数量近两年有上升趋势，垃圾类型以塑料和人造物品为主。

（五）海水养殖区环境质量优良，海洋工程建设项目周边环境质量基本稳定

“十三五”期间，海口东寨港、临高后水湾、陵水黎安港、陵水新村港、文昌冯家湾、万宁小海 6 个养殖区中，除 2018 年陵水黎安港海水增养殖区的综合环境质量等级为较好外，其余养殖区均为优良。“十三五”时期末（2020 年）海口东寨港、临高后水湾、陵水黎安港、陵水新村港 4 个养殖区的综合环境质量等级较“十二五”时期末（2015 年）无变化。

2017—2020 年，6 个海洋工程建设项目周边海域水质除 2018 年 8 月海口如意岛水质一般外，其余海洋工程建设项目水质均为优或良好，个别时段出现三类水质主要是受石油类污染影响。除 2017 年儋州海花岛、海口如意岛、南海妈祖世界和平岛和海口南

海明珠生态岛沉积物质量出现二类外，其余各年份各项目一类沉积物质量比例均为100%，沉积物质量状况有所好转。

二、对策与建议

（一）严格控制入海污染物排放量

组织落实《海南省农村生活污水处理设施水污染排放标准》，切实加强农村生活污水治理，研究制定“十四五”期间不达标水体治理方案，使入海河流水质得到进一步提升。落实入河、入海排污口清单管理制度，以流域、海洋保护目标和环境容量确定入河、入海排污口的氮、磷等主要污染物的控制要求，倒逼加大排河、排海污染源污染治理力度，减少入河、入海污染物排放总量。

（二）优化潟湖养殖结构，开展生态健康养殖模式

严格管控海水养殖尾水排放，推行海水养殖尾水集中生态化处理。压缩围海养殖总量，推动海水养殖环保设施建设与清洁生产。万宁小海等潟湖内进行养殖，必须根据优化的养殖结构和适度的养殖容量，科学规划和宏观调控养殖规模，推广和发展生态健康的养殖技术，建立海洋生态健康养殖模式，减少盲目开发利用造成的污染，坚持开发中保护，保护中开发的原则，实现可持续发展。

（三）强化陆海统筹保护发展

建立“水陆统筹、以水定陆；陆海统筹、以海定陆”的管理体系。落实“湾长制”，开展“一湾一策”精准治理，加快推进万宁小海等重点海湾污染综合整治和生态修复。整治与修复砂质海滩和亲水岸线，拓展公众亲海岸、滩岸线。分类、分批建设美丽海湾先行示范区。

（四）加强海洋生态系统保护与修复

加大重要海洋生物资源及其栖息地保护力度，加强海洋各类保护地建设和规范管理。全面开展海南省海洋生态环境管理现状调研，摸清海洋生态环境家底，知短板、明弱项，梳理突出环境问题清单，以问题为导向，因地制宜、精准施策，为“十四五”时期海洋

生态环境保护工作奠定基础，加快海洋强省建设。

（五）强化海洋环境保护宣传教育

开展海洋环境保护普法教育和警示教育，增强公众海洋环境保护法制观念和维权意识。把海洋环境保护的法律法规和有关知识，列为沿海各级政府干部轮训的重要内容。沿海乡镇要积极组织村民开展海洋环境保护宣传教育，各级政府和有关部门要开展多层次、全方位、形式多样的海洋环境保护宣传活动，提高全民的海洋环保意识和参与意识。

专栏 7　重点工业园区、主要滨海旅游区近岸海域水质满足要求

2020 年，每季度对洋浦经济开发区、东方工业园区和老城开发区三大工业区近岸海域水质开展监测，监测项目包括水温、透明度、pH、盐度、溶解氧、化学需氧量、亚硝酸盐氮、硝酸盐氮、氨氮、活性磷酸盐、石油类、悬浮物共 12 项；每季度对海口、澄迈、文昌、琼海、万宁、陵水、三亚和昌江 8 个市县的假日海滩、桂林洋、东寨红树林、亚龙湾、大东海、三亚湾、天涯海角、蜈支洲岛、西岛、海棠湾、盈滨半岛、铜鼓岭、东郊椰林、高隆湾、冯家湾、博鳌湾、石梅湾、香水湾、陵水湾和棋子湾共 20 个主要滨海旅游区近岸海域水质开展监测，监测项目包括水温、透明度、pH、盐度、溶解氧、化学需氧量、亚硝酸盐氮、硝酸盐氮、氨氮、活性磷酸盐、粪大肠菌群共 11 项。

洋浦经济开发区、东方工业园区和老城经济开发区三大工业园区 15 个监测点位近岸海域所有监测指标年均值均达到或优于二类海水水质标准，满足海洋功能区环境保护要求，同比无明显变化。其中，所有监测指标年均值均达到一类标准的监测点位占比达 95%。除第三季度个别点位出现化学需氧量符合三类标准外，其余各季度各项监测指标均达到或优于二类标准。

8 个市县 20 个主要滨海旅游区近岸海域所有监测点位所有监测指标年均值均达到或优于二类海水水质标准，满足海水浴场、人体直接接触海水的海上运动区或娱乐区的水质要求，同比无明显变化。其中，所有监测指标年均值均达到一类标准的监测点位占比达 95%。所有监测点位各季度各项监测指标均达到或优于二类标准。

专栏 8 海洋环境灾害状况

赤潮和绿潮 “十三五”期间，海南省共发生 11 起赤潮和绿潮事件，涉及面积为 47.365 km^2，其中涉及面积最大的是 2017 年 1 月 21 日至 2 月 4 日发生在儋州白马井至洋浦湾近岸海域的赤潮事件，面积达 30 km^2；2016 年发生赤潮和绿潮事件最多，达 6 起。“十三五”时期末（2020 年）与“十二五”时期末（2015 年）相比，赤潮发生的频率降低，涉及面积也有所减少。

海岸侵蚀 “十三五”期间，在海平面上升、海浪、风暴潮等因素的作用下，海南岛部分岸线受到海岸侵蚀的影响较为明显，主要有三亚亚龙湾、万宁乌场、海口市东海岸、昌江核电厂南侧、东方市新龙镇、东方市华能电厂等岸段，年平均侵蚀距离为 0.2～6.72 m。海南岛海岸侵蚀严重的岸段主要发生在砂质海岸，砂质岸线是海南岛的主要海岸线类型，也是最不稳定的岸线类型，极易遭受侵蚀后退。海岸侵蚀造成土地流失，房屋、道路、沿岸工程和旅游设施损毁，给沿海地区的社会经济带来较大损失。

第七章
声环境

“十三五”期间，海南省区域昼间声环境质量总体较好，夜间为一般；海南省道路交通昼间声环境质量为好，夜间为较好；海南省各类功能区声环境昼间总点次达标率保持在 91%以上，夜间总点次达标率低于昼间，保持在 65%以上。

第一节　声环境质量现状

一、区域声环境质量现状

2020 年，海南省 18 个市县（不含三沙市）开展了城市区域昼间声环境质量监测，网格测点共 1 723 个，覆盖市县建成区区域面积 300.02 km^2。

（一）平均等效声级及等级

2020 年，海南省区域昼间声环境质量总体较好，平均等效声级为 54.3 dB（A）。海南省 18 个市县（不含三沙市）区域昼间平均等效声级为 49.0（白沙）～59.5 dB（A）（临高），区域昼间声环境质量为好（一级）的市县有 1 个，占比为 5.5%；较好（二级）的市县有 10 个，占比为 55.6%；一般（三级）的市县有 7 个，占比为 38.9%（图 2-7-1）。区域昼间声环境质量一般的市县主要集中在北部及西部。

与 2019 年相比，2020 年海南省区域昼间声环境质量总体无明显变化，平均等效声级上升 0.1 dB（A）；区域昼间声环境质量为好（一级）的市县数量上升 1 个，较好（二级）的市县数量下降 2 个，一般（三级）的市县数量上升 2 个，较差（四级）的市县数量下降 1 个。

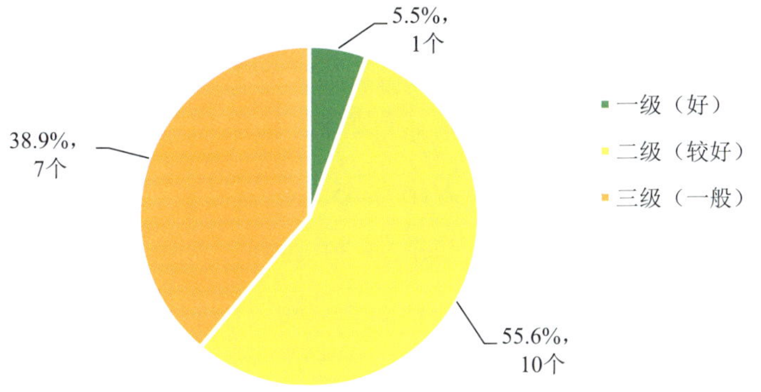

图 2-7-1　2020 年海南省各市县区域昼间声环境质量分布比例

从城市（镇）区域昼间噪声等效声级分析，海口、定安、昌江、陵水、保亭等 5 个市县等效声级同比有所上升，上升幅度为 0.1（陵水）～5.3 dB（A）（昌江）；三亚、儋州、五指山、琼海、文昌、万宁、屯昌、澄迈、临高、乐东、白沙、琼中等 12 个市县等效声级同比有所下降，下降幅度为 0.3（琼海、屯昌、琼中）～2.8 dB（A）（文昌）；东方市等效声级持平。

从城市（镇）区域昼间噪声总体水平等级分析，三亚、临高、白沙等 3 个市县区域昼间声环境质量同比有所上升，其中白沙由较好上升为好，三亚由一般上升为较好，临高由较差上升为一般；定安、昌江等 2 个市县区域昼间声环境质量同比有所下降，均由较好下降为一般；其余市县区域昼间声环境质量无明显变化。

2019—2020 年海南省各市县城市（镇）区域昼间声环境监测结果见图 2-7-2。

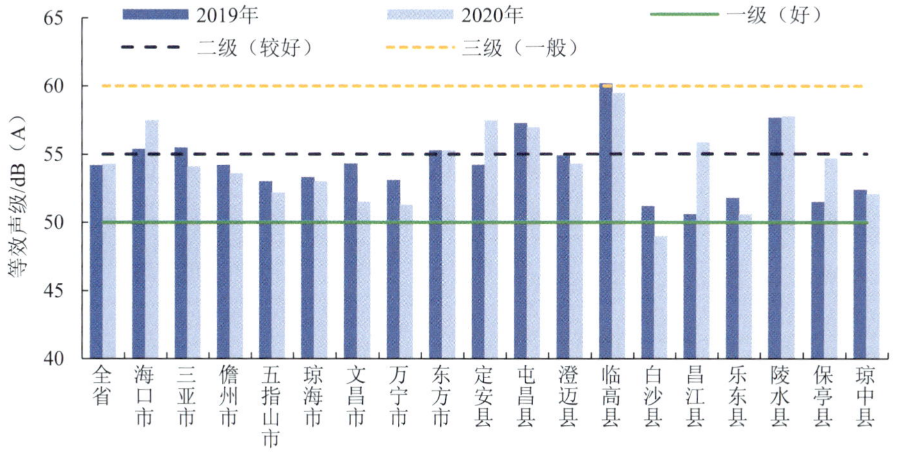

图 2-7-2　2019—2020 年海南省各市县城市（镇）区域昼间声环境监测结果

（二）声源构成

2020 年，海南省区域昼间声环境质量声源构成中社会生活噪声占比最大，交通噪声次之。声源构成为：社会生活噪声占比为 65.3%，交通噪声占比为 24.0%，工业噪声占比为 7.4%，施工噪声占比为 3.3%（图 2-7-3）。

与 2019 年相比，2020 年社会生活、工业噪声占比分别上升了 2.7 个百分点和 0.1 个百分点，交通、施工噪声占比分别下降了 2.7 个百分点和 0.1 个百分点。

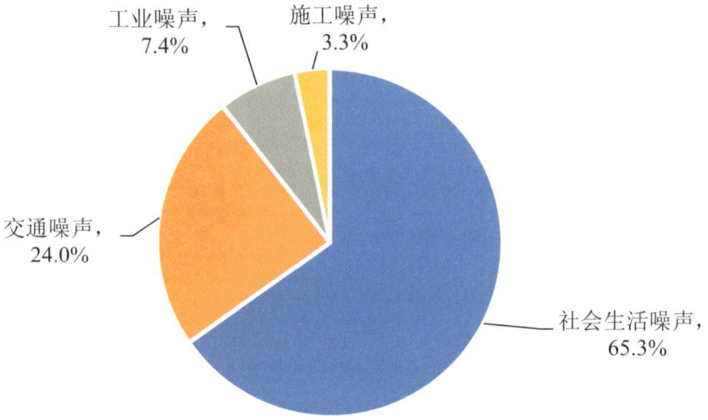

图 2-7-3　2020 年海南省各市县区域昼间声环境质量声源构成

二、道路交通声环境质量现状

2020 年，海南省 18 个市县（不含三沙市）开展了道路交通昼间声环境质量监测，测点总数 388 个，监测路段共 300 条，监测道路总长度为 814.6 km。

海南省道路交通昼间声环境总体为好，等效声级长度加权平均值为66.2 dB（A）。海南省18个市县（不含三沙市）道路交通昼间等效声级长度加权平均值范围为63.2（澄迈）～69.4 dB（A）（文昌），道路交通昼间声环境质量为好（一级）的市县有16个，占比为88.9%；较好（二级）的市县有2个，占比为11.1%（图2-7-4）。

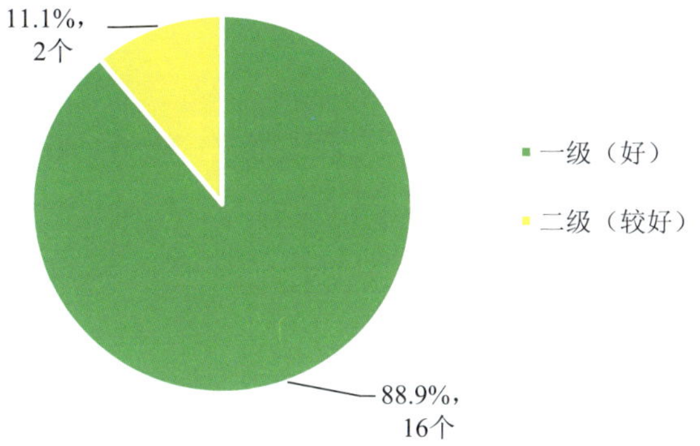

图 2-7-4　2020 年海南省各市县道路交通昼间声环境质量分布比例

与 2019 年相比，2020 年海南省道路交通昼间声环境质量总体无明显变化，等效声级长度加权平均值下降 0.7 dB（A）；道路交通昼间声环境质量为好（一级）的市县数量上升 2 个，较好（二级）的市县数量下降 1 个，一般（三级）的市县数量下降 1 个。

从城市（镇）道路交通昼间噪声等效声级分析，儋州、临高、白沙、保亭等 4 个市县等效声级长度加权平均值同比均有所上升，上升幅度为 0.7（白沙）～3.3 dB（A）（保亭）；其余市县等效声级长度加权平均值同比有所下降，下降幅度为 0.1（东方）～4.1 dB（A）（昌江）。

从城市（镇）道路交通昼间噪声强度等级分析，海口、三亚、昌江等 3 个市县道路交通昼间声环境质量同比均有所上升，其中海口和昌江均由较好上升为好，三亚由一般上升为较好；其余市县道路交通昼间声环境质量无明显变化（图 2-7-5）。

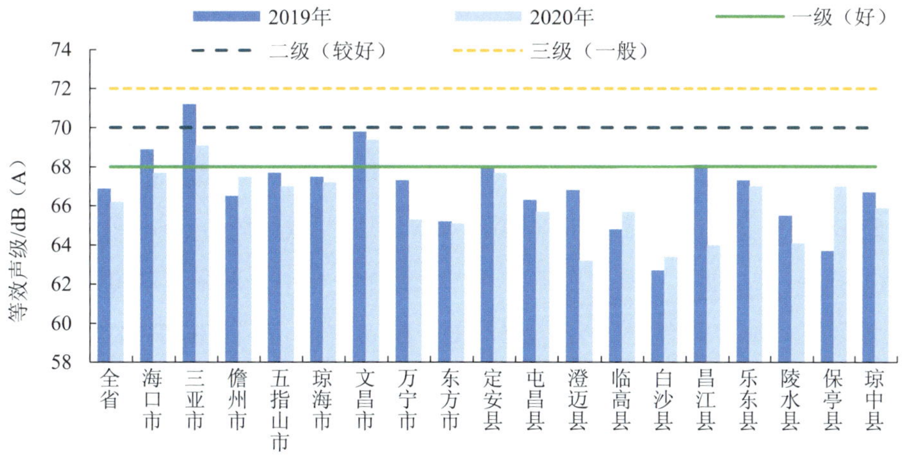

图 2-7-5　2019—2020 年海南省各市县城市（镇）昼间道路交通声环境监测结果

三、功能区声环境质量现状

2020 年，海口、三亚、琼海、陵水、万宁、澄迈、临高等 7 个市县开展功能区声环境质量监测，测点总数 48 个，全年共监测 384 点次，昼间、夜间各监测 192 点次。

（一）功能区声环境质量达标率

2020 年，海南省各类功能区昼间总点次达标率为 95.3%，夜间总点次达标率为 87.0%。其中，1 类区（文教居住区）昼间、夜间达标率分别为 86.1%和 75.0%；2 类区（居住、商业、工业混杂区）昼间、夜间达标率分别为 97.9%和 94.8%；3 类区（工业区）昼间、夜间达标率均为 83.3%；4a 类区（高速公路、一二级公路、城市快速路、城市主次干路等交通干线两侧区域）昼间、夜间达标率分别为 100%和 81.3%。

从功能区类型来看，昼间达标率中 3 类区（工业区）低于其余功能区，夜间达标率中 1 类区（文教居住区）低于其余功能区。从市县分布来看，临高、陵水的达标率低于其余监测市县。

与 2019 年相同测点（海口和三亚）相比，2020 年昼间、夜间达标率分别上升 6.3 个百分点和 25.1 个百分点；1 类功能区昼间、夜间达标率分别上升 19.0 个百分点和 37.8 个百分点；2 类功能区昼间、夜间达标率分别上升 4.3 个百分点和 8.7 个百分点；3 类、4a 类功能区夜间达标率分别上升 25.0 个百分点和 47.7 个百分点，昼间达标率均持平。

（二）功能区声环境质量等效声级

2020 年，海南省各类功能区昼间、夜间噪声平均等效声级均符合相应功能区声环境质量标准。其中，1 类功能区（文教居住区）昼间平均等效声级为 50 dB（A），夜间为 43 dB（A）；2 类功能区（居住、商业、工业混杂区）昼间平均等效声级为 53 dB（A），夜间为 45 dB（A）；3 类功能区（工业区）昼间平均等效声级为 59 dB（A），夜间为 51 dB（A）；4a 类功能区（高速公路、一二级公路、城市快速路、城市主次干路等交通干线两侧区域）昼间平均等效声级为 58 dB（A），夜间为 51 dB（A）。

与 2019 年相同测点（海口、三亚）相比，2020 年 2 类功能区昼间噪声等效声级持平，其余功能区昼间、夜间噪声等效声级均有所下降，下降幅度为 2～5 dB（A）。

2020 年海南省各类功能区昼间、夜间声环境质量见图 2-7-6。

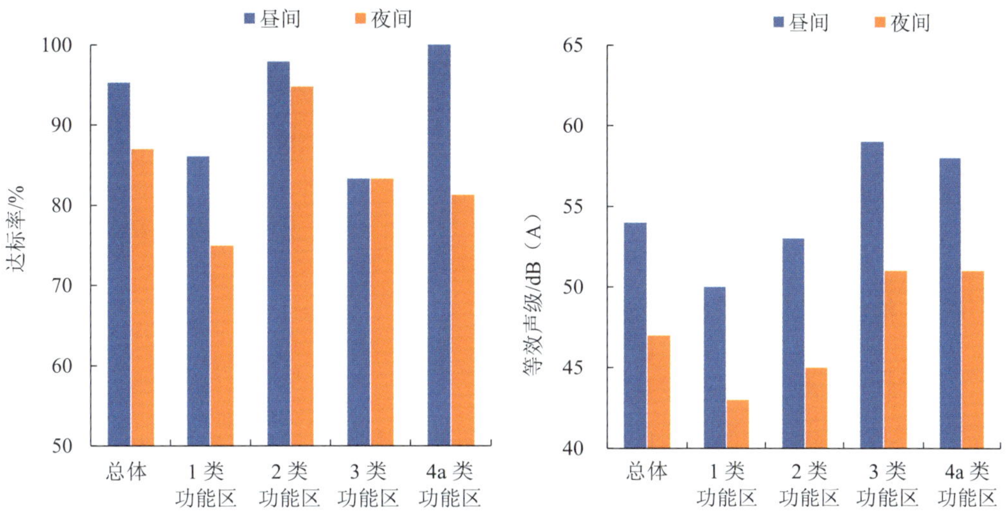

图 2-7-6 2020 年海南省各类功能区昼间、夜间声环境质量

2020 年海南省重点城市功能区声环境质量见图 2-7-7。

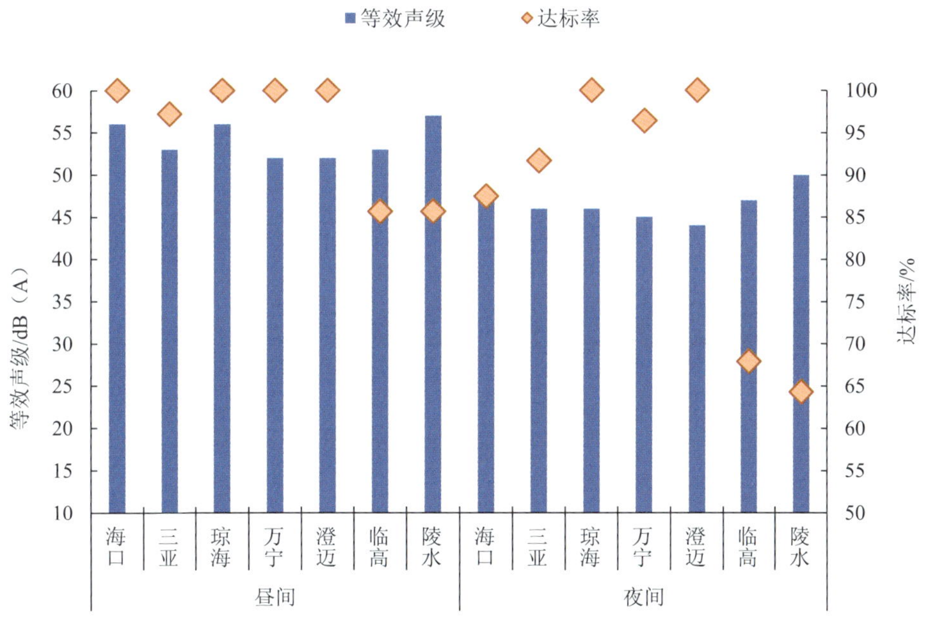

图 2-7-7 2020 年海南省重点城市功能区声环境质量

第二节 “十三五”期间声环境质量变化趋势分析

一、区域声环境质量变化趋势分析

（一）海南省区域声环境质量年际变化

1. 平均等效声级和等级变化

“十三五”期间，海南省区域昼间声环境质量均处于较好水平，平均等效声级为 53.2～54.3 dB（A），秩相关系数为 1.000，呈逐年显著上升趋势。“十三五”时期末（2020 年）与“十二五”时期末（2015 年）相比，海南省区域昼间声环境质量总体保持较好，平均等效声级上升 1.3 dB（A）（图 2-7-8）。

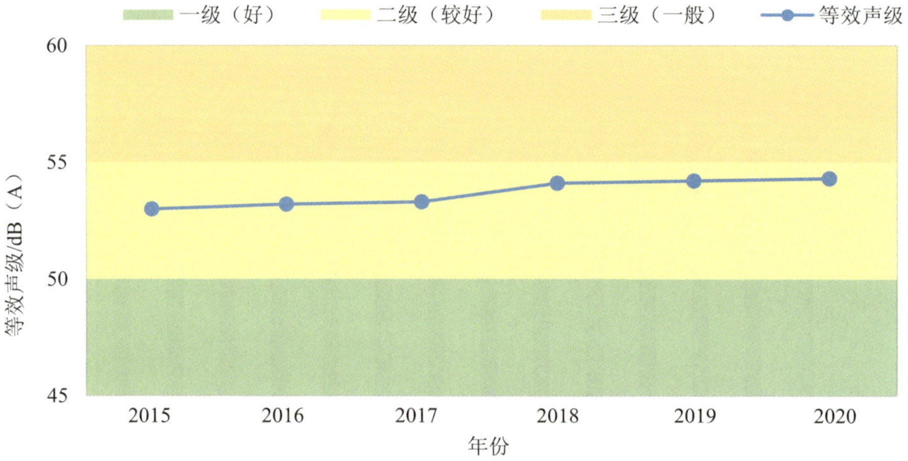

图 2-7-8 2015—2020 年海南省区域昼间声环境质量

“十三五”期间，海南省区域夜间声环境质量处于一般水平，平均等效声级为 46.5 dB（A）。与“十二五”期间相比，海南省区域夜间声环境质量总体保持一般，平均等效声级上升 1.0 dB（A）。

2. 声源构成变化

“十三五”期间，海南省区域昼间噪声声源构成变化不大。社会生活噪声占比稳定在 61%以上，为影响海南省区域昼间声环境质量的主要声源，自 2018 年起呈逐年上升趋势；交通噪声占比保持在 24.0%～27.9%，为仅次于社会生活噪声的主要声源，自 2018 年起呈逐年下降趋势；工业、施工噪声后 3 年占比明显高于前 2 年，占比分别控制在 8%、4%以内。“十三五”时期末（2020 年）与“十二五”时期末（2015 年）相比，海南省区域昼间噪声声源中社会生活、交通噪声占比分别下降了 4.7 个百分点和 2.8 个百分点，工业、施工噪声占比分别上升了 5.6 个百分点和 1.9 个百分点（图 2-7-9）。

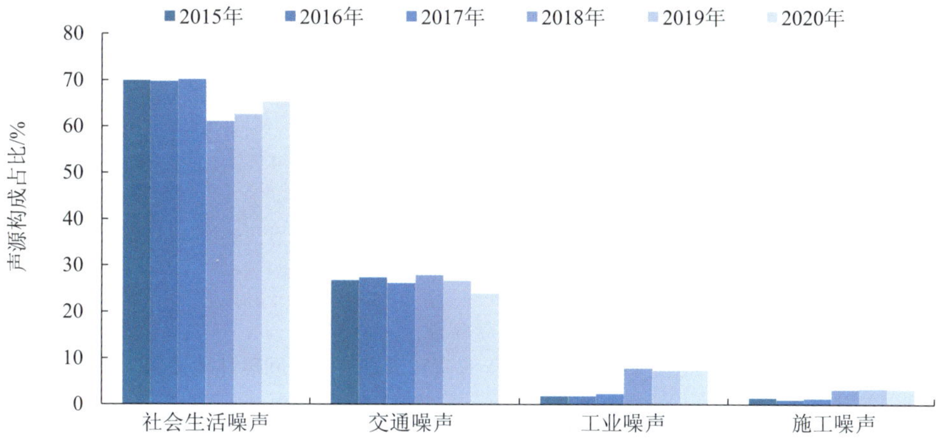

图 2-7-9 2015—2020 年海南省区域昼间噪声声源占比

“十三五”期间，海南省区域夜间噪声声源构成：社会生活噪声占比为 65.9%，交通噪声占比为 28.4%，工业噪声占比为 4.4%，施工噪声占比为 1.3%。与“十二五”期间相比，海南省区域昼间噪声声源中社会生活噪声占比下降了 5.8 个百分点，交通噪声、工业噪声、施工噪声占比分别上升了 3.0 个百分点、2.5 个百分点和 0.3 个百分点。

（二）各市县区域声环境质量年际变化

秩相关系数法分析结果表明，“十三五”期间昌江县区域昼间噪声等效声级呈显著上升趋势，东方市呈显著下降趋势，其余市县无显著变化。

二、道路交通声环境质量变化趋势分析

（一）海南省道路交通声环境质量年际变化

“十三五”期间，海南省道路交通昼间声环境质量均为好，等效声级长度加权平均

值为 66.2～67.1 dB（A），秩相关系数为−0.900，无显著变化。“十三五”时期末（2020 年）与“十二五”时期末（2015 年）相比，海南省道路交通昼间声环境质量总体保持为好，等效声级长度加权平均值下降 0.7 dB（A）（图 2-7-10）。

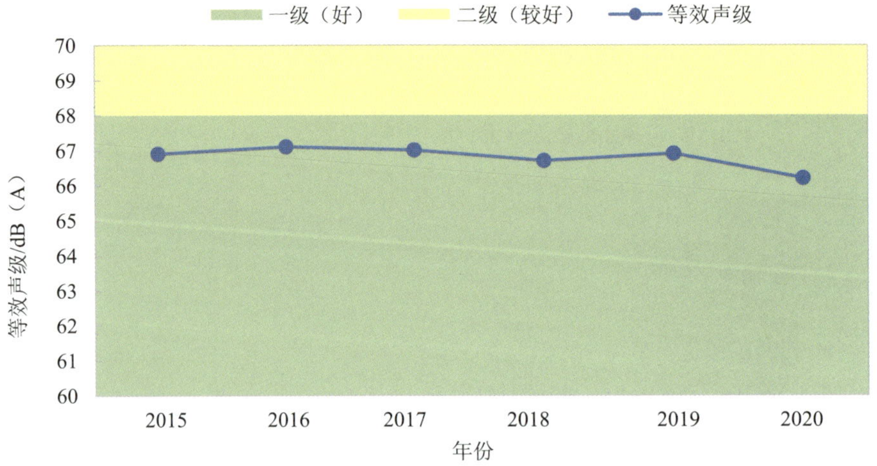

图 2-7-10　2015—2020 年海南省道路交通昼间声环境质量

“十三五”期间，海南省道路交通夜间声环境质量为较好，等效声级长度加权平均值为 58.4 dB（A）。与“十二五”期间相比，海南省道路交通夜间声环境质量总体由好下降为较好，平均等效声级上升 0.8 dB（A）。

（二）各市县道路交通声环境质量年际变化

秩相关系数法分析结果显示，“十三五”期间琼海市和东方市道路交通昼间噪声等效声级长度加权平均值呈显著下降趋势，其余市县无显著变化。

三、功能区声环境质量变化趋势分析

（一）功能区声环境质量达标率年际变化

“十三五”期间，海口市、三亚市功能区昼间声环境质量总体达标率显著高于夜间，昼间声环境质量达标率为91.8%～98.1%；夜间声环境质量达标率波动较大，为65.3%～90.4%。其中1类功能区昼间、夜间声环境质量达标率波动较大，昼间声环境质量达标率呈波动变化趋势，为72.7%～97.1%，夜间声环境质量达标率呈先下降后上升趋势，为

45.5%～100%；2类功能区昼间、夜间声环境质量达标率均呈先下降后上升趋势，其中昼间声环境质量达标率波动较小，为95.7%～100%，夜间声环境质量达标率波动较大，为79.2%～100%；3类功能区昼间声环境质量达标率稳定保持在100%，夜间声环境质量达标率呈上升趋势，为50.0%～100%；4a 类功能区昼间声环境质量达标率稳定保持在100%，夜间声环境质量达标率波动较大，为27.3%～75.0%。

“十三五”时期末（2020 年）与“十二五”时期末（2015 年）相比，功能区昼间声环境质量总体达标率持平，夜间声环境质量总体达标率上升 21.2 个百分点。1 类功能区昼间声环境质量达标率下降 8.3 个百分点，夜间声环境质量达标率下降 16.7 个百分点；2 类功能区昼间声环境质量达标率上升 4.2 个百分点，夜间声环境质量达标率上升 16.7 个百分点；3 类功能区昼间声环境质量达标率持平，夜间声环境质量达标率上升 75.0 个百分点；4a 类功能区昼间声环境质量达标率持平，夜间声环境质量达标率上升 50.0 个百分点。

2015—2020 年海南省各功能区昼间、夜间声环境质量达标率见图 2-7-11。

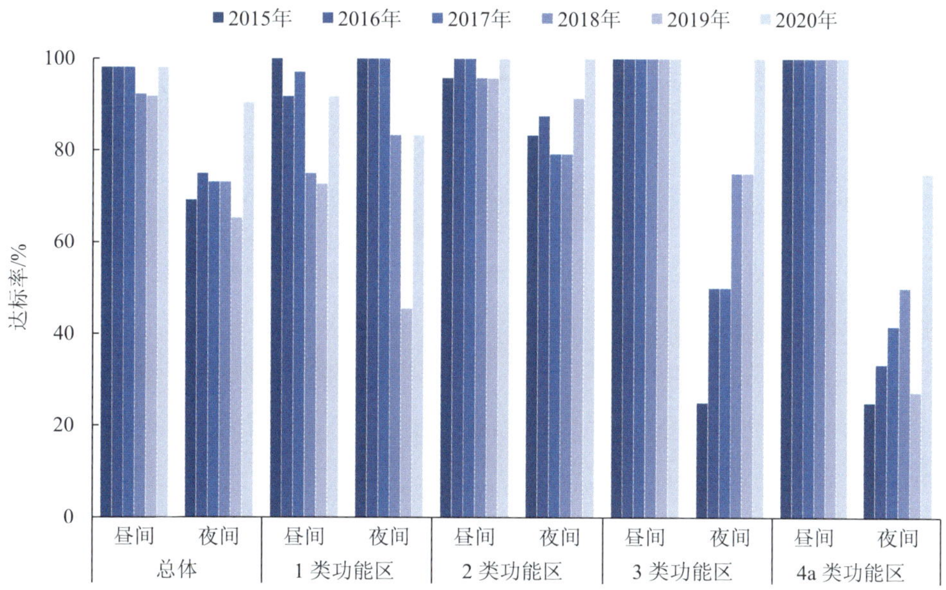

图 2-7-11　2015—2020 年海南省各功能区昼间、夜间声环境质量达标率

（二）功能区声环境质量等效声级年际变化

“十三五”期间，海南省仅海口市、三亚市连续开展功能区声环境质量监测，各类功能区昼间和夜间等效声级变化趋势基本一致，均呈下降趋势。其中 1 类功能区昼间、夜间等效声级均在 2019 年达到峰值，2020 年降至最低；2 类功能区昼间、夜间等效声级分别在 2018 年、2019 年达到峰值，均在 2020 年降至最低；3 类功能区昼间、夜间等效声级均在 2016 年达到峰值，2020 年降至最低；4a 类功能区昼间、夜间等效声级均在 2019 年达到峰值，2020 年降至最低（图 2-7-12）。

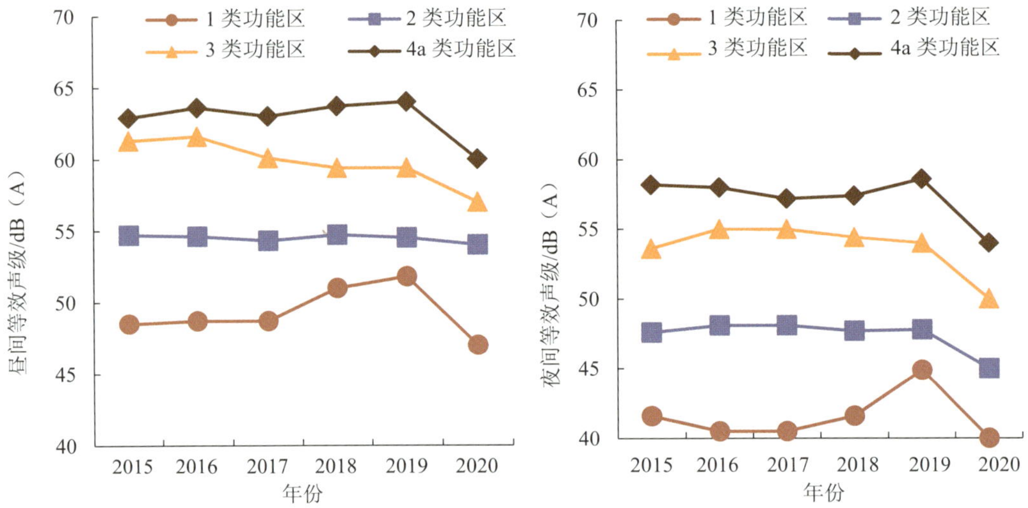

图 2-7-12　2015—2020 年海口、三亚功能区平均等效声级

“十三五”时期末（2020 年）与“十二五”时期末（2015 年）相比，各类功能昼间、夜间等效声级均有下降，昼间下降幅度为 0.7～4.3 dB（A），夜间下降幅度为 1.6～4.2 dB（A）。

第三节　原因分析

一是海南省区域声环境质量虽然保持较好，但平均等效声级逐年上升，社会生活噪声影响较大，工业和施工噪声影响也略有增加。“十三五”期间，海南省区域声环境平均等效声级呈逐年上升趋势，声源构成变化不大。以 2020 年为例，按声源占比排序，社会生活噪声声源占比远高于其余声源之和，高达 65.3%；其次为交通噪声，声源占比为 24.0%；工业噪声和施工噪声声源占比分别为 7.4%和 3.3%。按声源强度排序，施工噪声为 59.4 dB（A）、交通噪声为 57.3 dB（A）、工业噪声为 54.9 dB（A）、社会生活噪声为 53.2 dB（A）（图 2-7-13）。可见，社会生活噪声虽然强度低，但由于其声源分布广泛，影响作用不容忽视。此外，随着 2018 年海南开始推进自由贸易港建设，施工及工业作业增多，2018 年以后工业和施工噪声声源占比略有提高。人们生活水平的提高和城市服务行业的迅速发展，都直接使各类声源增加，导致区域等效声级逐年上升。

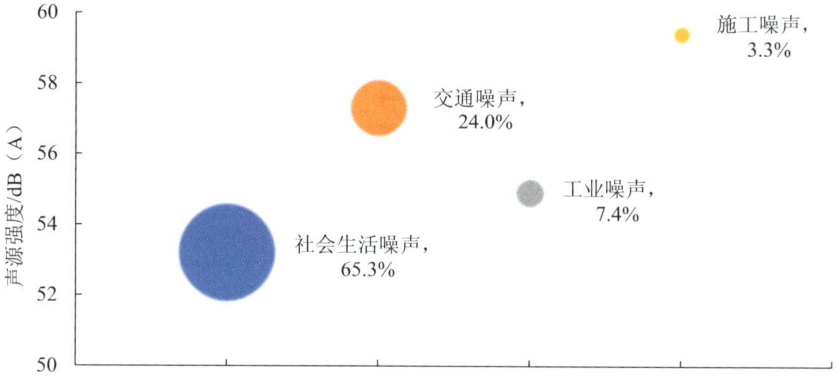

图 2-7-13　2020 年各类声源占比

二是海南省道路交通声环境质量保持为好，等效声级波动下降，但超标路段占比超过 1/5，个别市县仍处于高水平。“十三五”期间，海南省道路交通等效声级长度加权平均值呈波动下降趋势，主要得益于不断加强道路交通建设和机动车管理，对道路交通噪声管控力度加大，出台禁止在特定区域鸣笛等相关规定，道路交通噪声影响总体得到有效控制。2020 年海南省昼间道路交通声环境质量平均等效声级超过 70 dB（A）的干线长度为 178.3 km，占监测路段总长度的 21.9%。18 个市县（不含三沙市）中仅三亚市和文昌市昼间道路交通声环境质量为二级，超标路段长度比例均超过 40%（图 2-7-14）。其中三亚市是海南省唯一一个“十三五”期间道路交通昼间声环境质量持续在二级以上的市，可能与其作为旅游城市车流量大有关。随着人口的增长和城市经济的迅速发展，机动车保有量和道路车流量不断增加，城市交通噪声压力进一步增大，造成超标路段比例居高不下。

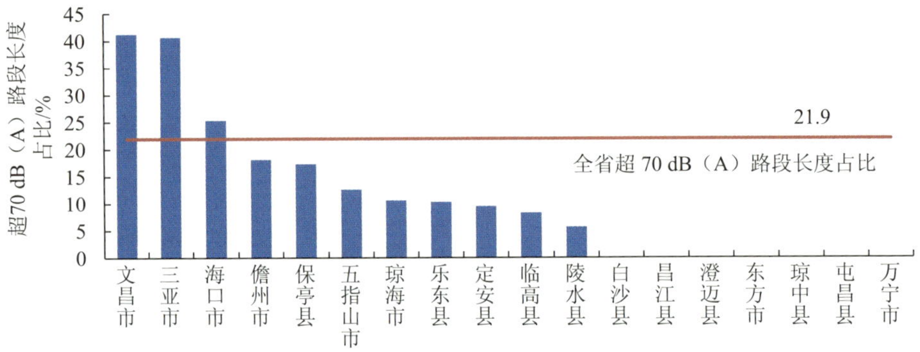

图 2-7-14　2020 年海南省各市县道路交通昼间声环境超 70 dB（A）路段长度占比

三是夜间社会活动丰富，功能区昼间总体达标率高于夜间。“十三五”期间，海口、三亚两个城市的功能区昼间总体达标率显著高于夜间，主要是因为本地第三产业发展迅速，夜间休闲娱乐活动较为丰富，直接带动了夜间商业活动和道路交通车流量的增加，从而导致功能区夜间总体达标率低于昼间。

第四节　小　结

一、结论

（一）区域声环境质量

2020 年，海南省区域昼间声环境质量总体较好，平均等效声级为 54.3 dB（A），18 个市县（不含三沙市）平均等效声级为 49.0～59.5 dB（A），声源构成中社会生活噪声贡献最大，其次为交通噪声，同比无明显变化。

“十三五”期间，海南省区域昼间声环境质量均处于较好水平，等效声级平均值呈逐年上升趋势，声源构成变化不大。秩相关系数法分析结果显示，有 1 个市县呈上升趋势，1 个市县呈下降趋势。

“十三五”时期末（2020 年）与“十二五”时期末（2015 年）相比，海南省区域昼间声环境质量保持较好。与“十二五”期间相比，海南省区域夜间声环境质量为一般。

（二）道路交通声环境质量

2020年，海南省道路交通昼间声环境质量总体为好，等效声级长度加权平均值为66.2 dB（A），18个市县（不含三沙市）等效声级长度加权平均值范围为63.2～69.4 dB（A），同比无明显变化。

“十三五”期间，海南省道路交通昼间声环境质量均为好，秩相关系数法分析结果显示，有 2 个市县道路交通昼间声环境质量呈下降趋势。

“十三五”时期末（2020 年）与“十二五”时期末（2015 年）相比，海南省道路交通昼间声环境质量保持为好。与“十二五”期间相比，海南省道路交通夜间声环境质量总体由好下降至较好。

（三）功能区声环境质量

2020 年，功能区声环境质量昼间总点次达标率为 95.3%，夜间总点次达标率为 87.0%；海南省各类功能区昼间、夜间噪声平均等效声级均符合功能区标准。

“十三五”期间，海口市、三亚市功能区昼间声环境质量总体达标率显著高于夜间，昼间声环境质量达标率稳定在 91.8%以上，夜间声环境质量达标率波动较大，为 65.3%～90.4%；各类功能区昼间和夜间等效声级变化趋势基本一致，均呈下降趋势。

“十三五”时期末（2020 年）与“十二五”时期末（2015 年）相比，海口市、三亚市功能区昼间声环境质量总体达标率持平，夜间声环境质量总体达标率上升 21.2 个百分点。

二、对策与建议

加强噪声污染监察监测能力建设，配置相应的人员、设备，有效监管施工和工业噪声；加强城市区域噪声监测设施建设，为进一步做好噪声污染防治提供依据。继续实施机动车保有量调控措施，并利用大数据智慧调控道路车流量，减少拥堵。加强城市（镇）声环境功能区管理，强化城市（镇）噪声敏感建筑物等重点领域的噪声管控。积极开展噪声污染防治相关信息的宣传工作。利用网络、短信、横幅和宣传册等多种方式进行宣传教育，使广大群众系统地了解和认识噪声危害与防治，减少社会生活噪声互扰。

第八章 生 态

"十三五"期间，海南省生态质量总体为优，植被覆盖度高，生物多样性丰富，生态系统稳定。

第一节 生态质量现状

一、总体状况

2020 年[①]，海南省 18 个市县（不含三沙市）的生态环境状况指数（EI）平均值为 80.41，海南省生态质量为优，植被覆盖度高，生物多样性丰富，生态系统稳定。

参与评价的 18 个市县（不含三沙市）EI 值为 70.36～91.65，EI 值位于前三的市县分别为琼中县、五指山市和保亭县，EI 值分别为 91.65、91.18 和 88.47。文昌、琼海、万宁、陵水、三亚、乐东、五指山、保亭、琼中、屯昌、定安、澄迈、儋州、白沙、昌江等 15 个市县生态质量为优，占海南岛面积的 82.7%；海口、东方、临高等 3 个市县生态质量为良，占海南岛面积的 17.3%。

二、各分指数评价

2020 年，海南省 18 个市县（不含三沙市）的生物丰度指数值平均为 73.75。其中，五指山市生物丰度指数值最高，达 95.08；海口市生物丰度指数值最低，为 54.72。

海南省 18 个市县（不含三沙市）的植被覆盖指数值平均为 94.00。其中，白沙县植

① 2020 年生态质量数据是依据 2021 年 10 月公布的《2020 年海南省水资源公报》和 2022 年 2 月公布的《2020 年中国生态环境统计年报》数据重新计算得到的更新结果。

被覆盖度指数值最高，为 104.23；东方市植被覆盖指数值最低，为 80.75。

海南省 18 个市县（不含三沙市）的水网密度指数值平均为 44.03。其中，万宁市水网密度指数值最高，为 59.98；昌江县水网密度指数值最低，为 31.59。

海南省 18 个市县（不含三沙市）的土地胁迫指数值平均为 3.26。其中，海口市土地胁迫指数值最高，达到 8.01；琼中县土地胁迫指数值最低，为 0.92。

海南省 18 个市县（不含三沙市）的污染负荷指数值平均为 0.23。其中，昌江县污染负荷指数值最高，达到 1.40；保亭县污染负荷指数值最低，为 0.000 2。

海南省未发生突发环境事件或生态破坏环境污染，故环境限制指数为 0。

第二节 “十三五”期间生态质量变化趋势分析

一、总体状况

“十三五”期间，海南省生态质量均为优，EI 值范围为 80.41～81.85，年间变化幅度为 1.44，生态质量略微变化。除临高县生态质量在优良波动外，其余市县生态质量保持稳定。

“十三五”时期末（2020 年）与“十二五”时期末（2015 年）相比，海南省 EI 值下降了 0.08，生态质量无明显变化（图 2-8-1）。

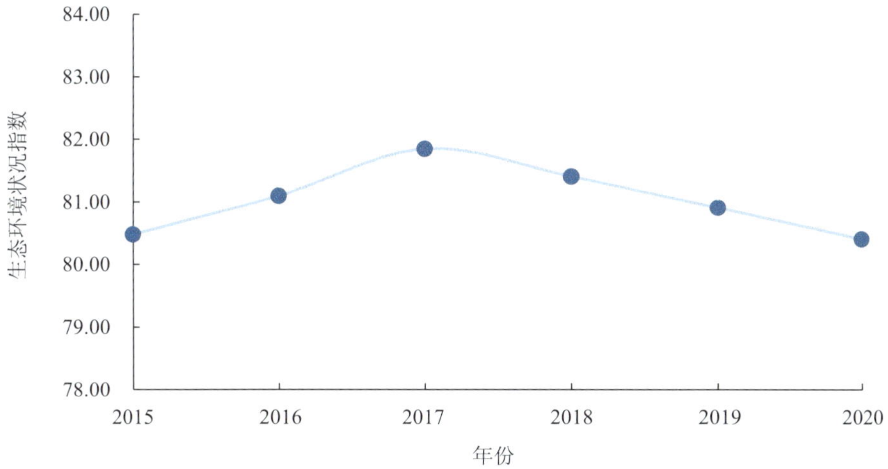

图 2-8-1　2015—2020 年海南省生态环境状况指数（EI）变化

二、各分指数变化

“十三五”期间，海南省生物丰度指数范围为 73.75～74.10，年间变化幅度为 0.35，无明显变化。“十三五”时期末（2020 年）与“十二五”时期末（2015 年）相比，海南省生物丰度指数下降了 0.73。

“十三五”期间，海南省植被覆盖指数范围为 94.00～96.14，年间变化幅度为 2.14，无明显变化。“十三五”时期末（2020 年）与“十二五”时期末（2015 年）相比，海南省植被覆盖指数下降了 2.44。

“十三五”期间，海南省水网密度指数范围为 44.03～50.02，年间变化幅度为 5.99，呈先上升后下降的趋势。“十三五”时期末（2020 年）与“十二五”时期末（2015 年）相比，海南省水网密度指数上升了 5.06。

“十三五”期间，海南省土地胁迫指数范围为 3.17～3.26，年间变化幅度为 0.09，无明显变化。“十三五”时期末（2020 年）与“十二五”时期末（2015 年）相比，海南省土地胁迫指数上升了 0.10。

“十三五”期间，海南省污染负荷指数范围为 0.23～0.51，年间变化幅度为 0.28，无明显变化。“十三五”时期末（2020 年）与“十二五”时期末（2015 年）相比，海南省污染负荷指数下降了 0.37。

“十三五”期间，海南省未发生突发环境事件或生态破坏环境污染，故环境限制指数为 0，“十三五”时期末（2020 年）与“十二五”时期末（2015 年）相比无变化。

第三节　生态环境构成与格局变化分析

一、生态系统的类型与分布

通过分别统计 2015 年和 2020 年的土地覆被类型面积、面积比例及土地覆被类型比例变化分析可以看出，2020 年不透水地面及裸地面积较 2015 年有所增加，耕地、林地面积有所减少（表 2-8-1）。

表 2-8-1 土地覆被类型比例变化分析

年份	统计参数	耕地	林地	草地	湿地	不透水地面	裸地
2015	面积/km^2	9 020.47	21 118.51	63.37	1 734.48	2 213.31	7.65
	比例/%	26.4	61.8	0.2	5.1	6.5	0.0
2020	面积/km^2	8 950.38	21 091.76	70.05	1 755.93	2 300.21	17.32
	比例/%	26.2	61.7	0.2	5.1	6.7	0.1

二、生态系统类型转换特征分析与评价

2015—2020 年，土地覆被面积变化最显著的有 4 类，分别为耕地转化为林地，转化面积为 57.54 km^2；耕地转化为不透水地面，转化面积为 41.12 km^2；林地转化为耕地，转化面积为 35.74 km^2；林地转化为不透水地面，转化面积为 34.03 km^2（表 2-8-2）。

表 2-8-2 2015—2020 年海南省生态系统分布与构成转移矩阵 单位：km^2

2015 年 \ 2020 年	耕地	林地	草地	湿地	不透水地面	裸地
耕地		35.74	0.32	3.47	1.33	0.51
林地	57.54		0.96	4.67	2.35	0.46
草地	1.08	6.28		0.26	2.20	—
湿地	4.84	2.17	0.56		1.19	—
不透水地面	41.12	34.03	1.55	4.89		0.28
裸地	1.63	8.86	0.02	0.22	0.20	

三、生态系统构成分析

基于 2015 年和 2020 年海南省生态系统的分类结果，对生态系统的构成进行统计。利用斑块类型面积（CA）、斑块面积百分比（PLAND）、斑块数（NP）、平均斑块面积（AREA）4 项指标对海南省 2015 年和 2020 年生态系统构成进行评价。

2015 年和 2020 年海南省都具有较高的 NP 以及较小的 AREA，说明景观破碎化程度较高；2020 年较 2015 年 NP 总数有所增加，表明景观破碎程度略有增加。2015 年和 2020 年海南省生态系统构成见表 2-8-3。

表 2-8-3　2015 年和 2020 年海南省生态系统构成

年份	地类	斑块类型面积（CA）/km^2	斑块面积百分比（PLAND）/%	斑块数（NP）/个	平均斑块面积（AREA）/km^2
2015	耕地	9 020.17	26.4	38 935	0.23
	林地	21 117.79	61.8	24 846	0.85
	草地	63.32	0.2	763	0.08
	湿地	1 734.64	5.1	30 274	0.06
	不透水地面	2 213.81	6.5	36 819	0.06
	裸地	7.64	0.02	157	0.05
2020	耕地	8 950.82	26.2	39 037	0.23
	林地	21 089.54	61.7	25 105	0.84
	草地	69.89	0.2	778	0.09
	湿地	1 750.88	5.1	30 525	0.06
	不透水地面	2 300.36	6.7	36 577	0.06
	裸地	17.36	0.05	676	0.03

四、生态系统格局分析

利用斑块密度指数（PD）、边界密度（ED）、斑块形状指数（SHAPE）、聚密度指数（CONTIG）4 项指标对生态系统景观格局进行评价。

与 2015 年相比，2020 年海南省耕地、草地及不透水地面的 CONTIG、SHAPE 均有所增加，可见在连通性变好的同时边界趋于复杂，而不透水地面的 AREA、ED 均有所增加，说明“十三五”期间城市扩张比较明显（表 2-8-4）。

表 2-8-4　2015 年和 2020 年海南省生态系统景观格局

年份	地类	斑块密度指数（PD）	边界密度（ED）	斑块形状指数（SHAPE）	聚密度指数（CONTIG）
2015	耕地	1.139 9	41.015 5	1.837 4	0.499 2
	林地	0.727 4	48.011 9	1.657 4	0.471 4
	草地	0.022 3	0.402 4	1.659 8	0.603 7
	湿地	0.886 3	10.534 7	1.517 1	0.363 3
	不透水地面	1.077 9	14.091 5	1.476 8	0.518
	裸地	0.004 6	0.059	1.525 1	0.561 3

年份	地类	斑块密度指数（PD）	边界密度（ED）	斑块形状指数（SHAPE）	聚密度指数（CONTIG）
2020	耕地	1.142 1	40.889 7	1.838 7	0.500 4
	林地	0.734 5	48.183 4	1.661 4	0.471 2
	草地	0.022 8	0.420 5	1.666 5	0.604 3
	湿地	0.893 1	10.517 1	1.518	0.362
	不透水地面	1.070 2	14.456	1.486 8	0.523 3
	裸地	0.019 8	0.165 1	1.345 8	0.521 2

第四节　原因分析

“十三五”期间，通过海南省 EI 值与各项分指数的年间变化趋势可以明显看出，EI 值与水网密度指数的变化趋势基本一致，生态质量变化主要受水网密度指数变化的影响。

2015—2020年，全年水资源量范围为186.26亿～489.63亿 m^3，当水资源量与多年平均水资源量的比值小于1.40时，水资源量与水网密度指数呈正相关；当水资源量与多年平均水资源量的比值大于1.40时，水资源量与水网密度指数呈负相关。根据 EI 值的计算方法，EI 值与水网密度指数呈正相关，分权重为0.15。“十三五”期间水资源量与多年平均水资源量的比值呈下降趋势，2016年达年间顶峰，且比值高于1.40，与 EI 值变化趋势一致，过高的水资源量对地域生态环境将造成一定的负面影响（图2-8-2）。

因此，海南省生态环境质量状况指数变化主要与水资源量的变化有关，属于自然因素的影响。

图 2-8-2　2015—2020 年海南省水资源量与多年平均水资源量比值变化

第五节　小　结

一、结论

2020 年，海南省 18 个市县（不含三沙市）的生态环境状况指数平均为 80.41，生态质量为优。“十三五”期间，海南省 EI 值为 80.41～81.85，生态质量保持为优。“十三五”时期末（2020 年）与“十二五”时期末（2015 年）相比，海南省 EI 值下降了 0.08，生态质量无明显变化，呈现稳定特征。

2020年，海南省不透水地面及裸地面积较2015年有所增加，耕地、林地面积有所减少，其中，耕地、林地转化为不透水地面的面积为75.15 km^2。根据生态系统构成及格局分析可以看出，海南省景观破碎程度均较高，“十三五”期间景观破碎程度略有增加，城市扩张较为明显。

二、对策与建议

海南省生态环境状况指数按照原环境保护部发布的《生态环境状况评价技术规范》（HJ 192—2015）进行指标计算，但海南省地处热带季风气候区域，全年高温多雨，年降水量及水资源量比全国平均水平高，在进行指标计算时，水网密度指数存在较大权重，因此未能客观地反映海南省的生态变化情况，建议在依据国家标准的基础上，建立海南省地方标准。

“十三五”期间，海南省经济发展快，城市扩张明显，在保证社会发展的同时要保障生态环境质量不变差，更应加强对海南省生态环境的严格监管。通过非现场监管、大数据监管、无人机监管等应用技术，强化对破坏湿地、林地、草地、自然岸线和近岸海域等的开矿、修路、筑坝、建设、围填海、采砂和炸礁行为的监督。同时，加强宣传引导，扩大影响力。实行生态破坏违法行为举报奖励制度，鼓励社会环保组织依法开展环境公益诉讼。鼓励社会公众参与生态保护监管，增强全社会生态环保意识，营造全社会关心、支持和参与生态保护的良好氛围。

第九章
辐 射

“十三五”期间，海南省环境电离辐射水平处于本底涨落范围内，环境电磁辐射水平低于国家规定的电磁环境控制限值。

第一节 环境电离辐射现状及“十三五”期间变化趋势分析

一、环境γ辐射水平

（一）自动站空气吸收剂量率

“十三五”期间，各自动站测得的连续空气吸收剂量率年均值为 57.6～99.7 nGy/h，在《中国环境天然放射性水平》中，海南省调查结果为 47.8～171.7 nGy/h，处于本底涨落范围内。

“十三五”时期末（2020 年）与“十二五”时期末（2015 年）相比，连续空气吸收剂量率无明显变化。

2015—2020 年各自动站连续空气吸收剂量率见图 2-9-1。

（二）累积剂量测得的空气吸收剂量率

“十三五”期间，各监测点累积剂量测得的空气吸收剂量率年均值为40.6～100 nGy/h，在《中国环境天然放射性水平》中，海南省调查结果为47.8～171.7 nGy/h，处于本底涨落范围内。

“十三五”时期末（2020 年）与“十二五”时期末（2015 年）相比，累积剂量测得的空气吸收剂量率无明显变化。

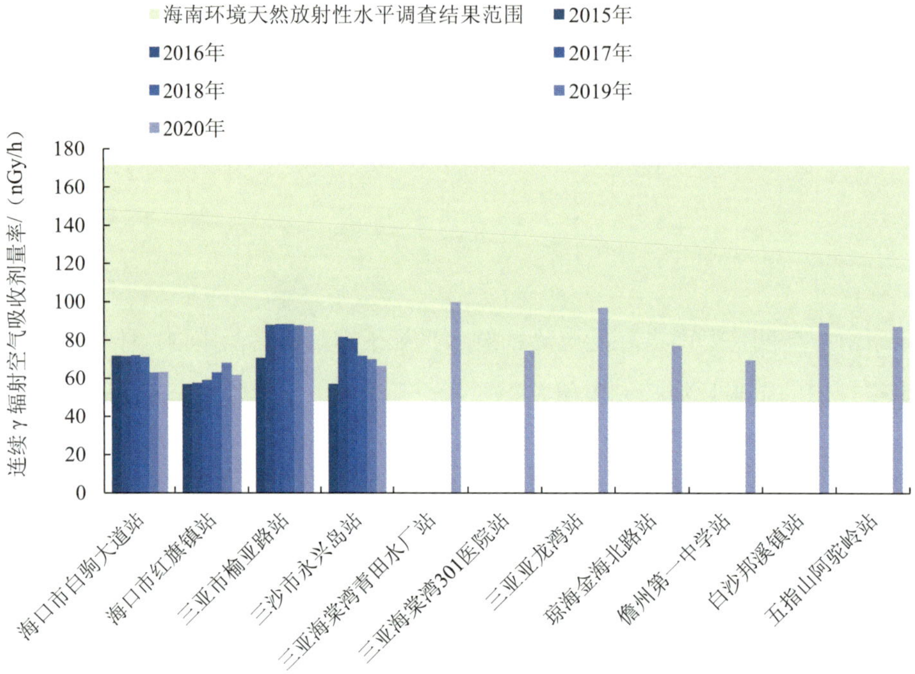

图 2-9-1　2015—2020 年海南省各自动站连续空气吸收剂量率

二、空气放射性水平

（一）气溶胶

“十三五”期间，各监测点气溶胶中天然放射性核素铍-7、钾-40、铅-210、钋-210、铋-214 和镭-228 活度浓度处于本底涨落范围内，人工放射性核素锶-90、铯-137 活度浓度未见异常，其余 γ 放射性核素未检出。

“十三五”时期末（2020 年）与“十二五”时期末（2015 年）相比，气溶胶监测结果无明显变化。

（二）沉降物

“十三五”期间，各监测点沉降灰中天然放射性核素铍-7、钾-40、铋-214、镭-228

活度浓度处于本底涨落范围内，人工放射性核素锶-90、铯-137活度浓度未见异常，其余γ放射性核素未检出；降水中氚未检出。

“十三五”时期末（2020 年）与“十二五”时期末（2015 年）相比，沉降灰和降水监测结果无明显变化。

（三）空气中氚、碘、氡

“十三五”期间，空气（水蒸气）氚和气态碘-131均未检出，2018—2020年空气中氡活度浓度为8.0～9.5 Bq/m^3，处于本底涨落范围内。

“十三五”时期末（2020 年）与“十二五”时期末（2015 年）相比，空气（水蒸气）氚和气态碘-131 监测结果无明显变化。

三、水体放射性水平

（一）湖库水

“十三五”期间，湖库水中总α、总β活度浓度低于《生活饮用水卫生标准》（GB 5749—2006）中规定的放射性指标指导值，天然放射性核素铀和钍浓度、镭-226活度浓度处于本底涨落范围内，人工放射性核素铯-137和锶-90活度浓度未见异常。

“十三五”时期末（2020 年）与“十二五”时期末（2015 年）相比，湖库水监测结果无明显变化。

（二）饮用水水源地水

“十三五”期间，饮用水水源地水中总 α、总 β 活度浓度低于《生活饮用水卫生标准》（GB 5749—2006）中规定的放射性指标指导值，天然放射性核素铀和钍浓度、镭-226 活度浓度处于本底涨落范围内，人工放射性核素铯-137 和锶-90 活度浓度未见异常。

“十三五”时期末（2020 年）与“十二五”时期末（2015 年）相比，饮用水水源地监测结果无明显变化。

（三）地下水

“十三五”期间，地下水中总α、总β活度浓度低于《地下水质量标准》

（GB/T 14848—2017）中规定的III类标准值，天然放射性核素铀和钍浓度、镭-226活度浓度处于本底涨落范围内。

“十三五”时期末（2020 年）与“十二五”时期末（2015 年）相比，地下水监测结果无明显变化。

2015—2020 年水体中总 α、总 β 放射性见图 2-9-2。

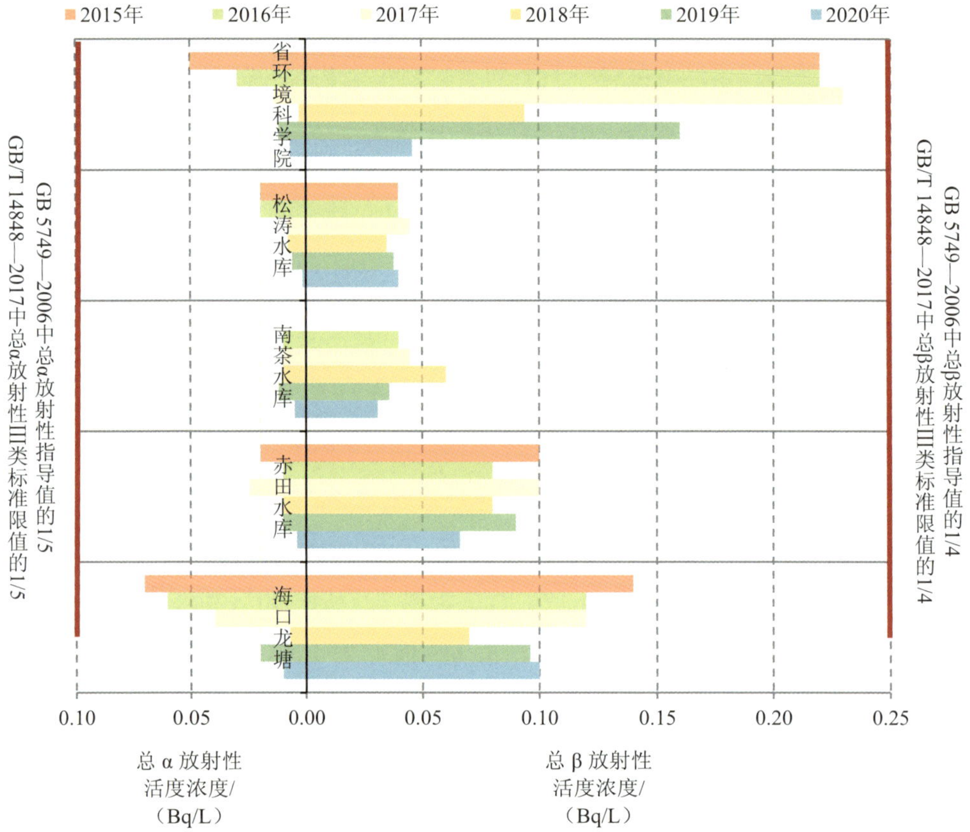

图 2-9-2　2015—2020 年海南省水体中总 α、总 β 放射性

四、近岸海域放射性水平

（一）海水

“十三五”期间，海水中天然放射性核素铀和钍浓度、镭-226 活度浓度处于本底涨落范围内，人工放射性核素铯-137 和锶-90 活度浓度低于《海水水质标准》（GB 3097—

1997）中规定的限值。海水中铯-137 和锶-90 活度浓度年际变化见图 2-9-3。

“十三五”时期末（2020 年）与“十二五”时期末（2015 年）相比，海水监测结果无明显变化。

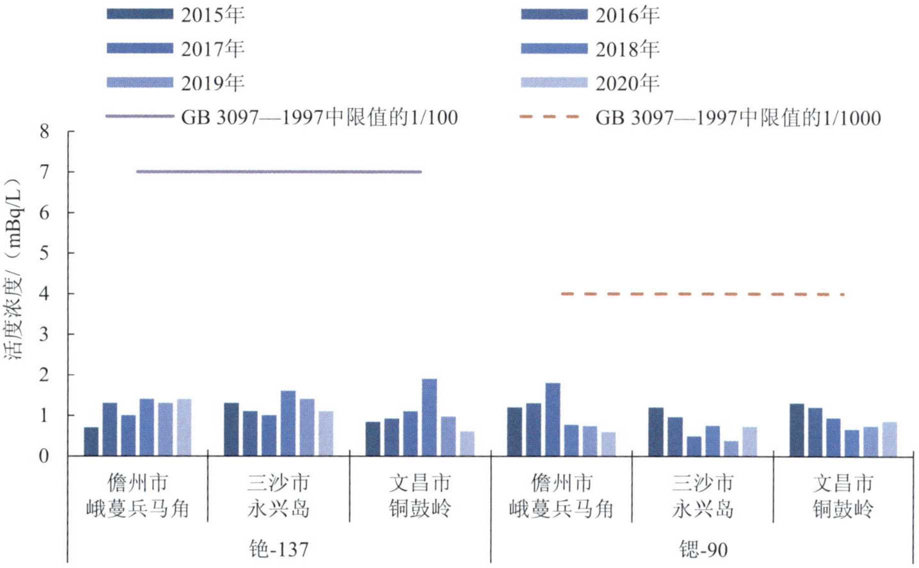

图 2-9-3 海水中铯-137 和锶-90 活度浓度年际变化

（二）海洋生物

“十三五”期间，海洋生物中钍-234、镭-228、钾-40、钋-210 和铅-210 活度浓度处于本底涨落范围内，镭-226、铯-137 和锶-90 活度浓度低于《食品中放射性物质限制浓度标准》（GB 14882—1994）中规定的放射性核素限制浓度。

“十三五”时期末（2020 年）与“十二五”时期末（2015 年）相比，海洋生物监测结果无明显变化。

五、土壤放射性水平

“十三五”期间，土壤中天然放射性核素铀-238、钍-232、镭-226、钾-40 活度浓度处于本底涨落范围内，人工放射性核素铯-137 活度浓度未见异常。

“十三五”时期末（2020 年）与“十二五”时期末（2015 年）相比，土壤监测结果无明显变化。

第二节　电磁辐射现状及“十三五”期间变化趋势分析

一、环境电磁辐射

“十三五”期间，环境电磁辐射监测点的综合电场强度监测结果低于《电磁环境控制限值》（GB 8702—2014）中规定的公众曝露控制限值。

“十三五”时期末（2020 年）与“十二五”时期末（2015 年）相比，环境电磁辐射监测结果无明显变化。

二、电磁设施外围环境电磁辐射

“十三五”期间，监测的中波发射台外围电场强度、变电站外围工频电场强度和磁感应强度监测结果均低于《电磁环境控制限值》（GB 8702—2014）中规定的公众曝露控制限值。

“十三五”时期末（2020 年）与“十二五”时期末（2015 年）相比，电磁设施外围环境电磁辐射监测结果无明显变化。

第三节　小　结

“十三五”期间，海南省环境电离辐射水平处于本底涨落范围内，空气吸收剂量率处于本底涨落范围内，环境介质中的天然放射性核素活度浓度处于本底涨落范围内，人工放射性核素活度浓度未见异常。环境电磁辐射水平低于国家规定的电磁环境控制限值。

陆域各监测点的空气吸收剂量率和空气、地表水、地下水、饮用水水源地水、土壤天然放射性核素活度浓度处于本底涨落范围内，人工放射性核素活度浓度未见异常。地表水和饮用水水源地水中总 α、总 β 活度浓度低于《生活饮用水卫生标准》（GB 5749—2006）中规定的指导值。地下水中总 α、总 β 活度浓度低于《地下水质量标准》（GB/T 14848—2017）中规定的III类标准值。

近岸海域各监测点的海水和水生生物中天然放射性核素活度浓度处于本底涨落范围内，人工放射性核素活度浓度未见异常。海水中人工放射性核素锶-90 和铯-137 活度浓度低于《海水水质标准》（GB 3097—1997）中规定的限值。海洋生物中镭-226、铯-137 和锶-90 活度浓度低于《食品中放射性物质限制浓度标准》（GB 14882—1994）中规定的放射性核素限制浓度。

环境电磁辐射监测点的综合电场强度低于《电磁环境控制限值》（GB 8702—2014）中规定的公众曝露控制限值。监测的中波发射台和变电站外围电磁辐射强度低于《电磁环境控制限制》（GB 8702—2014）中规定的公众曝露控制限值。

第三篇

生态环境质量关联分析

SHENGTAI HUANJING ZHILIANG
GUANLIAN FENXI

2011—2020 年是海南省经济发展持续加快的十年，也是海南省生态环境持续改善的十年。

通过社会经济与水环境耦合模型、海洋生态经济系统发展水平评价指标体系、斯皮尔曼相关系数等统计方法与模型对近十年海南省生态环境质量与其他相关因素的关联分析，发现环境空气质量与经济、人口、能源、机动车指标基本呈负相关，蓝天保卫战成果丰硕；社会经济发展给水资源、水环境带来的负面影响有增长趋势，水污染形势仍较为严峻；海洋生态经济系统综合发展状态有向好趋势，可持续发展态势较好；社会经济及旅游业的发展对区域声环境有一定影响，机动车管理的优化使得道路交通噪声影响得到有效控制；生态质量与经济、人口、农业、林业、污染物排放等均有一定的相关性。

生态环境质量不仅受到污染物排放及生态环境保护措施的影响，而且与水资源、农业、林业、经济、人口、能源、交通等因素相互作用，要注重同步推进物质文明建设和生态文明建设，形成人与自然和谐共生的现代化建设新格局，这样才能巩固海南自由贸易港的绿色底色。

第一章
环境空气质量关联分析

第一节　分析方法与指标

斯皮尔曼相关系数对原始数据的选取、相关形式及分布类型均无要求，通常用于度量变量间单调相关性或等级相关性的强弱，其通用性及稳健性较好。由于社会经济发展数据与环境质量数据的相关形式、分布类型均为未知，宜选用斯皮尔曼相关系数来研究社会经济发展和环境质量的相关性。

运用SPSS25.0软件计算斯皮尔曼相关系数和显著性。社会经济发展数据来源于历年《海南统计年鉴》《海南省国民经济和社会发展统计公报》，环境质量数据来源于历年海南省生态环境监测网络数据。由于海南省环境空气6项污染物自动监测自2015年起覆盖全省，因此海南省环境空气质量与社会经济发展的关联分析采用2015—2020年的数据。

第二节　关联分析结果

一、环境空气质量与 GDP 关联分析

2015—2020 年，海南省 GDP 持续增长，三次产业结构比重由 23.1∶23.6∶53.3 逐步调整为 20.5∶19.1∶60.4，其中第三产业比重高于全国平均水平 5.0 个百分点，产业结构持续优化。

环境空气质量与经济发展的相关性分析结果表明，海南省 GDP 与环境空气质量基

本呈负相关。其中 GDP 与 $PM_{2.5}$ 浓度和 CO 浓度呈显著负相关，与 PM_{10}、SO_2、O_3 浓度和综合指数相关性不显著。

“十三五”期间，海南省在发展经济的同时，不断加大全省大气污染防治力度，开展《打赢蓝天保卫战三年行动计划》，淘汰落后产能和压减过剩产能，使海南省环境空气质量总体保持优良，$PM_{2.5}$ 和 CO 基本呈现下降趋势。2015—2020 年海南省 GDP 与环境空气质量相关性分析见表 3-1-1。

表 3-1-1 2015—2020 年海南省 GDP 与环境空气质量相关性分析

指标	斯皮尔曼相关系数	显著性（双尾）
SO_2	0.683	0.135
NO_2	−0.655	0.158
PM_{10}	−0.760	0.136
$PM_{2.5}$	-0.941^{**}	0.005
O_3	0.290	0.577
CO	-0.926^{**}	0.008
综合指数	−0.657	0.156

注：**在 0.01 级别（双尾），相关性显著。

二、环境空气质量与城镇化率关联分析

城市人口与人均能耗增加等因素不仅会导致污染物排放与暴露增加，还会造成能源结构改变（居民从农村迁移到城市后更倾向于使用电、液化气、煤气等清洁能源），导致排放和暴露下降。2015—2020 年，海南省城镇化率从 54.9%提高至 60.3%，但与 11 个 $PM_{2.5}$ 达个位数国家的平均城镇化率（81%）相比，仍有较大差距。

环境空气质量与城镇化率的相关性分析结果表明，海南省城镇化率与环境空气质量基本呈负相关，与 PM_{10}、$PM_{2.5}$、CO 浓度呈显著负相关，与 NO_2、SO_2、O_3 浓度和综合指数相关性不显著。

海南省地处我国欠发达地区，人口逐年上升，但人口密度小，城市化发展进程缓慢，大气污染排放分散且难集中治理，在自由贸易港建设和城市化率不断提高过程中，施工建设等疾步推进，未来一段时间内的大气污染排放总体呈上升趋势，这是海南省环境空气质量对标国际的极大挑战。2015—2020 年海南省城镇化率与环境空气质量相关性分析见表 3-1-2。

表 3-1-2 2015—2020 年海南省城镇化率与环境空气质量相关性分析

指标	斯皮尔曼相关系数	显著性（双尾）
SO_2	0.683	0.135
NO_2	−0.655	0.158
PM_{10}	−0.812*	0.050
$PM_{2.5}$	−0.941**	0.005
O_3	0.290	0.577
CO	−0.926**	0.008
综合指数	−0.657	0.156

注：*在 0.05 级别（双尾），相关性显著；**在 0.01 级别（双尾），相关性显著。

三、环境空气质量与能源消耗关联分析

研究表明，城镇化促使人口从农村向城镇集聚，第一产业比重缩小，第二产业、第三产业比重增大。在城镇化及产业结构调整进程中，会刺激经济增长并提高人民生活水平，导致能耗上升。另外，城镇化及产业结构的调整，有利于资源、产品及技术结构等更合理调整优化，能源效率得以提高，从而减少能源消耗。

环境空气质量与能源消耗的相关性分析结果表明，海南省能源消费总量与环境空气质量基本呈现负相关，与 $PM_{2.5}$ 和 CO 浓度负相关性较强，相关系数分别达到−0.820 和−0.926，与 PM_{10}、NO_2、SO_2、O_3 浓度和综合指数相关性不显著。

近年来，海南省大力推进加快构建以清洁电力和天然气为主体的能源结构，能源消费品种逐步清洁化。“十三五”期间，煤炭、石油等主体能源消费量仍然呈增长趋势，因此，SO_2 浓度呈现波动变化，但天然气消费量增长幅度明显高于其他种类，清洁能源发电量占比提升至 41.8%，人口城镇化率提高及能源结构改善有效减少了污染来源，使海南省颗粒物浓度进一步降低，CO 浓度保持较低水平（表 3-1-3）。

表 3-1-3 2015—2020 年海南省能源消耗与环境空气质量相关性分析

指标	斯皮尔曼相关系数	显著性（双尾）
SO_2	0.683	0.135
NO_2	−0.393	0.441
PM_{10}	−0.638	0.173

指标	斯皮尔曼相关系数	显著性（双尾）
$PM_{2.5}$	−0.820*	0.046
O_3	0.406	0.425
CO	−0.926**	0.008
综合指数	−0.429	0.397

注：*在 0.05 级别（双尾），相关性显著；**在 0.01 级别（双尾），相关性显著。

四、环境空气质量与民用汽车总量关联分析

国内市场民用汽车尾气中含有大量的 NO_x、颗粒物、CO 和其他碳氢化合物，是大气污染物的一大排放源。

环境空气质量与民用汽车总量的相关性分析结果表明，海南省民用汽车总量与环境空气质量基本呈负相关，与 $PM_{2.5}$、PM_{10} 和 CO 浓度呈显著负相关，相关系数分别达到−0.941、−0.812 和−0.926，与 NO_2、SO_2、O_3 浓度和综合指数相关性不显著（表 3-1-4）。

表 3-1-4　2015—2020 年海南省民用汽车总量与环境空气质量相关性分析

指标	斯皮尔曼相关系数	显著性（双尾）
SO_2	0.681	0.136
NO_2	−0.655	0.158
PM_{10}	−0.812*	0.050
$PM_{2.5}$	−0.941**	0.005
O_3	0.290	0.577
CO	−0.926**	0.008
综合指数	−0.657	0.156

注：*在 0.05 级别（双尾），相关性显著。**在 0.01 级别（双尾），相关性显著。

2016 年，海南省要求所有进口、销售和注册登记的轻型汽油车、轻型柴油客车、重型柴油车（仅公交、环卫、邮政用途）须符合“国五”标准要求。2019 年“国五”转“国六”，在海南省注册登记的轻型汽车须符合“国六”标准要求，“国六”是目前全球最严的机动车排放标准之一，提前执行轻型车“国六”标准每年可减少 CO 排放量为 1 377 t、总烃（THC）排放量为 120 t、NO_x 排放量为 85 t、颗粒物（PM）排放量为 2.2 t，对提升环境空气质量具有积极作用。2020 年，海南省已基本完成公交、出租等公共服务领域

车辆清洁能源化，新增及更换的公务车全部使用新能源汽车。同时在机动车环保监管上试行汽车排放检验与维护（I/M）制度，加大路检路查力度，累计提前淘汰老旧柴油车近 1.5 万辆。

机动车排放标准的提高、新能源汽车的大力推广和科学合理的机动车管控措施，大幅削减了汽车尾气中各类污染物的排放量，保障了海南省环境空气质量的持续改善。2015—2020 年海南省民用汽车总量与环境空气污染物浓度变化见图 3-1-1。

图 3-1-1　2015—2020 年海南省民用汽车总量与环境空气污染物浓度变化

五、环境空气质量与环保投入关联分析

国际经验表明，当治理污染的投资占国民生产总值的比例达到1%～2%时，可以有效地控制环境污染恶化的趋势；当治理污染的投资占国民生产总值的比例达到2%～3%时，环境质量将明显改善。2015—2020年，海南省节能环保投入在1%上下波动，节能环保投入与环境空气质量相关性分析结果表明两者的相关性不显著（表3-1-5）。虽然海南省自2016年起增加了大气污染防治能力建设专项资金，但当前大气环境治理投入仍略显不足，随着复合型污染的出现，O_3浓度逐年升高，且反应机理复杂，防治效果欠佳，仍需进一步加大投入力度（图3-1-2）。

表 3-1-5　2015—2020 年海南省节能环保投入与环境空气质量相关性分析

指标	斯皮尔曼相关系数	显著性（双尾）
SO_2	0.198	0.707
NO_2	−0.133	0.802
PM_{10}	−0.760	0.136
$PM_{2.5}$	−0.493	0.321
O_3	0.309	0.551
CO	−0.798	0.057
综合指数	−0.232	0.658

图 3-1-2　2015—2020 年海南省节能环保投入占比和环境空气污染物浓度变化

第二章
地表水环境质量关联分析

第一节　模型与指标

社会经济与水环境具有紧密的耦合性。随着社会经济的发展，水环境问题日益凸显，水环境质量呈现恶化趋势。当污染物排放量超过环境容量造成环境污染时，其成为社会经济可持续发展的重要制约因素。选取水资源、社会、经济、环境等方面的相关指标，构建社会经济与水环境耦合模型，分析 2011—2020 年海南省水环境质量与社会经济的相关性。社会经济发展数据来源于历年《海南统计年鉴》《海南省国民经济和社会发展统计公报》《海南省水资源公报》《海南省气候公报》，环境质量数据来源于历年海南省生态环境监测网络。

一、社会经济与水环境耦合模型

驱动力—压力—状态—影响—响应—管理（Drivingforce-Pressure-State-Impact-Response-Management，DPSIRM）模型包含了资源、经济、社会、环境等 4 个体系，体现了资源的利用制约着社会经济的发展，同时社会经济的发展也促进了资源环境的发展，表现为相互作用与反作用的关系。运用 DPSIRM 模型来评价社会经济的水环境效应，可以反映社会经济发展给水资源水环境带来的负面影响，促使人类采取应对措施。

DPSIRM 模型由 6 个子系统构成，分别为驱动力子系统、压力子系统、状态子系统、影响子系统、响应子系统和管理子系统。驱动力子系统反映以人口、经济及社会的发展为驱动力，推动水环境的健康发展；压力子系统反映驱动力作用带来环境变化的压力；状态子系统反映在驱动力与压力的共同作用下水环境所表现出的状态；影响子系统反映人类活动和自然环境现状变化后对自然资源与社会经济产生的各种反馈信息；响应子系统反映人类针对自然—社会这些反馈信息或变化趋势所作出的反馈；管理子系统反映人类有意图地对自然资源和环境系统进行控制的行为。海南省水环境 DPSIRM 模型选取 44 项指标构建了社会经济与水环境效应的综合评价指标体系（表 3-2-1）。

表 3-2-1 海南省社会经济与水环境效应综合评价指标体系

指标系统	指标类别	指标选取	指标属性
驱动力系统	社会驱动力	人口密度	正向
		城镇化率	正向
		就业人口比例	正向
	经济驱动力	人均 GDP	正向
		农业总值占 GDP 比例	负向
		规模以上工业总值占 GDP 比例	负向
	资源驱动力	平均年降水量	正向
		平均产水模数	正向
压力系统	水资源压力	万元 GDP 耗水量	负向
		农业用水量	负向
		工业用水量	负向
		居民生活用水量	负向
	水环境压力	万元 GDP 污废水排放量	负向
		单位面积农药施用量	负向
		单位面积化肥施用量	负向
		工业源废水排放量	负向
		城镇生活源污水排放量	负向
状态系统	水资源量	地表水资源量	正向
		地下水资源量	正向
		人均水资源量	正向
	供给能力	总供水量	正向
	水环境水质状态	Ⅰ～Ⅲ类水质比例	正向
		溶解氧	正向
		化学需氧量	负向
		高锰酸盐指数	负向
		氨氮	负向
		河流总磷	负向
		湖库总磷	负向

指标系统	指标类别	指标选取	指标属性
影响系统	自然环境	森林覆盖率	正向
		人均耕地面积	正向
		水土流失面积	负向
	人类活动	农业产值增加值	正向
		牧业产值增加值	正向
		渔业产值增加值	正向
		畜禽养殖总数（年末畜禽存栏总数）	负向
响应系统	水治理响应	污水处理率	正向
		重点排污单位废水排放达标率	正向
		城市污水日处理能力	正向
	生态环境恢复响应	荒山荒（沙）地造林面积	正向
		水土流失治理面积	正向
管理系统	政府投入管理	水利、环境和公共设施管理业固定资产投资额	正向
		一般公共预算中节能环保支出	正向
	政府执法管理	环境违法案件宗数	负向
		生态环境用水比例	正向

注：指标属性中的“正向”值越大对水环境效应越好，“负向”值越小对水环境效应越好。

二、熵值法

熵值法是用熵值来判断某个指标的离散程度，离散程度越大，该指标对综合评价的影响（权重）越大。

（一）极差法标准化

极差法标准化即采用极差法消除评价体系中各指标量纲的差异。为了消除不同规模原始数据的影响，将指标数据归一化，使索引值为［0，1］，分别对 2011—2020 年的 44 项正向指标和负向指标进行标准化处理，归一化的数据记为 x_{ij}'：

$$\text{正向指标：}\quad x_{ij}' = \frac{x_{ij} - \min(x_{2011,1},\ldots,x_{2020,44})}{\max(x_{2011,1},\ldots,x_{2020,44}) - \min(x_{2011,1},\ldots,x_{2020,44})}$$

负向指标： $x'_{ij}=\dfrac{\max\left(x_{2011,1},\ldots,x_{2020,44}\right)-x_{ij}}{\max\left(x_{2011,1},\ldots,x_{2020,44}\right)-\min\left(x_{2011,1},\ldots,x_{2020,44}\right)}$

式中，x_{ij}—— 第 i 年的第 j 项指标的数值（i=2011,…,2020；j=1,…,44）。

（二）熵值法计算权重和熵值

1. 计算第 j 年第 i 项指标值占该指标的比重

$$p_{ij}=\frac{x_{ij}}{\sum_{i=1}^{44}x_{ij}},j=2011,\cdots,2020$$

2. 计算第 j 年的熵值

$$e_j=-k\sum_{i=1}^{44}p_{ij}\ln\left(p_{ij}\right),j=2011,\cdots,2020$$

式中，$k=1/\ln(n)>0$，满足 $e_j\geqslant 1$。

3. 计算信息熵冗余度（差异）

$$d_j=1-e_j,j=2011,\cdots,2020$$

4. 计算各指标的权重

$$w_j=\frac{d_j}{\sum_{j=2011}^{2020}d_j},j=2011,\cdots,2020$$

5. 计算各指标的综合指数

$$s_i=\sum_{j=2011}^{2020}w_jx'_{ij},i=1,\cdots,44$$

第二节　水环境效应综合评价结果

2011—2020 年，海南省水环境效应的综合评价结果表明，海南省水环境效应综合评价指数呈现两个阶段的变化趋势。“十二五”期间，海南省水环境效应综合评价指数呈波动下降趋势，指数为 1.762 6～2.186 0；“十三五”期间，海南省水环境效应综合评价指数呈上升趋势，指数由 2.229 5 上升至 2.427 9（图 3-2-1）。

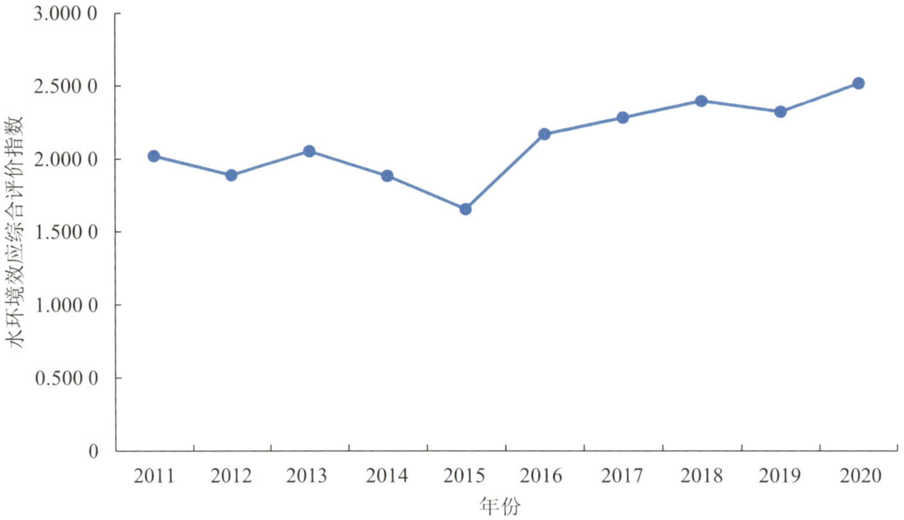

图 3-2-1　海南省水环境效应综合评价结果

从 DPSIRM 模型中驱动力子系统、压力子系统、状态子系统、影响子系统、响应子系统和管理子系统6个子系统的权重变化来看，2011—2020年，驱动力子系统、响应子系统、管理子系统权重逐渐增大，压力子系统权重基本保持稳定，状态子系统、影响子系统权重逐渐减少（图3-2-2）。驱动力子系统权重的增大，主要是由于经济社会的发展，促使人均 GDP 及城镇化率不断增长；压力包括水资源压力与水环境压力，其子系统权重基本保持稳定，说明压力无明显变化，形势依旧严峻，未得到缓解；状态子系统权重的减少，说明之前水污染形势已经较为严峻，水资源与水环境的矛盾尚未得到有效解决；影响子系统权重的减少，主要原因是水土流失面积较“十二五”初期明显增多，自然环境的改善不明显，农业、牧业、渔业发展对水环境造成的负面影响仍然存在；响应权重的增大，说明城镇污水处理、重点排污单位废水排放达标等水治理响应明显提高，荒山荒（沙）地造林、水土流失治理等生态环境恢复响应工作也在持续推进，有所成效；管理子系统权重的增大，说明政府投入管理、政府执法管理的力度在不断加大，政府的决策部署是加快推动生态文明建设和社会经济发展与水环境保护协调发展的有力保障。

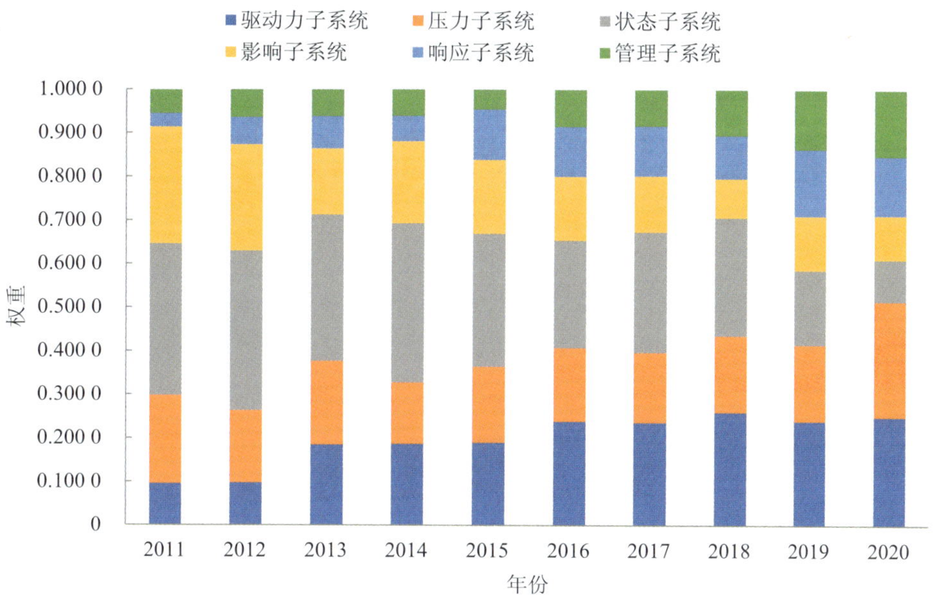

图 3-2-2 DPSIRM 模型 6 个子系统权重变化

第三章
海洋环境质量关联分析

第一节　模型与指标

海洋生态、海洋经济和海洋社会相互依存、相互制约，3 个子系统互相耦合成为复杂的海洋生态经济系统。海洋经济系统和海洋社会系统需求无限性与海洋生态系统供给有限性的矛盾，是海洋生态经济系统的基本矛盾。海洋生态经济系统协调发展，是指海洋生态经济系统各子系统通过相互作用、相互反馈、相互配合后呈现的海洋生态结构功能、海洋经济结构功能与海洋社会结构功能相统一、相对稳定的动态平衡状态，是海洋生态经济系统内各种生态、经济、社会要素经过协调过程所达到结构有序与功能有效的状态。

根据系统性、科学性、可操作性等原则，构建包含 1 项目标层指标、3 项系统层指标、8 项状态层指标和 22 项基础指标层指标在内的海南省海洋生态经济系统发展水平评价指标体系，并计算海洋生态经济系统综合协调度，以评价 2011—2020 年海南省海洋生态经济系统的发展状态和协调程度。海洋经济子系统和海洋社会子系统数据来源于历年《海南统计年鉴》《海南省国民经济和社会发展统计公报》《海南省海洋经济统计公报》《中国海洋经济统计公报》《中国海洋统计年鉴》等。海洋生态子系统数据来源于历年《海南省环境统计年报》《海南省海洋环境状况公报》《中国海平面公报》和海南省生态环境监测网络。

一、海洋生态经济系统指标权重计算方法

（一）原始数据标准化

$$\text{正向指标：} r_{ij} = \frac{x_{ij} - x_i^{\min}}{x_i^{\max} - x_i^{\min}}$$

$$\text{负向指标：} r_{ij} = \frac{x_i^{\max} - x_{ij}}{x_i^{\max} - x_i^{\min}}$$

式中，r_{ij} —— 标准化后的无量纲数据值，最大值和最小值分别为 1 和 0；

x_{ij} —— 第 i 项指标第 j 年的实际数据值；

$x_i^{\max}$ 与 $x_i^{\min}$ —— 第 i 项指标在 2011—2020 年的最大值和最小值。

（二）熵值法确定权重

（1）由于在熵值法中运用到对数，标准化后的数值不能直接使用，需进行平移：

$$Z_{ij} = r_{ij} + A$$

式中，Z_{ij} —— 平移后数值；

A —— 平移幅度。

（2）将各指标同度量化，计算第 i 项指标下，第 j 年占该指标比重（p_{ij}）：

$$p_{ij} = Z_{ij} \Big/ \sum_{j=1}^{n} Z_{ij}, \quad i = 1, 2, \cdots, m; \quad j = 1, 2, \cdots, n$$

式中，m —— 指标个数，个；

n —— 样本个数，即年份数。

（3）计算第 i 项指标熵值（e_i）：

$$e_i = -k \sum_{j=1}^{n} p_{ij} \ln(p_{ij}), \quad i = 1, 2, \cdots, m; \quad j = 1, 2, \cdots, n$$

式中，$k = 1/\ln(n)$，$0 \leqslant e_i \leqslant 1$。

（4）计算第 i 项指标差异系数（g_i）：

$$g_i = 1 - e_i$$

（5）对差异系数归一化，计算第 i 项指标的权重（w_i）：

$$w_i = g_i \Big/ \sum_{i=1}^{m} g_i,\quad i = 1,2,\cdots,m$$

海南省海洋生态经济系统发展状态评价指标体系见表 3-3-1。

表 3-3-1　海南省海洋生态经济系统发展状态评价指标体系

目标层	系统层	状态层	基础指标层	指标属性
海洋生态经济系统发展水平	海洋生态子系统	海洋生态条件	近岸海域优良水质点位比例	正向
			人均海水产品产量	正向
			西沙群岛珊瑚礁珊瑚覆盖度	正向
			海南岛东海岸珊瑚覆盖度	正向
			海南岛东海岸海草覆盖度	正向
		海洋生态压力	入海河流优良水质比例	正向
			单位面积工业废水排放量	负向
			单位面积工业固体废物产生量	负向
			海平面上升	负向
		海洋生态响应	环保投入占 GDP 比重	正向
	海洋经济子系统	海洋经济规模	人均海洋生产总值	正向
			海洋生产总值占 GDP 比重	正向
			人均固定资产投资	正向
		海洋经济结构	海洋第二产业比重	负向
			海洋第三产业比重	正向
		海洋经济活力	海洋产业区位商	正向
	海洋社会子系统	社会人口	人口密度	负向
			城镇化水平	正向
		生活质量	城镇居民人均可支配收入	正向
			城镇居民人均消费总额	正向
			人均用电量	正向
			农村居民家庭恩格尔系数	负向

二、海洋生态经济系统发展水平评价方法

运用综合评价模型测算各子系统及复合系统的发展水平，按照表 3-3-2 评价发展状态。

表 3-3-2 海洋生态经济发展状态评价标准

评定系数	＜0.3	0.3～0.55	0.55～0.8	＞0.8
等级标准	差	一般	良好	优异

海南省海洋生态经济系统发展水平：

$$A = \mu_1 A_1 + \mu_2 A_2 + \mu_3 A_3$$

式中，A_1、A_2、A_3 —— 海洋生态子系统、海洋经济子系统和海洋社会子系统的发展水平；

μ_1、μ_2、μ_3 —— 各子系统在复合系统发展水平中所占比重。

海洋生态子系统发展水平：

$$A_1 = \sum_{p=1}^{n_1} \mu_p \sum_{i=1}^{m_1} \mu_i r_{ij}$$

式中，μ_p —— 海洋生态子系统中第 p 个状态层所占权重；

n_1 —— 海洋生态子系统中状态层个数；

r_{ij} —— 海洋生态子系统中第 p 个状态层第 i 项指标第 j 年的标准化值；

μ_i —— 海洋生态子系统中第 p 个状态层第 i 项基础指标所占权重；

m_1 —— 第 p 个状态层基础指标数。

同理可得海洋经济子系统和海洋社会子系统发展水平。

三、海洋生态经济系统协调度评价方法

运用环境经济协调度模型测算两两子系统的协调度和复合系统的综合协调度。按照表 3-3-3 评价发展协调度。

表 3-3-3　复合系统发展协调度评价标准

协调度指数	0～0.09	0.1～0.19	0.2～0.29	0.3～0.39	0.4～0.49
等级标准	极度失调衰退	严重失调衰退	中度失调衰退	轻度失调衰退	濒临失调衰退
协调度指数	0.5～0.59	0.6～0.69	0.7～0.79	0.8～0.89	0.9～1
等级标准	勉强协调发展	初级协调发展	中级协调发展	良好协调发展	优质协调发展

海南省海洋生态经济系统协调度（C）：

$$C=\sqrt[3]{C_1\cdot C_2\cdot C_3}$$

式中，C_1、C_2、C_3 —— 海洋生态子系统与海洋经济子系统的协调度、海洋经济子系统与海洋社会子系统的协调度、海洋生态子系统与海洋社会子系统的协调度。

两两子系统的协调度（C_1）：

$$C_1=\left\{\left[f(p)\cdot g(t)\right]\Big/\left[\frac{f(p)+g(t)}{2}\right]^2\right\}^2$$

$$f(p)=\sum_{i=1}^{m}\alpha_i p_i$$

$$g(t)=\sum_{j=1}^{n}\beta_j t_j$$

式中，α_i、β_j —— 海洋生态子系统、海洋经济子系统的基础指标权重；

p_i、t_j —— 海洋生态子系统和海洋经济子系统标准化后的指标值；

C_1 —— 海洋生态子系统与海洋经济子系统的协调度，$0\leqslant C_1\leqslant 1$。

同理可得海洋经济子系统与海洋社会子系统、海洋生态子系统与海洋社会子系统的协调度。

第二节　海洋生态经济系统发展水平评价结果

一、海洋生态经济系统发展水平

2011—2020 年，海南省海洋生态经济系统综合发展状态有向好趋势，历经差、一般和良好 3 个阶段：2011—2014 年海南省海洋生态经济系统综合发展处于较差状态，2015—2017 年海南省海洋生态经济系统综合发展处于一般状态，2018—2020 年海南省海洋生态经济系统综合发展处于良好状态。

海南省海洋生态经济系统综合发展水平由 2011 年的 0.22 上升到 2020 年的 0.65。2011—2014 年发展水平总体变化不大，2015—2018 年以平均每年 0.1 左右的速度稳步提升，2019—2020 年保持稳定（图 3-3-1）。

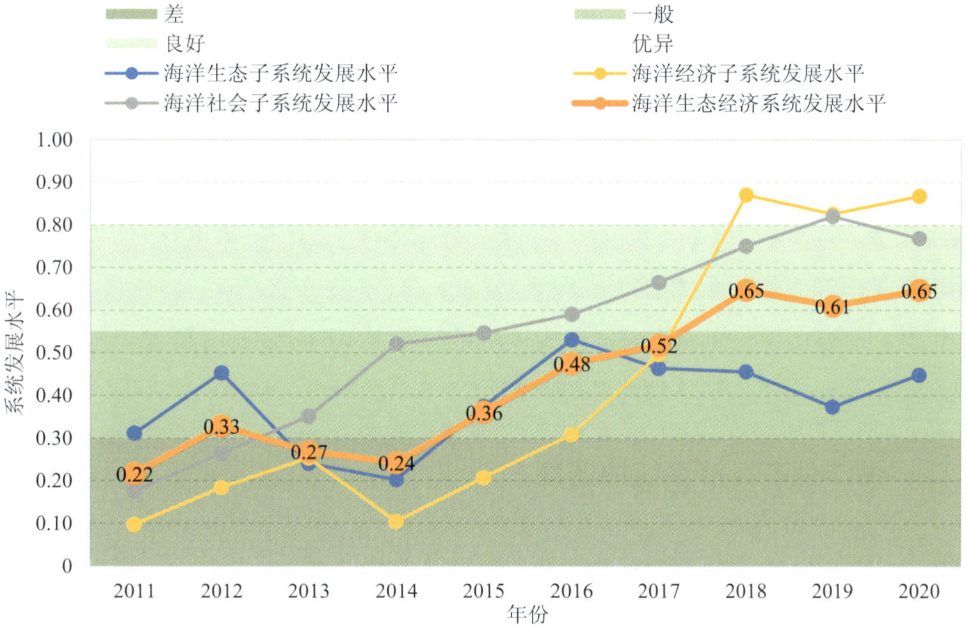

图 3-3-1 2011—2020 年海南省海洋生态经济系统发展水平

从各子系统发展状态来看，海洋经济子系统和海洋社会子系统发展水平均有大幅提升，已发展到良好至优异状态；相比之下，海洋生态子系统发展水平呈波动变化，仍处于一般状态。

海洋经济子系统发展水平总体呈上升趋势，“十三五”时期发展水平明显好于“十二五”时期的发展水平。除 2014 年出现下降外，其余年份均有所上升，主要是因为 2014 年海洋生产总值占 GDP 比重和海洋产业区位商为十年间最低，海洋第二产业比重最高，海洋经济增速和海洋产业结构相对较差。随着海洋经济增速的加快和海洋产业结构的逐步优化，发展水平明显好转，到 2018 年达到峰值，2018 年自由贸易港政策的推进让海南省经济得到了飞速发展，使当年发展水平提升了两个等级。2018—2020 年海洋第三产业比重始终维持在 67%左右，海洋第二产业比重下降至 15%左右，海洋经济子系统发展稳定在较高水平。

海洋社会子系统发展水平逐年上升，年上升幅度较均匀，表明海南省城镇化水平和人民生活质量都在稳步提升。随着自由贸易港建设的推进，人口红利不断释放，未来人口增多可能会增加生态环境的压力。

海洋生态子系统发展水平处于波动变化，总体保持稳定。“十三五”期间发展水平略好于“十二五”期间，峰值出现在 2016 年，2016—2019 年小幅下降，2020 年有所回升。从海洋生态子系统各指标变化情况来看，2011—2020 年近岸海域水质优良比例维持较高水平，海平面上升幅度有所下降，西沙群岛珊瑚礁覆盖度大幅上升，环保投入占 GDP 比重增加，但海草床生态系统海草覆盖度下降，工业废水排放量、工业固体废物产生量不断增加，入海河流水质没有明显好转，导致海洋生态环境所承载的压力越来越大，从而影响了海洋生态子系统的发展。

因此，若要实现将海南省海洋生态经济系统综合发展状态提升至优异等级，就应高度重视海南省海洋生态子系统的发展问题。

二、海洋生态经济系统协调度

2011—2020 年，海南省海洋生态经济复合系统发展协调度由 2011 年的 0.51 增长到 2020 年的 0.95，年增长率为 7.2%。2011—2013 年发展协调度直线上升，由勉强协调发展上升为优质协调发展，2014 年发展协调度下降，变为初级协调发展，2014—2016 年缓慢上升，由初级协调发展上升为中级协调发展，2017—2020 年稳定为优质协调发展。

2011—2013 年，海南省海洋经济发展与海洋社会进步速度均较为缓慢，同时由于海洋第三产业所占比重较大，海洋经济社会发展对海洋生态产生的胁迫作用较小，海洋生态对海洋经济社会发展的约束作用不明显，海洋经济子系统与海洋生态子系统、海洋社会子系统与海洋生态子系统的协调度处于同步协调阶段；2013—2016 年，伴随海洋经济的发展和社会的进步，海洋经济子系统与海洋生态子系统、海洋社会子系统与海洋生态子系统的协调度出现拮抗现象；2016—2020 年，由于海南省海洋社会飞速发展，特别是 2018 年以后自由贸易港建设的推进促使海南省经济飞速发展，基础设施投入增大、人民生活水平提高，加上“绿水青山就是金山银山”“像保护眼睛一样保护生态环境，像对待生命一样对待生态环境”等观念逐渐深入人心，海洋生态响应积极，环保投入相对较大，海洋经济子系统与海洋生态子系统、海洋社会子系统与海洋生态子系统的协调度处于同步协调阶段，可持续发展态势较好（图 3-3-2）。

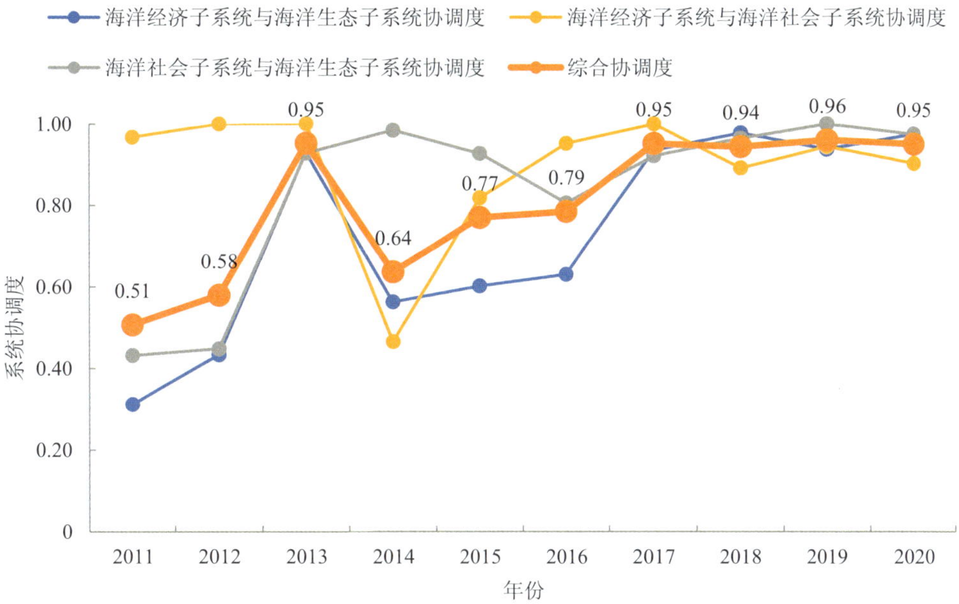

图 3-3-2　2011—2020 年海南省海洋生态经济系统协调度

第四章
声环境质量关联分析

第一节　分析方法与指标

海南省声环境质量与社会经济发展的关联分析采用 2011—2020 年数据，分析方法与指标来源同本篇第一章“环境空气质量关联分析”，此处不再赘述。

第二节　关联分析结果

一、区域声环境质量与社会经济发展关联分析

海南省第三产业生产值在产业结构中占比最大，第三产业生产值呈逐年上升趋势，2020年较2011年上升189.0%，海南省昼间区域平均等效声级与第三产业生产值的斯皮尔曼相关系数为0.742，两者存在显著的正相关关系，海南省第三产业生产值增长对区域声环境有一定影响（表3-4-1、图3-4-1）。

表 3-4-1　2011—2020 年区域昼间平均等效声级与社会经济相关性分析

指标		海南省 GDP	第三产业生产值	接待过夜游客人数
昼间区域平均等效声级	相关系数	0.742*	0.742*	0.681*
	显著性（双尾）	0.014	0.014	0.030

注：*表示在 0.05 级别（双尾），相关性显著。

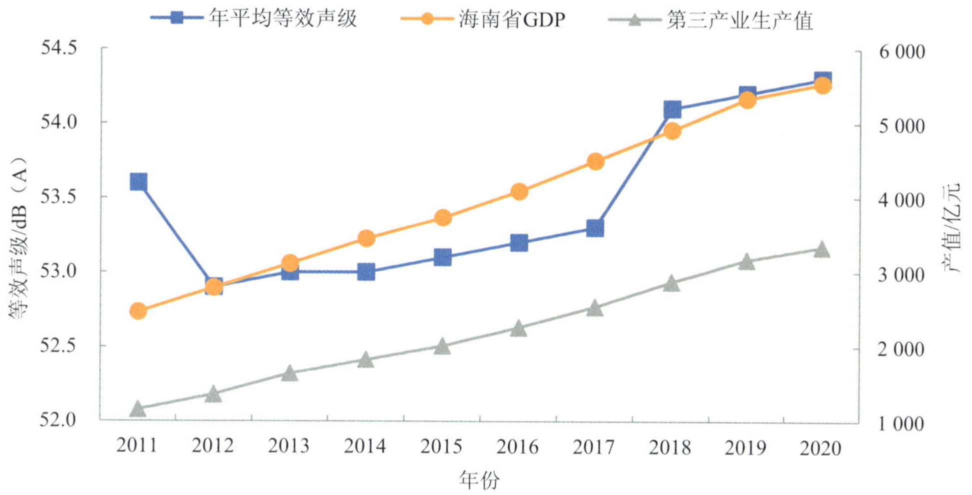

图 3-4-1　2011—2020 年 GDP 与区域昼间平均等效声级变化

旅游业是海南省三大主导产业之一，过夜游客人数总体呈逐年上升趋势，2020 年较 2011 年上升 147.8%。海南省昼间区域平均等效声级与过夜游客人数的斯皮尔曼相关系数为 0.681，两者存在显著的正相关关系，随着过夜游客人数的增加，交通运输、住宿和餐饮等服务行业迅速发展，直接影响各类声源（表 3-4-1、图 3-4-2）。

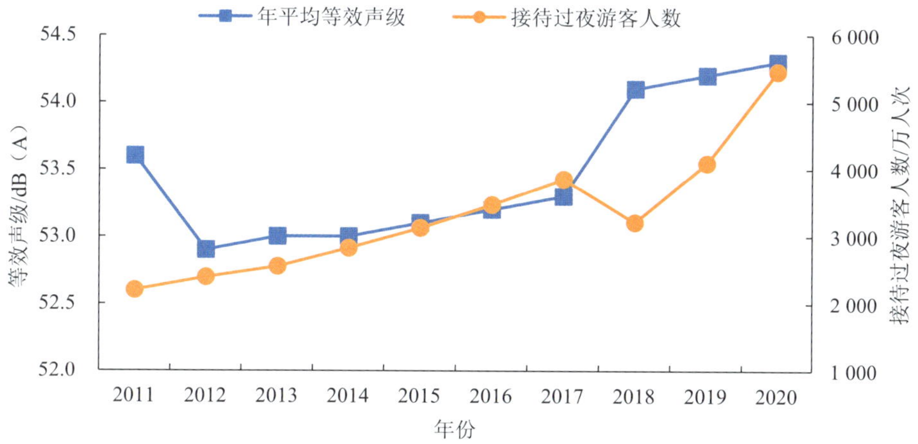

图 3-4-2　2011—2020 年接待过夜游客人数与区域昼间平均等效声级变化

2011—2020 年，随着海南省的不断发展和建设，全省经济水平快速提升，各行业加快发展步伐，海南省 GDP 持续增长，人民生活水平不断提高，休闲娱乐活动方式更加丰富；加上旅游业快速发展，带来大量过夜游客，服务行业增多，区域噪声平均等效声级也随之上升。

二、道路交通声环境质量与社会经济发展关联分析

2011—2020 年，海南省民用汽车总量明显上升，2020 年较 2011 年增加了 2 倍以上；实有路段长度也逐年上升，2020 年较 2011 年翻一番。海南省昼间道路交通等效声级长度加权平均值与民用汽车总量、实有路段长度的斯皮尔曼相关系数分别为−0.866、−0.835，两者均存在显著负相关关系（表 3-4-2）。

表 3-4-2　2011—2020 年道路交通等效声级长度加权平均值与社会经济相关性分析

指标		民用汽车总量	实有路段长度
昼间道路交通等效声级长度加权平均值	相关系数	−0.866**	−0.835**
	显著性（双尾）	0.001	0.003

注：**表示在 0.01 级别（双尾），相关性显著。

虽然海南省民用汽车总量不断上升，但是通过不断加强道路交通建设和机动车管理，优化道路建设，延长、加宽各路段，增加新的路线，使交通更加发达，建立公交车专用车道来减缓道路交通拥堵压力，加上政府部门对鸣笛等道路交通噪声管控力度加大，使得道路交通噪声影响总体得到有效控制。

2011—2020 年民用汽车总量与昼间道路交通等效声级长度加权平均值变化见图 3-4-3。

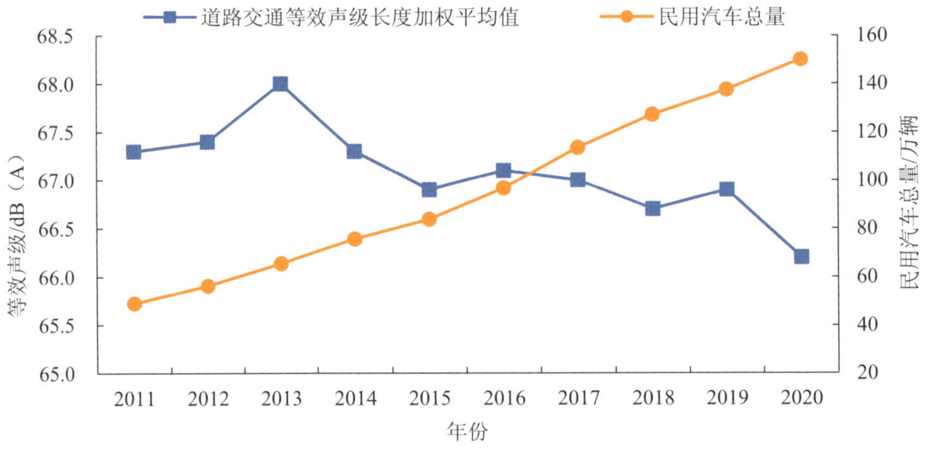

图 3-4-3　2011—2020 年民用汽车总量与昼间道路交通等效声级长度加权平均值变化

2011—2020 年实有路段长度与昼间道路交通等效声级加权平均值变化见图 3-4-4。

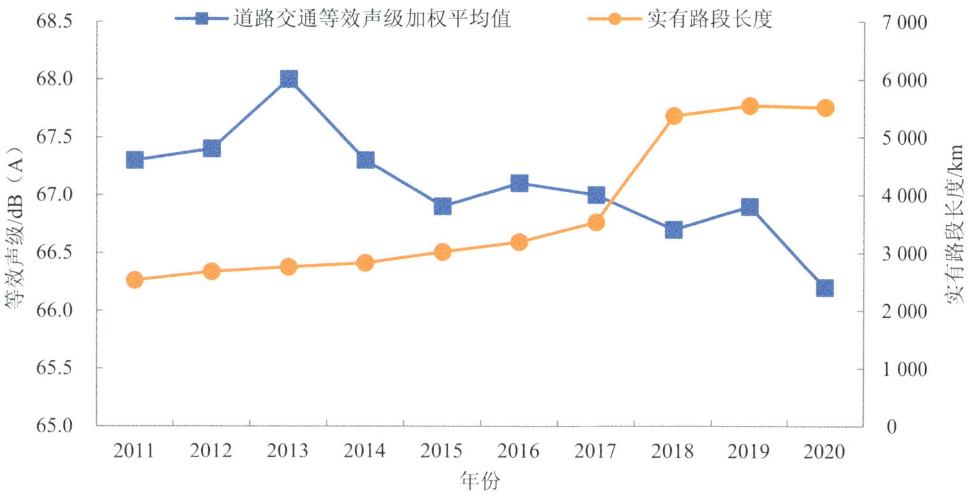

图 3-4-4　2011—2020 年实有路段长度与昼间道路交通等效声级加权平均值变化

第五章
生态质量关联分析

第一节　分析方法与指标

生态质量主要用于反映被评价区域内生物的丰贫、植被覆盖的高低、水的丰富程度、遭受的胁迫强度、承载的污染物压力等，与社会经济、生产生活、自然环境等密切相关。海南省各市县生态质量与社会经济、林业、农业等指标的关联分析采用 2015—2020 年数据，分析方法与指标来源同本篇第一章“环境空气质量关联分析”，此处不再赘述。

第二节　关联分析结果

一、生态质量与各分指标关联分析

海南省各市县 EI 与分指标的相关性分析结果表明，EI 值与生物丰度指数、植被覆盖指数呈显著的正相关关系，表明生物丰度和植被覆盖指数是主导海南省生态环境状况指数变化的关键指标。海南省生态环境良好，森林覆盖率高达 62.1%，植被类型和生物多样性丰富，使得生物丰度指数、植被覆盖指数持续保持较高水平，各市县生态环境状况指数多数达到优良等级。EI 值与水网密度指数也呈较好的正相关关系，但相关系数较低。EI 值与土地胁迫指数呈显著的负相关关系，土地胁迫指数越高，生态环境状况指数越低。EI 值与污染负荷指数相关性不显著（表 3-5-1、图 3-5-1）。

表 3-5-1 生态环境状况指数与各分指数相关性分析

指标		生物丰度指数	植被覆盖指数	水网密度指数	土地胁迫指数	污染负荷指数
EI	相关系数	0.938**	0.859**	0.284**	−0.670**	−0.150
	显著性	0.000	0.000	0.006	0.000	0.121

注：**表示在 0.01 级别（双尾），相关性显著。

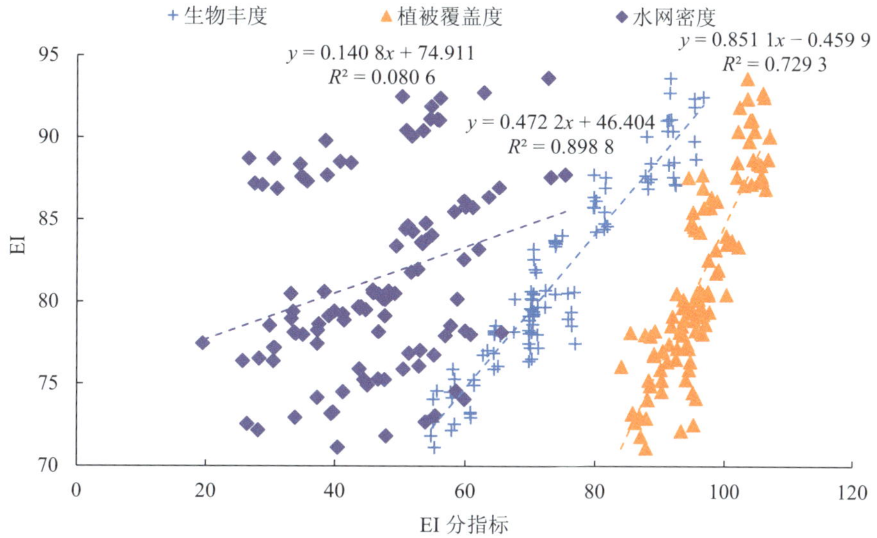

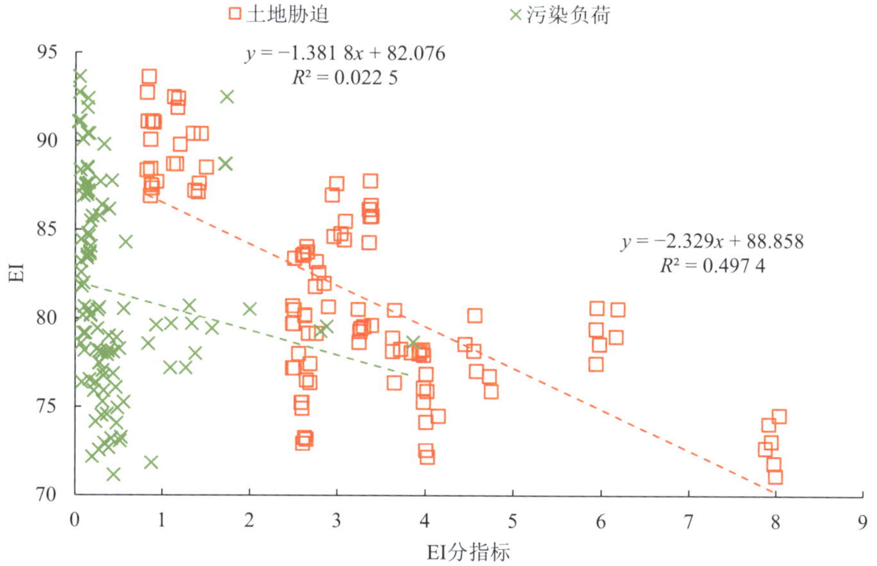

图 3-5-1 生态环境状况指数与各分指数相关关系

二、生态质量与经济指标关联分析

“十三五”期间，海南省坚持用新发展理念推动高质量发展，全面深化改革开放，营商环境不断改善，经受住了最严房地产调控的考验和新冠肺炎疫情的巨大冲击，经济增长保持在合理区间，经济结构持续优化，质量效益逐步提高。“十三五”期间，年度 GDP 超过 5 000 亿元，年均增长率达到 6.5%，主要经济指标保持快速增长。经济发展和生态质量变化一直以来都存在难以协调的矛盾，两者的关系是普遍受关注的问题。

各市县 EI 值和主要经济指标的相关性分析结果表明，EI 值与相关经济指标呈负相关。目前海南省经济呈现沿海地区强于中部山区、东部地区优于西部地区的格局，而经济相对较弱的地区主要集中于生态良好的中部山区。从产业结构来看，第一产业对各市县生态质量影响较大，而第三产业影响相对较弱，表明经济发展与生态质量矛盾仍然存在，各产业的发展依然会对生态质量产生一定的负面影响，产业结构优化对生态质量的提升还有一定的空间（表 3-5-2、图 3-5-2）。

表 3-5-2　生态质量与主要经济指标相关性分析

指标		GDP	人均 GDP	第一产业	第二产业	第三产业	规模以上工业产值	规模以上工业增加值	房地产投资	农林牧渔业总产值	农业产值	牧业产值
EI	相关系数	−0.625**	−0.495**	−0.575**	−0.529**	−0.414**	−0.496**	−0.488**	−0.416**	−0.570**	−0.442**	−0.379**
	显著性	0.000	0.000	0.000	0.000	0.000	0.000	0.000	0.000	0.000	0.000	0.000

注：**表示在 0.01 级别（双尾），相关性显著。

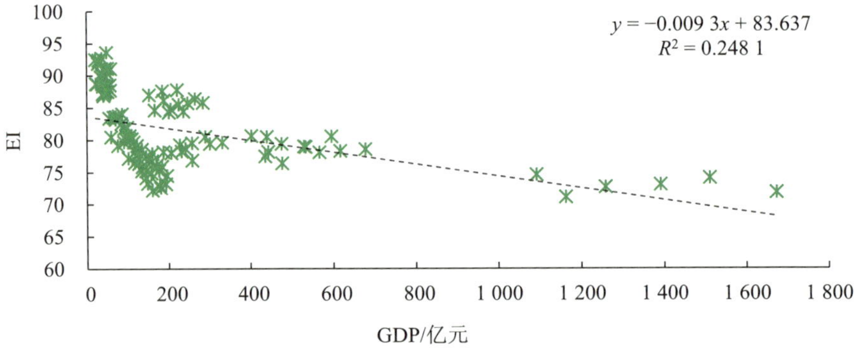

图 3-5-2　生态质量与国民生产总值的相关关系

三、生态质量与人口指标关联分析

各市县EI值和人口指标的相关性分析结果表明，EI值与人口呈显著的负相关关系，其中与农村人口的负相关关系较强，表明农村人口规模对生态质量的影响更为突出。

农村人口规模和人类活动与自然环境的影响密切相关，尤其是农业生产活动对生态质量影响较大。而城镇人口多分布于周边沿海地区，居住及活动范围相对集中，且海南省几乎没有大型工业生产活动，对生态质量影响较弱。随着城镇化进程的加快及海南省人才引进力度的增强，农村人口占比逐年减少，城镇人口占比不断增加，人口结构对生态环境状况的影响势必会逐步减弱（表 3-5-3、图 3-5-3）。

表 3-5-3 生态质量与人口指标的相关性分析

指标		人口	城镇人口	农村人口	城镇人口比例
EI	相关系数	−0.539**	−0.486**	−0.602**	−0.385**
	显著性	0.000	0.000	0.000	0.000

注：**表示在 0.01 级别（双尾），相关性显著。

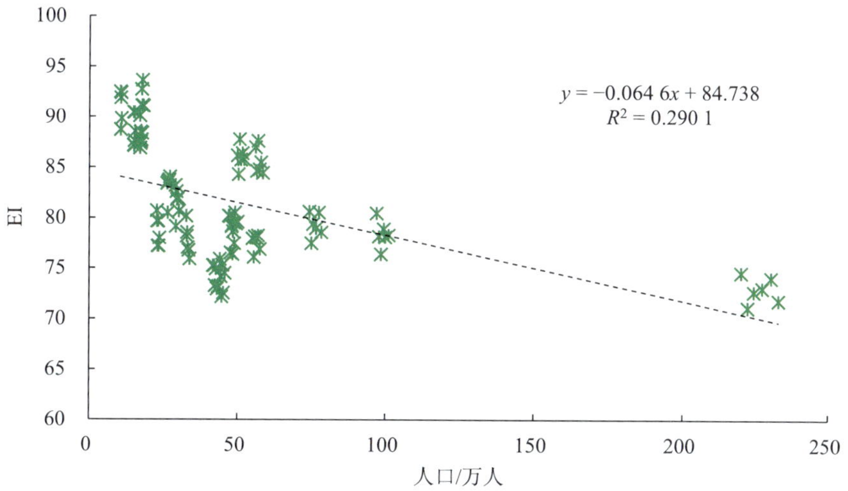

图 3-5-3 生态质量与人口的相关关系

四、生态质量与农业指标关联分析

各市县 EI 值和农业指标的相关性分析结果表明，农用化肥施用量、氮肥施用量、磷肥施用量、耕地面积、播种面积、灌溉面积和生态环境状况均具有较强的负相关关系，说明生态质量受农业生产活动影响显著。

农业生产过程会降低植被覆盖度，消耗大量的水资源，造成水土流失，同时农业面源污染增加了环境污染负荷压力，进而影响生态质量。近年来，随着退耕还林等一系列政策的落实，海南省耕地面积逐步减少，过度垦殖带来的环境问题逐步解决，农药、化肥施用量也在逐渐减少，农业发展质量逐步提高，对海南省生态质量进一步改善发挥了积极作用（表 3-5-4、图 3-5-4）。

表 3-5-4　生态质量与农业指标的相关性

指标		农用化肥施用量	氮肥施用量	磷肥施用量	农药使用量	耕地面积	播种面积	灌溉面积
EI	相关系数	−0.573**	−0.556**	−0.519**	0.111	−0.794**	−0.666**	−0.642**
	显著性	0.000	0.000	0.000	0.251	0.000	0.000	0.000

注：**表示在 0.01 级别（双尾），相关性显著。

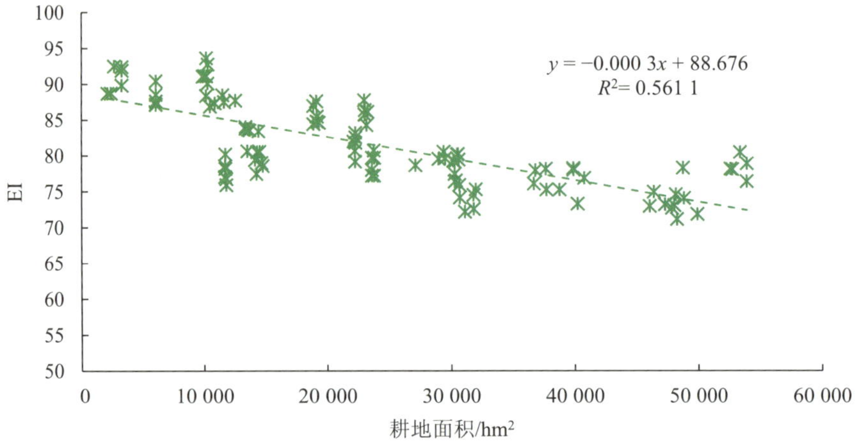

图 3-5-4　生态质量与耕地面积的相关关系

五、生态质量与林业指标关联分析

海南省是我国森林覆盖率最高的省份之一，森林对生态质量影响较大。各市县EI值和森林面积的相关性分析结果表明，森林面积与EI值的斯皮尔曼相关系数为0.419，森林面积和生态质量具有显著的正相关关系（图3-5-5）。

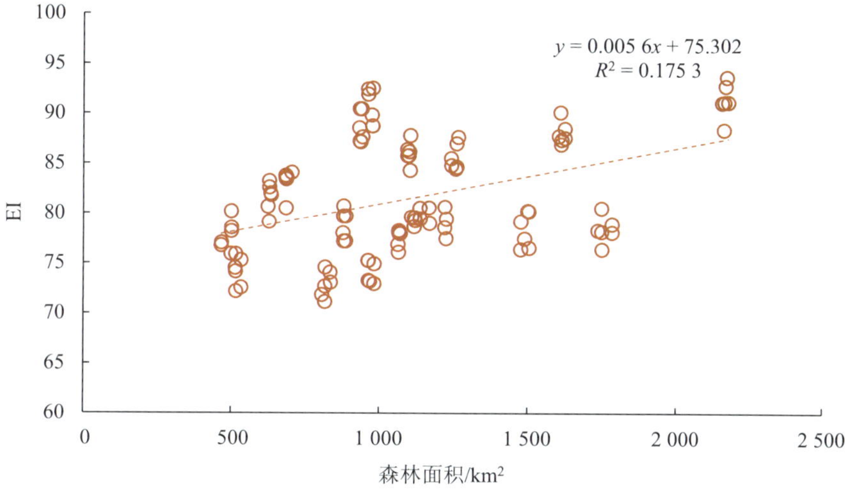

图 3-5-5 生态质量与森林面积相关关系

“十三五”期间，海南省不断加强林业生态保护建设，落实天然林保护行动，大力实施林业生态修复和造林绿化。2020 年，海南省森林覆盖率为 62.1%，森林质量得到进一步提高。随着国家对生态文明建设和生态环境保护作出的重大战略安排，强化生态保护和修复监管，海南省森林数量和质量将会持续提高，对进一步改善海南省生态环境状况将发挥重要作用。

六、生态质量与污染物排放关联分析

各市县 EI 值和污染物排放量的相关性分析结果表明，生态质量与化学需氧量、氨氮、二氧化硫、氮氧化物、颗粒物等主要污染物排放量呈显著的负相关关系（表 3-5-5）。

现有的统计资料表明，二氧化硫主要为工业源排放；氮氧化物主要为工业源、机动车、生活和集中式排放；烟（粉）尘主要为工业源排放；化学需氧量主要来自城镇生活源，工业源次之，农业源和集中式排放占比不大；氨氮主要为城镇生活源排放，占比超过 90%。“十三五”期间，海南省主要污染物减排取得了显著成效，完成了国家下达的目标，但仍面临不少困难和挑战。随着海南省经济发展的提速需求强烈，工业企业和基础设施项目数量、规模增长加速，海南省加快自由贸易港建设等会进一步增加主要污染物减排基数，压力陡增。根据海南省“十四五”主要污染物减排方案要求，“十四五”期间海南省有能力完成新时期的减排目标，持续改善生态质量。

表 3-5-5　生态质量与主要污染物排放量的相关性

指标		化学需氧量	氨氮	二氧化硫	烟（粉）尘	氮氧化物
EI	相关系数	−0.474**	−0.489**	−0.630**	−0.422**	−0.663**
	显著性	0.000	0.000	0.000	0.000	0.000

注：**表示在 0.01 级别（双尾），相关性显著。

专栏 9　新冠肺炎疫情对海南省环境空气质量的影响

2020年，受新冠肺炎疫情影响，全国范围内污染物排放强度有所降低。海南省人为活动和工业生产同样大幅减少，尤其是正值旺季的旅游业受影响较大。在疫情影响最大的2—4月，海南省接待旅客总人次同比下降均超过40%，旅客运输量同比下降80%左右，社会用电量同比下降10%左右，规模以上工业综合能源消费量变化幅度不大。可见，总体能源消耗和交通污染排放均同比下降，对环境质量的压力减小，$PM_{2.5}$浓度水平同比也有所下降，见下图。

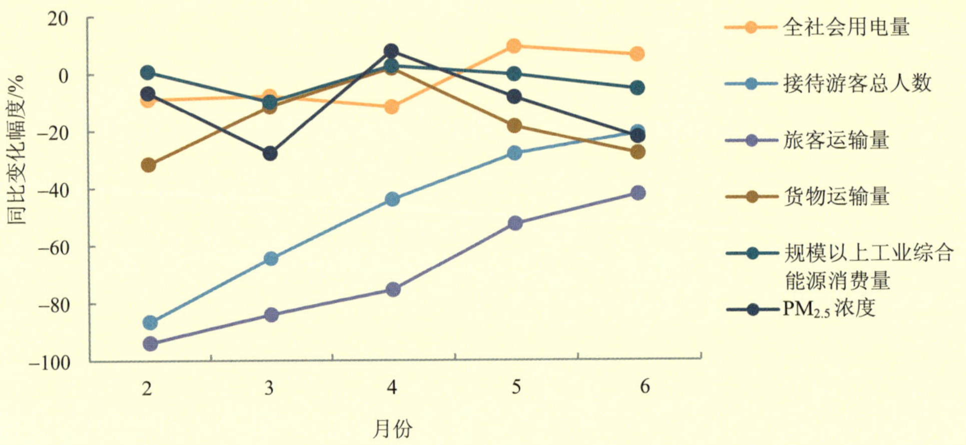

2020 年新冠肺炎疫情期间 $PM_{2.5}$ 浓度与相关指标同比变化幅度

为真实反映正常活动水平下2020年海南省 $PM_{2.5}$浓度水平，将受新冠肺炎疫情影响集中的2020年2—6月每月平均值，与2018年和2019年2—6月的平均值进行替换比对分析，得出扣除新冠肺炎疫情影响后2020年海南省 $PM_{2.5}$年均浓度为15 μg/m³，即疫新冠肺炎情对海南省 $PM_{2.5}$浓度下降贡献约为2 μg/m³。扣除新冠肺炎疫情影响后，海南省 $PM_{2.5}$浓度仍然保持每年下降1 μg/m³的趋势，见下图。

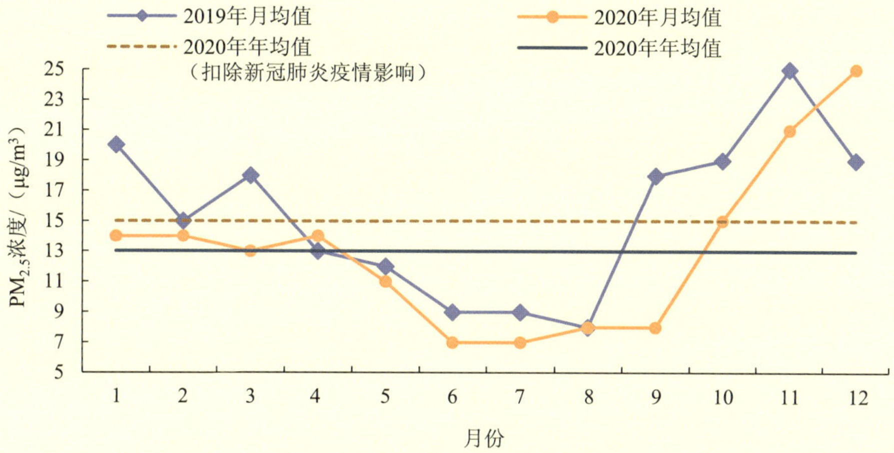

2020 年海南省环境空气 $PM_{2.5}$ 浓度

第四篇

生态环境质量预测与形势分析

SHENGTAI HUANJING ZHILIANG
YUCE YU XINGSHI FENXI

“十四五”期间，海南省要着力打造生态文明建设样板区、绿色低碳循环发展先行区、生态环境质量标杆区、陆海统筹保护发展实践区、“绿水青山就是金山银山”转化实践试验区、生态环境治理能力现代化示范区，建设人与自然和谐共生的美丽中国海南样板，成为中国向世界展示习近平生态文明思想实践成果的重要窗口。

灰色预测模型对“十四五”期间海南省生态环境质量的预测结果表明，环境空气优良天数比例可保持在全国领先水平，颗粒物浓度总体保持下降趋势，臭氧浓度仍有上升趋势；地表水水质优良比例波动变化，化学需氧量、总磷浓度有上升趋势；区域声环境平均等效声级呈上升趋势，道路交通等效声级呈下降趋势；生态质量保持为优，EI 值呈逐年下降趋势。部分指标与“十四五”目标存在差距。

在建设自由贸易港的背景下，海南省要走出一条人与自然和谐发展的路子，不负习近平总书记“没有生态保护就没有自由贸易港”的嘱托。海南省不仅有自由贸易港政策红利、自然生态环境本钱、生态文明思想社会共识的突出优势，更有环境容量压力倍增、环境质量改善突破“瓶颈”难度倍增、要求与能力反差倍增的主要挑战。海南省在自由贸易港新时期承担着生态文明建设的特殊使命，必须把保护好生态环境作为建设发展的首要前提，补足生态保护“欠账”，促进经济社会发展全面绿色转型，建设生态环境世界领先的自由贸易港，让生态环境优势真正转化为发展优势。

第一章 “十四五”生态环境保护主要目标任务

“十四五”期间，在建设自由贸易港的背景下，海南省将锚定“两个领先”目标，坚持改革创新。到 2025 年，海南省生态环境质量持续保持全国领先水平，整体补齐生态环境领域基础设施短板，生态文明制度更加完善，推动经济社会发展全面绿色转型，生态文明领域治理体系和治理能力现代化水平明显提高，建成空气清新、水体洁净、土壤安全、生态良好、人居整洁的美丽海南。

一是坚持高质量引领，推动绿色低碳循环发展。坚持节约优先、保护优先、绿色发展，统筹自然资源开发与生态保护，优化国土空间布局，构建绿色低碳循环经济体系，提高资源能源利用效率，培育绿色新动能，促进经济社会发展全面绿色低碳转型。

二是坚持高效能降碳，主动落实“双碳”目标。面向碳达峰目标、碳中和愿景，实施积极应对气候变化战略，全面融入生态文明建设整体布局，协同推进应对气候变化与环境治理、生态保护修复，降低碳排放总量和强度，主动落实碳达峰和碳中和目标。

三是坚持高协同联动，建设陆海统筹保护发展实践区。坚持陆海规划统筹、功能协调、环境质量标准衔接，以“美丽海湾”为总抓手，建设“碧海蓝天、洁净沙滩”的美丽海洋，提升公众临海亲海的幸福感，建设陆海统筹保护发展实践区。

四是坚持高精准治污，打造环境质量全国“标杆”。突出精准治污、科学治污、依法治污、系统治污，实施精细化环境污染治理，深入打好污染防治攻坚战，持续保持生态环境质量全国领先。

五是坚持高水平保护，维护自由贸易港生态安全。坚持尊重自然、顺应自然、保护自然，推进山水林田湖草自然生态系统治理与保育，实施典型生态系统修复和生物多样性保护工程，强化生态保护监管，提升自然生态系统质量和稳定性，维护海南自由贸易港的生态安全。

六是坚持高标准防控，守牢生态环境底线。补齐城乡环境基础设施短板，系统提升环境基础设施保障能力，建立健全生态环境应急体系，有效防范生态环境风险，保障生态环境与健康。

七是坚持高效率监管，构建现代化治理体系。围绕海南自由贸易港及国家生态文明试验区建设，海南省实行最严格的生态环境保护制度，深化生态环境领域改革集成，大力提升生态环境监管能力，持续推进生态环境治理体系和治理能力现代化。

八是坚持高品质行动，弘扬现代生态文化。坚持广泛发动，开展生态文明宣传教育，繁荣海南特色生态文化，在全社会厚植崇尚简约、低碳的社会风尚，推动城乡居民生活方式和消费理念的绿色化，形成文明健康的生活新风尚。

海南省“十四五”生态环境保护规划涉及生态环境质量的主要指标见表 4-1-1。

表 4-1-1 海南省“十四五”生态环境保护规划涉及生态环境质量的主要指标

序号	指标	2020 年目标值	2020 年现状值	2025 年目标值	指标属性
1	市县环境空气质量优良天数比例/%	≥98	99.5	保持稳定	约束性
2	市县细颗粒物（$PM_{2.5}$）年均浓度/（μg/m^3）	≤20	13	11	预期性
3	O_3 第 90 百分位数浓度/（μg/m^3）	—	105	保持稳定	预期性
4	地表水达到或好于III类水体比例/%	—	90.1	95	约束性
5	地表水质量劣V类水体比例/%	—	0.7	0	约束性
6	地下水质量为V类水比例/%*	—	10.3★	完成国家下达目标	预期性
7	近岸海域水质优良（一类、二类）比例/%	≥95	99.9	保持稳定	约束性
8	生态质量指数（新 EI）	—	80.91★	稳中有升	预期性

注：1. *国家地下水监测评价点位中，水质为V类的点位所占比例；2.★根据新的计算方法初步计算的结果；3.“—”表示海南省“十三五”生态环境保护规划中无该指标。

第二章 生态环境质量预测

第一节　预测模型概述

灰色系统理论以部分信息已知、信息未知的小数据、贫信息不确定系统为研究对象，主要对部分已知信息进行生成、开发，通过提取有价值的信息，实现对系统运行行为、演化规律的正确描述，进而实现对其未来变化的定量预测。

GM 系列模型是灰色预测理论的基本模型，灰色预测模型所需建模信息少，运算方便，建模精度高，在各个领域都有着广泛的应用，是处理小样本预测问题的有效工具。生态环境质量指标多为非指数增长序列和振荡序列，宜选择微分、差分混合形式的均值 GM（1，1）模型（EGM）进行建模预测。

（1）对原始数据列 $X^{(0)}=[x^{(0)}(1),x^{(0)}(2),\cdots,x^{(0)}(n)]$ 进行一次累加得到序列 $X^{(1)}=[x^{(1)}(1),x^{(1)}(2),\cdots,x^{(1)}(n)]$，其中 $x^{(1)}(k)=\sum_{i=1}^{k}x^{(0)}(i),k=1,2,\cdots,n$。

（2）对于 $X^{(1)}$ 建立差分方程模型 $\frac{\mathrm{d}x^{(1)}}{\mathrm{d}t}+ax^{(1)}=b$，求解后可以得到时间响应式：

$$x^{(1)}(k)=\left[x^{(0)}(1)-\frac{b}{a}\right]e^{-a(k-1)}+\frac{b}{a},\quad k=1,2,\cdots,n$$

（3）利用已有样本和最小二乘法估计式确定参数 a、b。

（4）计算模型预测结果的平均相对误差，检验模型模拟精度是否合格，如果模型检验未通过则采取残差修正方法对模型进行修正。

相对误差精度检验等级参照见表 4-2-1。

表 4-2-1 相对误差精度检验等级参照表

精度等级	一级	二级	三级	四级
相对误差临界值	0.01	0.05	0.10	0.20

第二节 预测结果分析

一、“十四五”期间环境空气质量预测

利用 2015—2020 年海南省 $PM_{2.5}$ 年均浓度和 O_3 第 90 百分位数浓度数据构建 EGM 模型，对 2021—2025 年 $PM_{2.5}$ 年均浓度和 O_3 第 90 百分位数浓度进行预测，考虑到预测的客观性，2020 年 $PM_{2.5}$ 年均浓度采用扣除新冠肺炎疫情影响后的估算浓度（15 μg/m^3）参与计算。$PM_{2.5}$ 年均浓度和 O_3 第 90 百分位数浓度模拟平均相对误差分别为 2%和 4%，均达到二级精度，模型合格。

预测结果表明，“十四五”期间，海南省 $PM_{2.5}$年均浓度将保持下降趋势，2025年浓度将降至13 μg/m^3，距“十四五”生态环境保护规划目标（11 μg/m^3）仍有2 μg/m^3的差距；O_3第90百分位数浓度则为上升趋势，2025年浓度将达到133 μg/m^3（表4-2-2）。

表 4-2-2 “十四五”期间海南省环境空气质量预测结果

指标	预测年份	预测值/（μg/m^3）	指标	预测年份	预测值/（μg/m^3）
$PM_{2.5}$	2021	15	O_3	2021	115
	2022	14		2022	119
	2023	14		2023	123
	2024	14		2024	128
	2025	13		2025	133

“十四五”期间，海南省自由贸易港的建设和各行各业的发展使全社会用电量大幅增加，更加开放的船舶和货运运输政策可能会增加氮氧化物、颗粒物的排放。在海南清洁能源岛建设背景下，能源资源利用效率大幅提高，新增可再生能源发电装机约500万 kW，清洁能源消费比重达50%左右，清洁能源发电装机比重达82%，公共领域新增和更换车

辆100%使用清洁能源汽车，同时产业结构实施战略性调整。因此，凭借地理气候优势和清洁能源的使用，“十四五”期间海南省环境空气优良天数比例可保持全国领先水平，在98%左右的高水平波动变化；颗粒物浓度总体保持下降趋势，但不利天气条件下的O_3污染仍未得到有效解决，O_3仍有上升趋势。

二、“十四五”期间地表水环境质量预测

利用2011—2020年海南省河流、湖库的高锰酸盐指数、化学需氧量、氨氮、总磷年均浓度数据构建 EGM 模型并对2021—2025年进行预测，河流、湖库高锰酸盐指数浓度模拟平均相对误差分别为2.8%、2.3%；河流、湖库化学需氧量浓度模拟平均相对误差分别为2.7%、3.2%；河流、湖库氨氮浓度模拟平均相对误差分别为7.4%、7.4%；河流、湖库总磷浓度模拟平均相对误差分别为4.4%、5.5%，均达到三级精度以上，模型合格。

预测结果表明，“十四五”期间，河流高锰酸盐指数、化学需氧量、总磷浓度呈上升趋势，湖库高锰酸盐指数浓度变化不大，其余指标呈下降趋势。2025 年，河流总磷浓度将上升至 0.106 mg/L，超过Ⅱ类水质标准限值，其余指标浓度均保持达到Ⅱ类水质标准限值。随着“十四五”期间地表水环境质量监测网的扩大，监测范围向中小河流辐射，各主要污染物浓度均可能高于预测值（表 4-2-3）。

表 4-2-3 “十四五”期间海南省地表水环境质量预测结果

指标	预测年份	预测值/（mg/L）		指标	预测年份	预测值/（mg/L）	
		河流	湖库			河流	湖库
高锰酸盐指数	2021	3.2	2.7	化学需氧量	2021	12.5	10.2
	2022	3.2	2.7		2022	12.7	10.1
	2023	3.3	2.7		2023	12.9	9.9
	2024	3.4	2.7		2024	13.1	9.8
	2025	3.4	2.8		2025	13.2	9.7
氨氮	2021	0.26	0.14	总磷	2021	0.092	0.025
	2022	0.26	0.13		2022	0.095	0.024
	2023	0.25	0.13		2023	0.099	0.024
	2024	0.25	0.12		2024	0.102	0.024
	2025	0.24	0.12		2025	0.106	0.023

海南省废水排放主要为生活源排放，“十四五”期间将着力解决生活源带来的水污染问题。城镇发展方面，贸易投资和人员进出更加自由化、便利化，各方人才被吸引入岛，常住人口持续增长，县城新型城镇化水平显著提升，常住人口城镇化率提高到65%，加上旅游人口的增加，生活污水排放量、生活垃圾产生量必将有一个增长的过程，需从源头通过城镇污水管网全覆盖和垃圾收集分类转运处理体系建设加以解决。乡村发展方面，以实施乡村振兴战略为总抓手，持续深化农业供给侧结构性改革，加快推进农业农村现代化，引导发展绿色生态农业，统筹推进农村改厕、生活垃圾处理、污水处理和村容村貌提升，到2025年农村生活垃圾无害化处理率达到100%。但是，基础设施短板的补齐、居民尤其是农村居民生活习惯的改变都需要时间，同时海南岛的特殊地形和年际降水不均导致中小河流水质改善不易，进而制约着水质优良比例的提升，入海河流的水质还会影响个别港口海湾的水质。因此，预计“十四五”期间，海南省地表水水质优良比例波动变化，化学需氧量、总磷浓度会有所升高。

三、“十四五”期间声环境质量预测

利用2011—2020年海南省昼间区域声环境平均等效声级和昼间道路交通声环境等效声级长度加权平均值构建EGM模型，并对2021—2025年进行预测，昼间区域声环境平均等效声级和昼间道路交通声环境等效声级长度加权平均值模拟平均相对误差均为0.3%，达到一级精度，模型合格。

预测结果表明，“十四五”期间，海南省昼间区域声环境平均等效声级呈上升趋势，2025年将达到55.2 dB（A），区域声环境质量下降为一般；昼间道路交通声环境等效声级长度加权平均值呈下降趋势，2025年将降至65.7 dB（A），道路交通声环境质量保持为好（表4-2-4）。

表4-2-4 “十四五”期间海南省声环境质量预测结果

指标	预测年份	预测值/dB（A）	指标	预测年份	预测值/dB（A）
昼间区域声环境平均等效声级	2021	54.4	昼间道路交通声环境等效声级长度加权平均值	2021	66.3
	2022	54.6		2022	66.1
	2023	54.8		2023	66.0
	2024	55.0		2024	65.8
	2025	55.2		2025	65.7

一方面，“十四五”期间，海南省常住人口城镇化率将提高到65%，在全岛同城化的推进下，人口向城市聚集，集聚区水、电、气、路、通信及商业网点等市政公共设施快速建设，必定会增加施工噪声；地区生产总值要实现年均增长10%以上，旅游业、现代服务业、高新技术产业三大主导产业加快发展，将有一批企业入驻自由贸易港建厂，也会增加工业噪声；“处处有旅游、行行加旅游”的全域旅游发展使社会生活更加丰富，尤其是夜间旅游带来的夜间市集、夜游集聚区噪声不易控制。因此，“十四五”期间，海南省区域声环境平均等效声级呈上升趋势，区域声环境质量可能下降一个等级。

另一方面，“十四五”期间，海南省将构建智慧城市，城市运行更加顺畅，道路规划更加合理，有效分流车流量，拥堵路段减少，道路交通等效声级呈下降趋势，道路声环境质量保持为好。

四、“十四五”期间生态质量预测

《生态环境状况评价技术规范》（HJ 192—2015）2015 年开始实施，考虑到数据的可比性和有效性，利用 2015—2020 年海南省 EI 构建 EGM 模型，并对 2021—2025 年进行预测，EI 值模拟平均相对误差均为 0.4%，达到一级精度，模型合格。

预测结果表明，“十四五”期间，海南省 EI 值呈逐年下降趋势，2025 年预测值为 79.53，生态质量保持为优（表 4-2-5）。

表 4-2-5 “十四五”期间海南省生态质量预测结果

指标	预测年份	预测值
生态环境状况指数（EI）	2021	80.44
	2022	80.22
	2023	79.99
	2024	79.76
	2025	79.53

“十四五”期间，海南省生态文明制度体系将更加完善，国土空间保护开发格局将得到优化，“多规合一”“三线一单”落地应用将有效遏制不合理开发带来的生态破坏，保证森林覆盖率维持在 62%左右，高水平的生物多样性和植被覆盖率可保障“十四五”时期海南省生态质量持续为优。

第三章 建设自由贸易港背景下的生态环境质量形势分析

海南省在自由贸易港建设新时期承担着生态文明建设的特殊使命，要走出一条人与自然和谐发展的路子。自由贸易港建设正在全力推进，机遇与风险并存，必须清醒地认识到其中的优势和挑战，才能不负习近平总书记“没有生态保护就没有自由贸易港”的嘱托。

一、突出优势

（一）中国特色自由贸易港建设带来了政策红利

在 2018 年“4·13”庆祝海南建省办经济特区 30 周年大会上的重要讲话中，习近平总书记强调海南生态环境是大自然赐予的宝贵财富，必须倍加珍惜、精心呵护；要求海南要牢固树立和全面践行“绿水青山就是金山银山”理念，在生态文明体制改革上先行一步，为全国生态文明建设作出表率；宣布党中央决定支持海南建设国家生态文明试验区，为全国生态文明建设探索经验，这是海南的重大使命。

2020 年 6 月，《海南自由贸易港建设总体方案》公布，将海南岛打造成具有较强国际影响力的高水平中国特色自由贸易港，这是党中央着眼国内、国际两个大局，为推动中国特色社会主义创新发展作出的一项重大战略决策，海南省整体发展从此进入快车道，向成为我国新时代对外开放的鲜明旗帜和重要开放门户奋进，要创新生态文明体制机制，深入推进国家生态文明试验区（海南）建设。在当前全球新冠肺炎疫情常态化、国际形势复杂多变的大背景下，《海南自由贸易港建设总体方案》也提出建立风险防控体系，包括有针对性地防范化解生态领域重大风险。

2020 年，海南自由贸易港建设已实现顺利开局、蓬勃展开，中央和国家有关部门及其他省市积极参与，为海南自由贸易港建设注入强大动力。生态环境部等八部门联合印发《关于加强自由贸易试验区生态环境保护 推动高质量发展的指导意见》，要求立足新发展阶段，贯彻新发展理念，构建新发展格局，落实碳达峰碳中和重大战略决策，深入打好污染防治攻坚战，创新生态环境管理模式和制度，推动贸易、投资与生态环境和谐发展，促进经济社会发展全面绿色转型，打造推动经济高质量发展和生态环境高水平保护的示范样板。

为深入贯彻习近平生态文明思想和习近平总书记关于海南省生态环境保护重要指示批示精神，切实把生态环境保护贯穿自由贸易港建设全过程，确保海南省生态环境持续改善，海南省人民政府与生态环境部签署战略合作协议，共同推进国家生态文明试验区建设，全面加强海南省生态环境保护。部省战略合作旨在为海南自由贸易港建设提供生态环境支撑，共同推进形成陆海统筹保护发展新格局，共同巩固提升生态环境质量，共同构建生态环境监管体系，共同推动形成绿色生产生活方式，共同强化生态环境保护能力建设。

海南自由贸易港建设是我国新时代改革开放进程和海南历史上的一件大事，国际一流的自由贸易港离不开国际一流的生态环境，在《中华人民共和国海南自由贸易港法》的全力保障和国家各部门及其他省份的鼎力支持下，必将使海南省生态环境质量与经济社会发展同奋进，持续描绘自由贸易港绿色底色。

（二）大自然赐予了生态环境最大本钱

海南省是我国的“南大门”，蓝天碧水的海南省拥有我国连片面积最大、保存最完整的热带雨林，贡献了相当于我国陆地面积1/4的广阔海域，是我国唯一的热带岛屿省份。对于海南省来说，青山绿水、碧海蓝天是发展的核心优势，其他的优势和特点都是从中拓展而来的；青山绿水、碧海蓝天也是发展的最大本钱，失去这一本钱就可能失去所有。

从自然资源禀赋来看，海南岛堪称大自然的“宠儿”：长夏无冬、温暖湿润的气候，物种丰富的热带雨林，滩潭相间的江河湖海，绵延 1 944 km 的海岸线等，海南省得天独厚的热带岛屿资源环境不但在全国是独有的，在国际上也是十分稀缺的，更有足以领跑全国的生态环境质量。

从生态环境质量来看，海南省环境空气质量常年位于全国榜首，水环境质量持续保持优良，近岸海域水质优良面积比例超过 99%，森林覆盖率稳定在 62%以上，湿地保有量保持在 480 万亩[①]。3 204 万亩的葱郁森林、200 万 km^2 的浩瀚海洋、富含负氧离子的

① 1 亩≈666.67 km^2。

清新空气、丰沛降水补给的 3 526 条纵横交错的河流，都是海南省最宝贵的财富。

（三）生态文明思想达成了社会共识

良好生态本身蕴含着无穷的经济价值，能够源源不断地创造综合效益，实现经济社会的可持续发展。青山绿水、碧海蓝天是海南省最强的优势和最大的本钱，是一笔既买不来也借不到的宝贵财富，破坏了就很难恢复。海南省上下牢记总书记的嘱托，干部群众奋力投身国家生态文明试验区建设，谱写美丽中国的海南篇章，使海南省生态环境质量持续改善，环境质量指数、公众满意程度、绿色发展指数在全国名列前茅，“增绿护蓝”的合力明显增强，环境治理体系和治理能力现代化水平得到提升。

“增绿”涵养好海南绿“肺”。2011 年以来，海南省持续开展“绿化宝岛大行动”，森林覆盖率提高至 62.1%，海南省累计完成造林绿化近 200 万亩，各市县城区绿地率达到 35%以上，道路绿化达标率达到 95%以上。

“护蓝”守护海南最诱人的风景。2015 年以来，海南省对全岛 1 944 km 海岸线进行专项整治，清理整治海水养殖污染、建设项目陆源污染，收回岸线土地 8 765 亩，实行海岸带生态环境损害责任终身追究制等一系列长效机制，为全岛海岸线上了一道“紧箍咒”，针对海岸带、潟湖、湿地等问题突出区域及红树林、珊瑚礁等重要生态保护区认真开展生态修复。

为了打赢打好污染防治攻坚战，海南省加大整治力度，着力解决突出环境问题。加快推进中央环保督察反馈问题整改，深化生态环境六大专项整治，重点开展违法用地、违法建筑治理，推进“绿盾”专项行动。在两次中央环保督察的警醒下，海南省痛定思痛，问责力度之大、公布案例之细，无不彰显海南省干部群众守护最大本钱的态度和决心。

同时，海南省也在顶层设计上打造生态环境保护“金钟罩”。在构筑法治屏障方面，形成了以《中华人民共和国环境保护法》为核心，以地方性法规、政府规章、规范性文件为补充的环境保护法律法规体系；在体制机制改革方面，稳步推进党政领导干部生态环境损害责任追究、生态环境监测网络建设、环境保护督察等改革事项，全面推行“河长制”“湖长制”“岛长制”“湾长制”“林长制”，率先完成排污许可证核发登记全覆盖。

此外，广大干部群众的生态自觉已成为生态文明建设的持久动力源。农村新建住房高度不超过椰子树，在海南省范围大力推广环保可降解包装物，生态文明教育融入社区规范、村规民约、景区守则等，顺应自然、保护自然的理念正逐渐融入海南人民的生活，绿色生产生活方式逐步深入人心。通过全社会有组织的生态文明教育和生态文明建设，进一步提高公众的生态文明意识，努力在海南省形成政府、企业、公众共治的生态文明建设合力，全民共建生态文明的行动体系已逐步建立。

二、主要挑战

（一）全面开放的自由贸易港使环境容量压力倍增

前所未有的人员自由可能增加基础设施压力。根据海南自由贸易港的发展需要，针对高端产业人才，实行更加开放的人才和停居留政策，打造人才集聚高地。此政策必将带来人口虹吸效应，不仅国内人才涌入，外籍高层次人才投资创业、讲学交流、经贸活动方面出入境也更为便利，同时实施更大范围适用免签入境政策，游客数量也会呈爆发式增长。各类人口的增加必将推进城镇化并配足相应环境基础设施，岛屿环境纳污容量本就不高，若污水、垃圾等基础设施处理能力未及时跟上，有可能会出现“旧账未补、新账又添”的局面。

前所未有的运输自由可能增加各类污染排放。人口红利必将使机动车保有量激增，在全面禁止燃油汽车销售前，能源消耗和污染物排放也会随之激增。同时，实施高度自由、便利、开放的运输政策，建立更加自由、开放的航运制度，加强内地与海南自由贸易港间运输、通关便利化相关设施设备建设，必将使港口和机场流量激增，物流产业高速发展，大气污染、海水污染、噪声污染风险也随着船舶、飞机数量的增加而增加。

前所未有的贸易自由可能增加生态安全风险。“一线”放开，“二线”管住，岛内自由，推进服务贸易自由便利，在实现有效监管的前提下，建设全岛封关运作的海关监管特殊区域。贸易货品种类和渠道来自世界各地，国际敌对势力仍需警惕，必须实行严格的进出境环境安全准入管理制度，严守环境质量底线，对洋垃圾、外来物种输入和突发生态环境事件风险不能掉以轻心。

（二）高质量下“看天吃饭”的“瓶颈”突破难度倍增

虽然海南省拥有天赐的生态环境“优等生”资质，但海岛生态系统存在内在不稳定性，对外界干扰比较敏感，一旦受损就难以复原。正是因为海南省优良的生态环境质量主要是“看天吃饭”，优中向上的改善“瓶颈”凸显。

历届海南省委、省政府高度重视生态文明建设，做了大量打基础、利长远的工作，但海南省生态环境质量始终存在总体优良和局部短板突出的反差。环境空气质量良好，但臭氧污染尚无有效的解决方法，细颗粒物浓度距个位数还存在一定的差距；水环境质量优良，但受垃圾、生活污水等影响，部分市县、河流、湖库、潟湖海湾的水质仍然较差；生态质量为优，但 EI 值却有下降趋势；生物多样性丰富，但个别典型生态系统仍未得到有效恢复。

这些生态环境问题大多是疑难杂症或历史遗留问题，久治未愈，若不彻底解决，海南省生态环境质量仅能保持现状，难以有实质性的改善。

（三）环境质量要求与环境治理能力的反差倍增

中央对海南省生态工作定位很高，要求海南省走出一条人与自然和谐发展的路子，为全国生态文明建设作出表率。但由于种种原因，海南省生态环境保护工作底子薄、基础差，特别是污水垃圾处理等环境基础设施建设滞后。同时生态环境保护长远效益大和当前直接受益差的反差让一些干部群众对环保问题重视不够，总书记强调的构建绿水青山向金山银山转化的实践路径做得还不够，让生态产品变为“活资金”的探索还不够。

因此，在“十四五”时期和未来相当长的时间内，海南省将面临“创一流”和“补短板”的双重任务。环境空气质量在全球排名并不靠前，冬、春季节污染天气时有发生；农业面源和水产养殖污染问题突出，农村污水治理效能亟待提高；城镇污水管网底数不清，污水收集能力总体不高；城镇内河（湖）改善成效尚不稳固，长治久清还需突破“瓶颈”；个别河湖水质改善程度不明显，甚至不升反降；部分重点流域生态流量保障不足；危险废物处置能力存在结构性缺口；应对气候变化、生物多样性保护、海洋生态环境保护等更广泛领域的治理基础还很薄弱。

三、总体形势

面对得天独厚的自然条件和千载难逢的历史机遇，海南省只有把保护好生态环境作为建设发展的首要前提，补足生态保护“欠账”，时刻防范生态风险，加快推进形成绿色发展方式和生活方式，才能建成生态环境世界领先的自由贸易港，让生态环境优势真正转化为发展优势，完成“在保护生态的前提下发展经济，用发展经济的成果反哺生态保护”的一场深刻变革。

一要紧握千载难逢的历史机遇，实现自由贸易港绿色发展。当前是“两个一百年”的历史交汇期，对于海南自由贸易港建设而言，这是打造开放型经济新高地、全面建成具有较强国际影响力的高水平自由贸易港、实现历史性飞跃的重要阶段。对于海南省生态环境保护事业而言，是奋力实现生态环境质量居于世界领先水平、打造美丽中国亮丽名片的阶段。只有不断提高海南省生态环境治理体系和治理能力现代化水平，以生态环境高水平保护推动经济高质量发展，才可实现生态环境质量和资源利用效率两个方面达到世界领先水平。

二要守护得天独厚的自然环境，巩固自由贸易港绿色底色。对标世界领先水平，必须充分认识到海南省生态环境质量好，不能等同于生态文明建设工作做得好。针对跨区污染、海水养殖、槟榔熏烤污染等突出问题，在大气、水、土壤、海洋等生态环境质量及能源、水资源、土地使用效率等方面，海南省要尽快健全生态环境资源监管体系，着力构建起以巩固提升生态环境质量为重点、与中国特色自由贸易港定位相适应的生态文明制度体系，为海南省持续巩固保持优良生态环境质量、努力向国际生态环境质量标杆地区看齐提供制度保障。

三要认清错综复杂的根本问题，促进自由贸易港绿色转型。海南省生态环境保护现状与习近平总书记的系列指示批示要求、与广大人民群众的期待相比还有不小差距，仍然存在一些深层次的问题。生态环境问题归根结底是发展方式和生活方式问题，是资源过度开发、粗放利用、奢侈消费造成的。要深入打好污染防治攻坚战，建立健全环境治理体系，推进精准治污、科学治污、依法治污，协同推进减污降碳，切实发挥生态环境保护推动产业结构、能源结构、运输结构、用地结构、农业结构优化调整的作用，促进经济社会发展全面绿色转型，推动高质量发展。

四要防范无处不在的生态风险，守住自由贸易港绿色底线。必须认清岛屿环境的特殊性，警惕快速发展带来的生态风险。要实行最严格的生态环境保护制度，落实生态环境准入管理、进出境环境安全准入管理，实行生态环境损害责任终身追究制、环境保护目标责任制和考核评价制度，严守生态环境质量底线。同时正视目前环境治理能力和技术服务短板，提前做好监测网络建设和监测能力储备，健全与自由贸易港建设相匹配的生态环境评价和监测制度。

第五篇

总　结

ZONGJIE

生态环境保护和生态文明建设，道阻且长，行则将至。

“十三五”期间，海南省深入贯彻落实习近平生态文明思想，保持和加强生态文明思想建设的战略定力，坚持方向不变、力度不减，践行“绿水青山就是金山银山”理念，坚持节约资源和保护环境的基本国策，始终牢记习近平总书记关于海南生态环境保护工作的系列重要讲话和指示批示精神，把保护海南得天独厚的生态环境作为“国之大者”，将生态文明建设贯穿海南自由贸易港建设的全过程。海南省以问题为导向，污染防治攻坚战措施成效显著，生态环境保护工作成就非凡，生态环境保护事业空前发展，监测数据与公众感受渐行渐近，生态环境质量总体改善，持续保持全国一流水平。

在自由贸易港建设大背景下，海南省生态环境质量虽然有一定的先天优势，但对表对标 2035 年远景目标仍存在较大差距，要达到国际一流水平，任务依旧艰巨。要以“功成不必在我”的境界和“功成必定有我”的担当，守好这方碧绿、这片蔚蓝、这份纯净，把绿水青山建得更美，把金山银山做得更大，让人民群众在绿水青山中共享自然之美、生命之美、生活之美。加快推动经济社会发展全面绿色转型，巩固好海南的生态环境优势，为服务融入新发展格局扛起新担当，实现更高质量、更有效率、更加公平、更可持续、更为安全地发展。

第一章
生态环境质量综述

第一节　生态环境质量结论

“十三五”期间，海南省生态环境质量总体改善。环境空气质量保持优良，$PM_{2.5}$浓度首次达到一级标准；地表水水质持续为优，城市（镇）集中式饮用水水源水质稳定达标；近岸海域水质持续为优，海洋沉积物质量稳中向好，典型海洋生态系统处于健康或亚健康状态；地下水和声环境质量总体良好，生态质量持续为优，辐射环境质量保持稳定。

一、环境空气

2020 年，海南省环境空气质量总体优良。优良天数比例为 99.5%，SO_2、NO_2、PM_{10}、$PM_{2.5}$年均浓度及 CO 第 95 百分位数浓度值均达到一级标准，O_3第 90 百分位数浓度值达到二级标准，接近一级标准。海南省 18 个市县（不含三沙市）环境空气质量均明显优于二级标准，其中 6 个市县达到一级标准。

主要污染物浓度呈现一定的时间和空间差异，受东北风影响较大。O_3和 NO_2日内 1 小时平均浓度变化呈显著的单峰型变化特征，峰值/谷值区相反；$PM_{2.5}$和 PM_{10}日内 1 小时平均浓度变化均呈现双峰型分布，变化趋势较为一致；SO_2和 CO 日内 1 小时平均浓度变化均在低浓度范围内波动。2020 年 6—9 月 O_3、$PM_{2.5}$、PM_{10}月均浓度明显低于其余月份，SO_2、NO_2、CO 月均浓度均在低浓度范围内波动。海南岛西部、北部区域主要污染物 $PM_{2.5}$、O_3、PM_{10}浓度相对较高，SO_2、NO_2、CO 浓度无明显区域差异。

“十三五”期间，海南省环境空气质量保持优良。优良天数比例保持在 98%左右，超标天中首要污染物为 O_3 的天数占比逐年上升。$PM_{2.5}$ 年均浓度呈下降趋势，均达到二级标准，2020 年首次达到一级标准；O_3 第 90 百分位数浓度呈波动上升趋势，均达到二级标准；PM_{10} 年均浓度呈现下降趋势，SO_2、NO_2 年均浓度及 CO 第 95 百分位数浓度均在较低浓度水平波动，均达到一级标准。

“十三五”时期末（2020 年）与“十二五”时期末（2015 年）相比，优良天数比例上升 0.6 个百分点，主要污染物 $PM_{2.5}$、PM_{10}、O_3 浓度下降，SO_2、NO_2、CO 浓度无明显变化。

二、降水

2020 年，海南省降水 pH 年均值为 5.78，酸雨频率为 6.7%，酸雨 pH 年均值为 4.92。主要表现为硫硝混合型酸雨，同时呈现海洋性酸性降水特征。

“十三五”期间，海南省 pH 年均值整体保持稳定，在 5.80 左右小幅波动；酸雨频率呈波动下降趋势，酸雨频率最高的城市为海口市，且连续 5 年均监测到酸性降水，酸雨频率均在 35%以上；出现酸雨的市县个数略有上升。海南省酸性降水季节性变化明显，酸性降水集中出现在春、冬季节。

“十三五”时期末（2020 年）与“十二五”时期末（2015 年）相比，海南省降水 pH 年均值下降 0.39，酸雨频率上升 2.6 个百分点。

三、地表水

2020 年，海南省地表水环境质量总体为优，水质优良比例为 90.1%，劣Ⅴ类水质比例为 0.7%。南渡江、昌化江、万泉河三大流域水质均为优，东部、南部、西部、北部中小河流水质均为良好，呈现“中部优良，沿海局部污染”的分布特征，劣于Ⅲ类水质标准的断面主要分布在入海河口，主要污染指标为化学需氧量、总磷和高锰酸盐指数。23 个监测湖库的水质优良比例为 87.0%，水质轻度污染或呈现富营养化的个别湖库主要集中在海南岛东部、西部。

“十三五”期间，海南省地表水环境质量持续为优，总体保持平稳，水质优良比例在 90.1%～94.4%的范围小幅波动；劣Ⅴ类水质断面数量不超过 2 个，2017—2020 年稳定降至 1 个，基本消除劣Ⅴ类水体。河流总磷年均浓度持续上升，氨氮年均浓度波动下降，个别河流水质持续污染；湖库总体受氮、磷影响增强，部分湖库富营养化加重。“十三五”时期末（2020 年）与“十二五”时期末（2015 年）相比，海南省地表水水质优良比例下降 2.8 个百分点，劣Ⅴ类水质比例上升 0.7 个百分点。

2020 年，海南省 66 个水功能区达标率为 72.7%，24 个国家重要水功能区达标率为 87.5%；市县交界断面水质优良比例为 96.3%。“十三五”期间，各类水功能区中河流源头水保护区不达标情况较为普遍，市县交界断面水质持续为优。

四、饮用水水源地

2020 年，海南省城市（镇）集中式饮用水水源地水质达标率为 100%。

“十三五”期间，海南省城市（镇）集中式生活饮用水水源地水质基本保持稳定，除 2016 年水质达标率为 96.4%外，其余年度均为 100%。

“十三五”时期末（2020 年）与“十二五”时期末（2015 年）相比，城市（镇）集中式饮用水水源地水质达标率持平。

五、地下水

2020 年，海南省地下水环境质量总体良好。地下水水位变化主要表现为基本稳定至下降状态，漏斗面积略有减少，水质良好。

“十三五”期间，海南省地下水环境质量总体保持良好。地下水水位主要表现为基本稳定至上升状态，漏斗面积逐年减少；地下水Ⅰ～Ⅲ类水质比例有上升趋势，总体水质优于全国平均水平，但受地质背景影响仍存在一定比例的Ⅴ类水质。

“十三五”时期末（2020 年）与“十二五”时期末（2015 年）相比，地下水环境质量总体呈稳中向好趋势。

六、海洋

2020 年，海南省近岸海域海水水质总体为优，优良水质面积比例为 99.88%，优良水质点位比例为 95.6%；沉积物环境质量总体良好，沉积物质量为一类的点位比例为 100%。“十三五”期间，海南省近岸海域水质总体稳定为优，优良水质点位比例基本保持在 95%左右，以一类海水为主，万宁小海等局部海域水质长年劣于二类，主要污染指标为活性磷酸盐、化学需氧量、无机氮和粪大肠菌群；沉积物质量总体稳中向好，以一类沉积物为主，沉积物质量为一类的点位比例逐年上升至 100%，二类沉积物主要受铬、砷影响。“十三五”时期末（2020 年）与“十二五”时期末（2015 年）相比，海南省近岸海域优良水质点位比例基本持平，劣四类水质点位数由 3 个减少为 1 个；沉积物质量为一类的点位比例上升 6.9 个百分点。

2020 年，西沙群岛和海南岛东海岸珊瑚礁生态系统处于健康状态，“十三五”期间有缓慢恢复的迹象；海南岛东海岸海草床生态系统处于亚健康状态，“十三五”期间海草覆盖度持续下降。“十三五”期间，海南省近岸海域海洋生物多样性保持较高水平，浮游植物多样性指数略有提高，浮游动物和大型底栖生物多样性指数无明显变化。

2020 年，重点港湾水质基本满足所属海洋功能区环境保护要求，三大国家重点海水浴场水质以优良、适宜游泳为主，三亚湾海域海面漂浮垃圾和海底垃圾数量下降，但海滩垃圾数量上升，海水养殖区环境质量保持优良，海洋工程建设项目周边环境质量基本稳定。

七、声环境

2020 年，海南省区域昼间声环境质量总体较好，平均等效声级为 54.3 dB（A），18 个市县（不含三沙市）平均等效声级为 49.0～59.5 dB（A），社会生活噪声贡献最大；道路交通昼间声环境质量总体为好，等效声级长度加权平均值为 66.2 dB（A），18 个市县（不含三沙市）等效声级长度加权平均值为 63.2～69.4 dB（A）；各类功能区昼间、夜间噪声平均等效声级均符合功能区标准，功能区声环境质量昼间总点次达标率为 95.3%，夜间总点次达标率为 87.0%。

“十三五”期间，海南省区域昼间声环境质量均处于较好水平，等效声级平均值呈逐年上升趋势，声源构成变化不大；道路交通昼间声环境质量均为好。海口市、三亚市功能区声环境质量昼间总体达标率显著高于夜间，昼间达标率稳定在 91.8%以上，夜间达标率波动较大。

“十三五”时期末（2020 年）与“十二五”时期末（2015 年）相比，海南省区域昼间声环境质量保持较好，道路交通昼间声环境质量保持为好；功能区昼间总体达标率基本持平，夜间总体达标率上升。与“十二五”期间相比，“十三五”期间海南省区域夜间声环境质量仍为一般，道路交通夜间声环境质量总体由好降至较好。

八、生态

2020 年，海南省生态质量为优，18 个市县（不含三沙市）的 EI 平均值为 80.41。

海口、东方、临高等 3 个市县生态质量为良，其余 15 个市县生态质量均为优。

“十三五”期间，海南省生态质量保持为优，EI 值为 80.41～81.85。

“十三五”时期末（2020 年）与“十二五”时期末（2015 年）相比，海南省 EI 值下降了 0.08，生态质量无明显变化；景观破碎程度略有增加，城市扩张比较明显。

九、辐射

“十三五”期间，海南省环境电离辐射水平处于本底涨落范围内，陆域空气吸收剂量率和空气、土壤、地表水、地下水、饮用水水源地水、近岸海域海水及生物中放射性核素活度浓度未见明显变化；环境电磁辐射水平低于国家规定的电磁环境控制限值。“十三五”时期末（2020 年）与“十二五”时期末（2015 年）相比无明显变化。

第二节　五年来生态环境质量变化原因分析

“十三五”期间，海南省以问题为导向，制定出台打好污染防治攻坚战的 100 余项具体措施，坚决打赢打好污染防治攻坚战，生态环境质量稳中向好。

一、环境空气质量变化原因分析

（一）精细化大气污染管控措施成效显著，颗粒物浓度逐年下降，5 年来环境空气质量持续保持全国领先

“十三五”期间，海南省积极响应“打赢蓝天保卫战三年行动计划”，创新开展大气污染防治“六个严禁、两个推进”工作，陆续打出了建筑工地管理、装配式建筑推广、强制性要求商品房全装修、控制秸秆焚烧、推广清洁能源汽车、控制黄标车、禁止槟榔土法熏烤等一系列“组合拳”。尤其在秋、冬季大气污染防治强化督查、春节期间烟花爆竹管控专项督察等一系列有力措施的落实下，海南省颗粒物浓度呈逐年下降趋势，特别是春节期间 $PM_{2.5}$、PM_{10}、SO_2 等主要污染物峰值浓度同比大幅下降。受新冠肺炎疫情影响，汽车尾气排放及工业排放减少，2020 年海南省 $PM_{2.5}$ 浓度首次达到一级标准。

（二）产业和能源结构持续优化，主要大气污染物排放量下降

“十三五”期间，海南省 GDP 水平和城镇化率达到了新高度，经济社会发展水平空前加速。三次产业结构调整为 20.5∶19.1∶60.4，第二产业比 2015 年压缩 4.5 个百分点，第三产业发展迅速，增加 7.1 个百分点。另外，随着清洁能源岛政策的实施，海南省禁止新建燃煤电厂，天然气消费量大幅增加，清洁能源发电量占比提升至 41.8%。产业优化和能源结构的改变为 SO_2、NO_x、颗粒物等大气污染物排放量的下降做出了较大贡献。

（三）油品升级和新能源汽车的大力推广，使机动车污染得到有效控制

“十三五”期间，海南省民用汽车总量达 150.06 万辆，其中新能源汽车数量提高至 6.40 万辆，增速高于全国平均水平，目前已基本完成公交、出租等公共服务领域车辆清洁能源化；“十三五”初期，海南省全面执行“国五”机动车排放标准，“十三五”中期提前执行“国六”机动车排放标准。上述政策措施保障了在民用汽车总量不断上升的前提下有效控制机动车污染物排放，环境空气质量得到持续改善。

（四）秋、冬季节不利的气象条件，叠加污染传输影响，臭氧污染呈上升趋势

海南省地处信风带和季风区，四面环海，属热带季风气候，具有雨量充沛，常风较大，空气对流、乱流运动较强等特点，有利于污染物的稀释扩散。得天独厚的热带岛屿季风气候，加之相对较小的排污总量，使海南省环境空气优良天数比例长期保持在 98%左右的高水平。但在秋、冬季节，热带气温相对较高，降水减少，日照强，逆温现象增多，扩散条件总体不利，容易生成 O_3，且主导风向由夏季的偏南风转为东北风，受下沉气流及弱冷空气带来的区域污染传输共同影响，极易形成以 O_3 为主要超标污染物的污染过程。

二、地表水环境质量变化原因分析

（一）河（湖）长制管理机制运转顺畅，城镇内河（湖）大幅消劣，海南省地表水水质总体保持为优

“十三五”期间，海南省强力推进水体治理，创新工作机制，碧水保卫战卓有成效。

建立完善水质定期监测及超标预警通报机制，就地表水、城镇内河（湖）水质问题对市县发出预警函和通报，成立“水工作专班”，强化督查督办，推动涉水问题整改，地表水水质总体保持为优，城镇内河（湖）水质达标率较治理前提升 68.7 个百分点。同时河（湖）长管水治水已步入常态，一级带着一级干、一级干给一级看，2 048 名各级河（湖）长和 5 858 名河（湖）专管员在 2 名省级总河（湖）长和 18 名省级河（湖）长带领下，仅 2020 年就累计巡河湖 5.3 万人次，形成了高位推动、全面覆盖、扎实有效的河（湖）长工作局面。

（二）受气候及海岛地形影响，以降雨为主要补给的中小河流旱季纳污自净能力大幅减弱，进而影响水质

海南岛河流多发源于中部山区，向四周形成辐射状水系，具有河短流急、暴涨暴落、雨枯分明的特征，尤其对于中小河流，水资源很难蓄存，降雨是其主要补给。“十三五”期间海南岛年均气温普遍偏高于常年，2019 年和 2020 年年均气温为 1961 年以来的第一、第二高值，降水量均低于常年平均降水量。旱季时河流蒸发量远大于补给量，加上受农业灌溉、水电开发等因素影响，短期内极易出现水位下降、流速减缓甚至断流现象，水环境容量急剧变小，水体纳污自净能力严重减弱，造成水体受到污染后短期内难以恢复。

（三）经济社会快速发展，污染物排放总量增加

“十三五”期间，国际旅游岛、自由贸易试验区、自由贸易港等政策红利吸引了大量人口入琼，特别是自由贸易港人才引进政策实施后，人口红利得到充分释放，海南省常住人口已突破 1 000 万，GDP 水平和城镇化率达到了新高度。随之带来的水资源压力与水环境压力形势更加严峻。以生活污水为主的废水排放总量逐年上升，部分中小河流水环境容量已不堪重负。海南省地表水水质优良比例不仅没有明显提高，不少河流的源头水保护区水质也出现下降趋势，难以达到原有功能区控制目标要求。

（四）环境基础设施建设欠账多，生活污水未得到有效的收集与处理

海南省城镇生活污水处理设施及配套管网建设“欠账”多，现有基础设施建设标准低、污水收集管网破损严重、收集率低，导致城镇污水处理厂“两低”问题突出，相当数量的生活污水未经处理直排入河，造成严重污染。截至 2020 年年底，海南省 173 个

建制镇中，仅有 38 个完成污水处理厂建设，“十四五”期间还有 3 000 km 污水收集管网需新建、改造。

（五）农业面源污染影响日益严重，已成为水体污染的重要来源

海南省农业用水量占总用水量的比例超过 70%，化肥、农药施用量远高于全国平均水平。海南沿海地区的人民群众多以海水养殖、高位池养殖为主要谋生手段，内陆地区淡水养殖连片规模也非常壮观，畜禽养殖、农业种植等农业活动带来的面源污染已成为海南水体污染的重要来源。目前，解决面源污染缺乏有效的治理体系和精准的管控措施，治理滞后，手段单一，受农业面源污染影响的部分水体短期内提升水质困难极大。

三、海洋环境质量变化原因分析

（一）社会经济发展与海洋环境保护相互促进，海洋环境质量基本保持稳定

“十三五”期间，海南省海洋生态经济系统发展状态从一般发展至良好，明显好于“十二五”期间，海洋经济结构与资源利用越发合理，海洋环境保护措施落地有效，海洋环境质量稳中有升。虽然海南省海洋环境质量处于一个较高水平，但海洋生态压力有增无减，局部区域问题和风险仍不能忽视。

（二）封闭、半封闭海湾水体交换能力差，水质未见明显改善

万宁小海、文昌八门湾旅游休闲娱乐区、清澜红树林自然保护区等水质长期污染的海域大部分分布在封闭或半封闭海湾，水体交换能力差、污染物扩散困难。尽管“十三五”期间按照中央环保督察整改要求加快推进近海养殖清退，并完成了海南省 95 个非法或设置不合理入海排污口的清理整治工作，但汇入的东山河、文教河等入海河流污染物总量大，海水养殖尚未实现问题根除和产业转型，水质并没有实质性提高。

（三）珊瑚礁生态系统保护效果明显，海草床生态系统保护力度不足

随着公众对海洋生态系统关注度的提高和对珊瑚礁环境保护力度的加大，近年来政府严格把关用海企业的申请和开发管理，遏制非法渔业活动，大面积捕捞侵蚀珊瑚的长棘海星，西沙群岛和海南岛东海岸珊瑚礁监测海域造礁石珊瑚平均覆盖度均有所上升，幼体补充量增加明显，有明显的恢复迹象。

相比之下，海草床生态系统状况并不乐观。近岸麒麟菜、牡蛎养殖严重挤压海草生存空间，养殖过程中海草可能被人为清除，养殖废水也改变了原本适宜海草生存的环境条件，同时船舶、渔业作业也可能破坏海草。海草床生态系统保护的宣传程度远不及珊瑚礁生态系统，缺乏有效的保护措施。

（四）全球变暖导致海水升温、海平面上升，威胁海洋生态系统结构

2011—2020 年，海南省海水温度年均值呈上升趋势，海平面仍高于常年平均值，正在潜移默化地改变海洋生态系统结构，如浮游植物丰度大幅下降、浮游动物丰度有所上升、珊瑚白化与死亡等。

四、声环境质量变化原因分析

（一）社会生活噪声影响增强，区域声环境平均等效声级上升

海南省区域声源构成始终以社会生活噪声为主，其占比远高于其余声源之和。随着人们生活水平的日渐提高，城市服务行业迅速发展，社会生活噪声虽然强度低，但分布广泛，不易管控。加上海南自由贸易港建设带来的工业和施工噪声，区域声环境平均等效声级略有上升。

（二）道路监管措施落实有效，道路交通等效声级下降

虽然海南省民用汽车总量不断上升，但是通过不断加强道路交通建设和机动车管理，不断优化道路建设，出台禁止在特定区域鸣笛等相关规定，道路交通噪声影响总体得到有效控制，海南省道路交通等效声级长度加权平均值有所下降。

（三）本地居民夜间活动丰富，夜间噪声控制不易

热带地区夜间气温比昼间舒适，居民习惯在夜间活动，因此夜间商业活动和道路交通车流量带来的噪声污染较大，导致夜间区域和道路交通声环境质量较昼间差一个等级，功能区夜间达标率明显低于昼间。

五、生态质量变化原因分析

凭借热带岛屿丰富的生物资源、森林覆盖率长期高于60%等自然资源优势，加上污染负荷相对较小，“十三五”期间海南省生态质量始终保持为优，但不同年份海南省水资源总量差距较大，海南省 EI 值的波动主要受水资源量的影响。同时农村人口和农业生产规模对生态质量产生了一定的负面影响，城镇化进程的推进导致了生态景观破碎化程度略有增加。

第三节　主要生态环境问题

“十三五”期间，海南省生态环境质量持续改善，但局部污染仍然存在，新旧污染问题交织。对标海南自由贸易港和国家生态文明试验区建设的高质量、高标准要求，生态环境保护仍面临严峻形势。

一、臭氧成为影响环境空气优良天数比例的主要污染物

“十三五”期间，海南省环境空气每年出现 15～159 天超标天，超标污染物为 O_3 和 $PM_{2.5}$。从超标天数占比来看，超标污染物为 $PM_{2.5}$ 的占比由 2016 年的 33.3%逐步下降至 2020 年的 0，超标污染物为 O_3 的占比由 2016 年的 66.7%逐步上升至 2020 年的 100%。从污染物浓度来看，海南省环境空气 $PM_{2.5}$ 年均浓度逐年下降，2020 年首次达到一级标准；O_3 第 90 百分位数浓度波动上升，2019 年和 2020 年均未达到一级标准。可见，O_3 已成为影响海南省环境空气质量的主要污染物，$PM_{2.5}$ 影响减弱。

二、个别水体持续污染，入海河流污染现象突出

“十三五”期间，海南省受污染河流断面主要分布在入海河口，东部珠溪河持续重度污染，东部文教河、东山河和西部罗带河持续轻度污染；海南省受污染湖库主要为东部湖山水库和西部高坡岭水库，水质持续轻度污染，春江水库、石门水库、高坡岭水库受氮、磷持续累积影响均由中营养转为轻度富营养。以上长期污染的水体成为海南省地表水水质优良比例难以提升的“瓶颈”。

三、受农业面源污染影响，部分水体水质提升难度大

“十三五”期间，河流总磷年均浓度持续上升；湖库总体受氮、磷影响增强，部分湖库富营养化加重，农业面源对地表水水质影响日趋明显。文昌市珠溪河作为受水产养殖污染的典型代表，治理成本高，民生治理难度大。农业面源污染治理综合复杂，没有统一高效的治理方案，面源污染治理已成为海南省水污染防治工作的重点和难点。

四、半封闭海湾海水受陆源影响大，水质持续污染

海南省近岸海域水质长年劣于二类的海域主要分布在封闭、半封闭海湾，受污染入海的中小河流、生活污染源影响，多以氮、磷等营养盐污染为主。万宁小海近岸海域水质连续 5 年劣于二类，甚至出现 2 次劣四类水质；文昌八门湾旅游休闲娱乐区、清澜红树林自然保护区和三亚榆林港水质多年劣于二类。

五、海草床生态系统脆弱，覆盖度和生物量呈下降趋势

“十三五”期间，海南岛东海岸海草平均覆盖度逐年下降，“十三五”时期末（2020 年）较“十二五”时期末（2015 年）下降 9.9 个百分点；海草生物量逐年下降，“十三五”时期末（2020 年）较“十二五”时期末（2015 年）下降幅度达 67.7%。2019 年和 2020 年，海南岛东海岸海草床生态系统均处于亚健康状态，其衰亡趋势并未得到遏制。

六、区域昼间声环境质量有变差趋势，夜间声环境质量未见改善

“十三五”期间，海南省区域昼间声环境质量虽均处于较好水平，但平均等效声级逐年上升，已接近较好等级的上限值；区域夜间声环境质量仍保持为一般。声源构成分析表明，海南省区域声环境质量受社会生活噪声影响较大，区域声环境污染风险消除有一定难度。

七、生态景观破碎程度略有增加

2020 年，海南省不透水地面及裸地面积较 2015 年有所增加，耕地、林地面积有所减少，生态系统构成及格局分析表明，“十三五”期间海南省生态景观破碎程度略有增加，生态系统脆弱程度上升。

第二章
面临形势和对策建议

第一节　面临形势

“十四五”期间，海南省肩负着建设生态环境世界领先的自由贸易港、打造美丽中国亮丽名片的特殊使命，在国家把握新发展阶段、贯彻新发展理念、构建新发展格局的重大战略部署下，面临着前所未有的机遇和挑战，承担着“创一流”和“补短板”的双重任务。

进入新发展阶段，海南省生态环境保护工作面临新形势。“十三五”期间，海南省生态环境保护工作取得了显著成就，但也要清醒地看到，海南省生态环境质量虽然有一定的先天优势，但对标对表 2035 年远景目标仍存在较大差距，要达到与自由贸易港匹配的国际一流水平，区域性、结构性污染问题不可小觑。海南省环境空气质量在全球排名靠后，冬、春季节污染天气时有发生；农业面源和水产养殖污染问题突出，农村污水治理效能亟待提高；城镇污水管网底数不清，污水收集能力总体不高；城镇内河（湖）改善成效尚不稳固，长治久清还需突破“瓶颈”；个别河（湖）水质改善程度不明显，甚至不升反降，部分重点流域生态流量保障不足；危险废物处置能力存在结构性缺口；在应对气候变化、生物多样性保护、海洋生态环境保护等更广泛领域的治理基础还很薄弱。

贯彻新发展理念，对海南省生态环境保护工作提出新要求。对于生态环境保护工作而言，贯彻好新发展理念，就是要加快推动经济社会发展全面绿色转型，全方位、全过程推行绿色规划、绿色设计、绿色投资、绿色建设、绿色生产、绿色流通、绿色生活、绿色消费，使发展建立在高效利用资源、严格保护生态环境、有效控制温室气体排放的基础上，统筹推进高质量发展和高水平保护，这是推动生态环境质量和资源利用效率迈上新台阶的根本之道。碳达峰目标、碳中和愿景的提出，为生产生活体系全面向绿色低碳转型提供了新的契机。近年来，海南省“清洁能源岛”建设虽取得积极成效，但无论装机比重还是消费比例，以煤为主的化石能源都仍然占据主导地位。要以“降碳”为总抓手，牵引产业结构、能源结构和交通运输结构加快绿色低碳转型，实现降碳、减污、增绿协同增效。

融入新发展格局，呼唤海南省生态环境保护战线新作为。近年来，国家频频出台关于海南省生态文明建设的相关文件，尤其是《中共中央　国务院关于支持海南全面深化改革开放的指导意见》为海南省生态文明建设提出了各阶段目标，这是中央首次单独为一个省份明确中长期的生态文明建设目标，是海南省生态文明建设未来发展的纲领;《国家生态文明试验区（海南）实施方案》《海南自由贸易港建设总体方案》为实现目标提出了具体任务;《中华人民共和国海南自由贸易港法》生态环境保护专章更是增添了一层法律保障。海南省在自由贸易港新时期承担着生态文明建设的特殊使命，在生态文明体制改革上要先行一步，打造样板，为全国生态文明建设作出表率、探索经验。

为此，必须坚定不移地贯彻新发展理念，紧紧围绕建设生态文明体制改革样板区、陆海统筹保护发展实践区、生态价值实现机制试验区、清洁能源优先发展示范区，统筹推进高质量发展和高水平保护，加快推动经济社会发展全面绿色转型，巩固好海南自由贸易港建设的生态环境优势，建成空气清新、水体洁净、土壤安全、生态良好、人居整洁的美丽海南。

第二节　对策建议

一、强化精细化管理，力保环境空气质量持续一流

一是建立多污染物协同控制体系。建立以 $PM_{2.5}$ 和 O_3 协同控制为核心，兼顾温室气体的大气污染防控体系，推进 $PM_{2.5}$、O_3、挥发性有机物、氮氧化物等主要大气污染物的协同控制和大气污染物与温室气体的协同减排。将挥发性有机物纳入总量控制体系，有效控制重点污染源和全社会挥发性有机物及氮氧化物排放总量。优先针对 O_3 高值区域及高值时段，开展氮氧化物与挥发性有机物协同减排。加强对消耗臭氧层物质的生产、

使用、进出口的监管，大力推动消耗臭氧层物质替代品技术的开发与应用，坚决打击消耗臭氧层物质非法生产、非法贸易活动；强化有毒有害大气污染物风险管控，积极推进大气汞排放控制。

二是建立大气污染防治精细化管理体系。健全完善大气污染防治监测—研判—预警—响应全链条工作机制，推进大气污染精细化管控，力争到2025年$PM_{2.5}$浓度下降至11 $\mu g/m^3$。将大气污染防治纳入网格化管理，分区分片责任到人。建立省级和市县污染天气应急响应机制，及时分级启动应急预案，强化开展重点时段、重点区域、重点行业大气污染管控。全面开展大气污染来源解析，逐步建立高分辨率大气污染源动态排放清单，推行“一市（县）一策”监管模式。

三是狠抓重点行业大气污染精细化治理。实行最严格的地方锅炉排放标准，推动现有燃气锅炉低氮改造和生物质锅炉超低排放改造。推动工业园区实施集中供热，淘汰分散供热锅炉。开展工业炉窑综合整治，推动工业炉窑使用电、天然气等清洁能源。推动水泥产业转型升级，深化水泥、石化、玻璃、火电、砖瓦等重点行业无组织排放整治。严格执行槟榔加工行业污染物排放地方标准，疏堵结合，推动槟榔初加工产业绿色环保升级。制定并发布海南省低挥发性有机物含量产品目录，加快挥发性有机物原辅材料替代。

四是加强重点领域大气污染精细化治理。进一步强化大气面源污染防治，实现烟花爆竹燃放规范化、精细化管控，深入开展道路和施工工地扬尘、餐饮油烟、垃圾及秸秆露天焚烧等面源污染治理，进一步加强加油站、储油库、油罐车油气回收工作。持续深入开展移动源污染防治，修订出台机动车排气污染防治规定，全面实施机动车国六排放标准，加大机动车达标排放监管和执法力度；加快港口、码头、机场岸电设施，推动车船结构升级改造。加强禁止使用高排放非道路移动机械区域监管。

二、推进“三水”统筹治理，建设“幸福河湖”

一是强化“三水”统筹管理。以提升水环境质量为核心，统筹水资源利用、水生态保护和水环境治理，坚持污染减排和生态扩容两手发力，“保好水”“治差水”。实施最严格的水资源管理制度，控制水资源消耗总量和消耗强度，做到以水而定、量水而行。系统推进农业、生活、工业污染治理，保护水生态环境安全。统筹建立水资源、水环境和水生态监测评价系统，全面摸清主要河流水生态基础状况，促进水生态恢复。

二是优先保障饮用水安全。进一步优化水资源配置，优先保障饮用水资源利用。坚持“全省一盘棋、全岛同城化”，谋划选取松涛水库、大广坝水库、牛路岭水库、红岭水库等中部地区若干优质水源进行全岛供水，加大集中供水水源保护力度。全面排查应划未划或划定不符合规范要求的饮用水水源保护区，逐步撤销现有不达标和“小散”水源地。建立健全从水源到水龙头的全过程监管制度，探索建立水龙头计量付费和供水单位奖惩退出新机制，推行“水厂到水龙头供水一体化”管理模式，建立完善的全链条饮用水水质监督和风险预警平台。

三是保障河湖生态流量。探索实施全岛全流域水资源科学智慧调度，制订流域水量调度方案和计划，加强大中型水库生态调度和智能化管理，合理压减生产用水，增加生态用水。全面开展主要流域减流、脱水、断流状况和生态流量保障情况调查，分批制定主要河流生态流量保障方案，守住“河流不断流、生态功能不退化”的红线，确保列入“十四五”海南省地表水环境质量监测网络的79条主要河流生态流量保证率达到100%。

四是精准推进水污染治理。以统筹流域水生态、水环境、水资源的系统思维，以先进的治水提质工程为依托，综合考虑城镇污水收集管网改造及建设、农业面源污染治理、养殖废弃物资源化利用、工业污水达标排放，统筹实施河流、湖库全流域综合整治。重点推进文昌珠溪河、东方罗带河等污染水体及不达标城镇内河湖综合治理。按照“查、测、溯、治”原则，系统推进海南省入河排污口排查整治，建立“入河排污口—排污管线—污染源”全链条管理体系。

五是加强流域水生态修复，打造“幸福河湖”。实施三大流域水生态修复工程，重点推进三大江中上游河岸生态缓冲带建设，构建中部水塔安全屏障。按照“一河一策”原则，制订主要河流水生态修复方案，因地制宜地修复水土流失问题区，恢复水生生物和自然岸带。全面开展主要流域和污染水体水生生物本底调查研究，实施南渡江水系廊道生态保护修复，建设松涛水库生态流量泄放设施和迈湾水库及下游过鱼通道等，改善流域水生生物生境。深化河（湖）长制，创建“幸福河湖”，形成“一城一镇一河（湖），一河（湖）一景一文化”格局，增强人民群众的获得感和幸福感。

三、建立陆海统筹保护管理体系，建设“美丽海湾”

一是建立“水陆统筹、以水定陆，陆海统筹、以海定陆”管理体系。构建“流域—河口（海湾）—近海—远海”系统保护和污染防治联动机制。坚持统筹考虑流域自然资源禀赋、产业基础、发展潜力、水环境和海洋环境容量等主要因素，进一步推动陆域产业布局优化。划定海南省流域海域管控单元，构建“地表水、地下水、海水”的水系统保护体系，统筹水陆、海陆、地上地下，系统推进水污染防治、水生态保护和水资源管理。建立“纳污水体—入河（海）排污口—排污管线—污染源”全链条管理体系。建立健全海湾保护责任体系。

二是建立入海污染物总量控制制度。落实入河、入海排污口清单管理制度，开展入海排污口溯源整治，严格分类监管。全面实施重点海域（海湾）污染物总量控制制度，拓展入海污染物排放总量控制范围，做好总量控制制度与排污许可制度衔接。以流域、海洋保护目标和环境容量确定入河、海排污口的氮、磷等主要污染物控制要求，提高排放标准，倒逼加大排河、排海污染源污染治理力度，减少入河、海污染物排放总量。

三是分类分批推进“美丽海湾”建设。落实湾长制，开展“一湾一策”精准治理，加快推进万宁小海，文昌清澜湾、冯家湾，海口东寨港，陵水新村湾、黎安港，儋州新英湾，澄迈边湾等重点海湾污染综合整治和生态修复。整治与修复砂质海滩和亲水岸线，拓展公众亲海岸滩岸线。分类分批建设 12 个“水清滩净、鱼鸥翔集、人海和谐”的“美丽海湾”先行示范区，形成“美丽海湾”建设、评估、宣传长效管理机制。

四、改善农业农村生态环境，建设“美丽乡村”

一是完善主体责任机制。夯实各级政府和部门的农村环境保护责任，明确乡镇企业和广大农民群众在农村生态环境治理中的责任，构建覆盖政府、企业、农民的农村生态环境治理责任体系。推动农村生态环境治理标准建设，以农村环境监测、污水处理、河道整治、垃圾处理、厕所改造、村庄绿化等为重点，制定一批绿色标准。健全农村人居环境设施管护机制，创新农村生态环境保护基层自治管理模式。

二是系统推进农村生态环境治理。完善农村生态环境基础设施建设，以农村人居环境整治为核心，统筹推进农村生活污水治理与“厕所革命”、农村黑臭水体治理、生活垃圾分类和资源化利用、农户小散畜禽养殖整治等工作和工程建设。

三是强化农业面源污染防治。实施化学农药和化肥减施行动，推广测土施肥和病虫害绿色防控技术，推进农业绿色发展。着力解决养殖业污染，在海口、儋州等生猪养殖规模化市县试点开展种养结合和粪污综合利用；在重要流域开展水产养殖禁养区、限养区、适养区划定，有序适度科学养殖，让河流休养生息。推广应用水产养殖废水处理技术和循环水养殖技术，防控高位池和工厂化海水养殖污染周边土壤或造成土壤次生盐碱化。全面实施秸秆综合利用和农膜、农药包装废弃物回收行动。

五、加强土壤环境保护，培育生存之基

一是有序推动土壤污染治理与修复。在玄武岩、变质岩母质发育土壤及金属矿区周边，以镉、砷超筛选值的耕地为重点，推进耕地土壤污染修复试点。分类有序推进建设用地土壤污染风险管控与修复，对用途变更为住宅、公共管理与公共服务用地的污染地块，严格落实风险管控和修复；对危险化学品生产企业搬迁改造遗留污染地块，加强腾退土地污染风险管控和治理修复；对有色金属开采、危险废物处置、垃圾焚烧造成的污染地块，鼓励采用污染阻隔、监测自然衰减等原位风险管控技术。

二是强化土壤污染源源头管控。完善土壤污染重点监管单位名录，将土壤和地下水污染防治要求纳入排污许可管理，建立污染隐患排查整改制度。持续推进耕地周边涉镉等重金属行业企业排查整治，动态更新污染源排查整治清单。切实加强尾矿库安全管理，降低矿区废物污染灌溉用水或随洪水进入农田的风险。

三是巩固提升农用地安全利用。在永久基本农田集中区域，不得规划新建可能造成土壤污染的建设项目。落实农用地安全利用等级动态更新制度，评估农用地环境质量变化趋势，定期更新食用农产品禁止生产区域。严格限制曾用于生产、使用、贮存、回收、处置有毒有害物质的工矿用地复垦为食用农产品耕地。

四是强化建设用地准入管理。完善建设用地环境准入管理制度，建立健全部门间建设用地环境污染风险信息共享机制。系统应用重点行业企业用地调查成果，明确土壤污染状况调查和风险评估重点区域，落实涉重金属矿采选、冶炼、石油加工、化工、固体废物处理等重点行业清单管理制度，动态调整建设用地风险管控和治理修复名录。

六、实施重要生态系统保育修复，筑牢生态安全格局

一是加强中南部山区生态保育。全面加强天然林保护，持续推行林长制。以海南热带雨林国家公园为重点，采取封山育林育草措施，加强霸王岭、鹦哥岭、尖峰岭、五指山、吊罗山、黎母山、俄贤岭等地的热带雨林和热带季雨林的自然恢复，推进核心保护区内居民、耕地、矿权等人为活动的有序退出。推行森林、河流、湖泊休养生息，健全耕地休耕轮作制度，有序开展退耕还林还草、退塘还湖还湿工作。加快推进生态搬迁迹地生态修复和退出工矿迹地恢复。实施低效林补植改造，人工林退出和改造工程。

二是加强海洋生态系统的保护与修复。加强海洋生态系统和海洋生物多样性保护，开展珊瑚礁、海草床、红树林等海洋生态系统修复，重点推进海口东寨港、文昌清澜港、陵水新村港和黎安港、三亚榆林湾、澄迈花场湾等区域典型生态系统修复。加大重要海洋生物资源及其栖息地保护力度，加强海洋类型各类保护地建设和规范管理。

三是完善生态安全屏障体系。落实国土空间规划和绿化，加强热带雨林、水源涵养林、沿海防护林、红树林、江河湖泊、自然湿地等自然生态空间的保护和修复。完成生态保护红线评估调整和勘界定标工作。落实生态保护红线、永久基本农田、城镇开发边界及各类海域保护线。按照居民出行“300 米见绿、500 米入园”的要求，扩展城镇绿色生态空间，构建城市生态隔离体系。

七、建设高标准环境基础设施，打造碳中和自由贸易港

一是着力提升城乡污水处理效能和生活垃圾资源化利用水平。结合智慧海南、智慧城市等项目建设，持续推进城镇生活污水处理设施及配套管网建设，消除城中村、老旧城区和城乡接合部等污水收集管网空白区，尽早实现城镇污水管网全覆盖。对城镇生活污水处理设施覆盖区域的港口，将船舶生活污水衔接纳入城镇污水管网。开展污水处理差别化精准提标，推广污泥集中焚烧无害化处理。规范生活垃圾焚烧发电厂的运营管理，提升生活垃圾无害化处置和资源化利用水平，持续保持生活垃圾焚烧处理全覆盖。

二是推进绿色城镇化发展。科学规划城镇空间的产业与人口布局，提升绿色城镇化建设水平，坚持保护原生态自然景观与传承历史文化并重，实现适度集聚集约发展。实施城市更新计划和智慧城市管理，逐步构建现代化基础设施体系，逐步解决交通拥堵、施工噪声、防洪防涝、饮水安全、污水处理、河湖治理等问题。总结海口、三亚海绵城市建设经验，系统推行海绵城市建设，大幅提升降雨的就地消纳和利用水平。加强城市（镇）声环境功能区管理，强化城市（镇）噪声敏感建筑物等重点领域的噪声管控，营造宁静和谐的生活环境。

三是健全绿色低碳循环发展的生产体系。以禁塑、垃圾分类为契机实现产品全周期的绿色环保，发展全生物降解、清洁能源装备等生态环保产业，推动低碳循环、治污减排、监测监控等核心环保技术工艺、成套产品材料药剂研发与产业化。实施能源资源的综合利用和梯级利用，提高能源利用效率，减少污染物排放。促进农业绿色发展转型，大力发展生态旅游业、现代服务业和高新技术产业等现代化产业，创建生态产品价值转

化实践基地，提升生态农业碳汇能力。

四是积极推动碳达峰碳中和进程。开展海南省碳排放达峰目标任务分解，指导各市县制定地方碳排放达峰行动方案，加大对企业低碳技术创新的支持力度，推动电力、石化、化工、水泥、交通等领域制定碳排放达峰专项行动方案。建设清洁能源岛，构建安全、绿色、集约、高效的低碳清洁能源生产消费体系，全面推进超低能耗、近零能耗和零能耗等绿色低碳建筑发展。开展红树林、海草床、珊瑚礁等典型蓝碳生态系统碳储量及碳汇动态的科学监测和分析，摸清林业碳汇分布及增汇路径和潜力。完善温室气体排放统计核算体系，推动建立企业温室气体排放信息披露制度。

八、健全生态环境监测评价体系，全力服务高质量发展

一是完善生态环境质量监测网络。建设统一的天地空全方位生态环境监测网络，不断优化调整海南省空气、地表水、地下水、海洋、土壤、声等环境质量监测点位和指标体系，建立覆盖重要生态空间和典型生态系统的生态质量监测站点与样地网络，继续整合分散在各部门的环境信息。

二是确保监测能力匹配发展需求。拓展监测指标，逐步涵盖与广大人民群众健康相关的有毒有害物质和生物、生态指标，监测目标实现从浓度监测到成因机理解析监测。加强卫星遥感等技术在生态质量、环境质量、污染源监测评估中的应用。建立陆域 2 小时、海域 6 小时应急响应圈。

三是深化生态环境监测综合评价。拓展监测评价内容，从现状监测评价向预测预报和风险预警评估发展，从环境质量评价向生态健康评价发展。构建基于大生态理念下，综合考虑社会经济发展、产业结构比重、污染排放总量、环境要素质量、资源环境容量、生态系统结构与功能等因素的生态环境综合评估体系。

第六篇

专　题

ZHUANTI

专题一 “十三五”期间环境空气典型污染过程分析

“十三五”期间，海南省环境空气质量优良天数比例始终保持在98%左右，典型污染天气主要发生在秋季（9—12 月）及春节期间。季节变换时期，台风和冷空气高压频繁交替出现，气温较高，日照强，逆温现象增多，扩散条件总体不利，容易生成 O_3，且主导风向由夏季的偏南风转为东北风，受下沉气流及弱冷空气带来的区域污染传输影响明显增大。

一、污染过程概况

海口市作为海南省省会，位于海南岛北部，隔琼州海峡与广东省相望，其环境空气自动监测站数量最多且分布均匀，污染天数比例在海南省各市县中相对较高，因此以海口市为例分析总结海南省环境空气污染过程特征。

“十三五”期间，海口市共出现 25 次环境空气污染过程，主要集中在秋、冬季。从污染程度来看，中度污染 2 次，首要污染物为 $PM_{2.5}$；轻度污染 23 次，首要污染物为 O_3。从污染持续时间来看，2017 年 10—11 月出现连续 9 天 O_3 超标污染过程，2019 年 9 月出现 8 天 O_3 超标污染过程，2018 年 10 月出现连续 7 天 O_3 超标污染过程，2015 年 10 月和 2019 年 11 月出现连续 4 天 O_3 超标污染过程，其余污染过程均为 1～2 天。

污染过程期间，海口市风向多以东北风或无持续风向为主，平均风速为 2.1 m/s，平均气温为 28.1℃，平均相对湿度为 79.5%，天气状况主要为多云。当东北风为主导风向时，小时最大风速可达 4.3 m/s（图 6-1-1）。

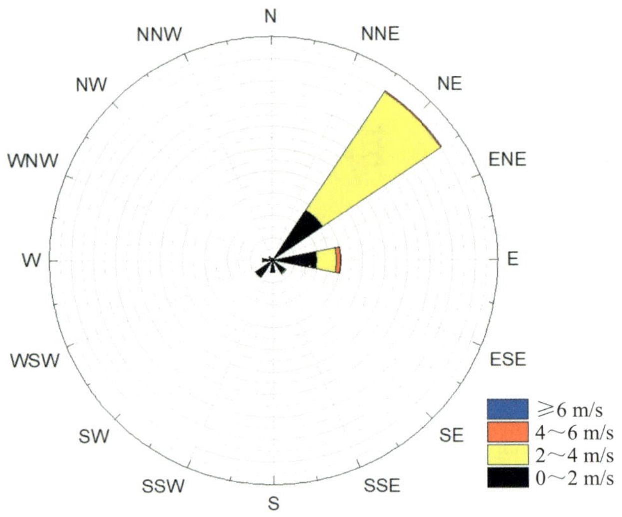

图 6-1-1　“十三五”期间海口市环境空气污染过程风向玫瑰图

二、天气形势概况

海南省环境空气污染过程中常见的天气类型是大陆型冷高压和热带气旋，表现为气流下沉，天气晴朗，风速小，大气稳定性较强，因此不利于污染物扩散。冷高压系统出现，气流下沉，边界层降低，以东北风为主，污染物容易积累，此时形成输入加强、输出减弱的特点，造成长时间持续性污染。当海南省位于副热带高压东部，即处于强烈的气流下沉区时，也不利于污染物的扩散。除高压系统影响外，在热带气旋的外围下沉气流影响下也会出现 O_3 污染。当两种天气系统共同影响时，即会造成 O_3 持续性污染。

三、分析模型概况

目前，国内外主流的环境空气质量数值预报模式主要包括中国科学院大气所自主研发的 NAQPMS 模式，美国的 CMAQ 模式、CAMx 模式和 WRF-Chem 模式。本章使用的空气质量数值预报包含 NAQPMS，CMAQ、CAMx 和 WRF-Chem 4 种模式，污染形势图主要使用 NAQPMS 模式系统进行预估评价。

NAQPMS 模式系统在计算机技术上采用高性能并行集群的结构，低成本地实现了大容量高速度的计算，从而解决了预报时效问题。其被广泛地运用于多尺度污染问题的研究，不但可以研究区域尺度的空气污染问题（如沙尘输送、酸雨、污染物的跨国输送等），还可以研究城市尺度的空气质量等问题的发生机理及变化规律，以及不同尺度的相互影响过程。NAQPMS 模式成功实现了在线的、全耦合的包括多尺度多过程的数值模拟，该模式可同时计算出多个区域的结果，各个时步对各计算区域边界进行数据交换，从而实现模式多区域的双向嵌套。同时，模式系统的并行计算和理化过程的模块化则有效地保证了 NAQPMS 模式的在线实时模拟。

CMAQ 模型系统主要包含气象模型、排放处理模型及化学传输模型。气象模型主要为排放模型及化学传输模型提供大气运动状况、气压场、湿度场以及温度场、动量和热量、湍流扰动特征量、云和降水、大气辐射特征等气象场数据资料；排放模型则根据周边环境的气象条件及社会经济活动情况对大气污染源的排放情况进行计算；化学传输模型利用气象模型和排放模型计算的气象数据与源排放数据对城市和区域尺度涉及对流层臭氧、酸沉降、能见度和颗粒物等污染物的物理和化学过程进行模拟和预报。此外，还有数据分析系统与可视化工具来对模型输出结果进行分析、处理并绘图。

CAMx 模式是美国 ENVIRON 公司在 UAM-V 模式基础上开发的大气化学传输欧拉型数值模式，适用于城市到洲际尺度的多种气相与颗粒相污染物的模拟。该模式包含 5 种化学反应机理，提供 2 种平流格式：Bott 格式和 PPM 格式，水平扩散系数计算采用 Smagorinsky 的方案，并用显式中心差分法来处理水平扩散过程。垂直的对流和扩散均采用 Crank-Nicholson 方法求解。气相化学机理采用先进的 CBM2IV 机理，用 ENVIRON CMC 解法求解。干沉降作为垂直扩散的下边界条件来处理，湿沉降对气相、颗粒污染物在云中和云下的清除分别采用相应的模型进行处理。CAMx 采用多重嵌套网格技术，可以方便地模拟从城市尺度到区域尺度的大气污染过程。

WRF-Chem 模式考虑输送（包括平流、扩散和对流过程）、干湿沉降、气相，其中包括 36 个化学物种和 158 类化学反应，气溶胶模块中含有 34 个变量，包括一次粒子和二次粒子（有机碳、无机碳和黑炭等）。在粗粒子设计方案中有 3 类：源粒子、海洋粒子和土壤尘粒子。该模式已被用于研究城市复合污染特征、气溶胶粒子、O_3 及其前体反应物（NO_x、VOC 等）的化学反应机制。

四、典型污染过程分析

（一）高压型天气形势下的污染过程分析

2019 年 9 月 21—30 日，海南省出现一次典型高压系统下的污染过程，污染天数长达 9 天，首要污染物为 O_3。污染过程期间，海南省 18 个市县（不含三沙市）累计超标 63 天，占全年总超标天数的 39.6%，超标污染物均为 O_3。此次污染过程影响范围大，覆盖面积广，持续时间长，污染整体呈现北部区域城市明显高于其余区域城市的态势。

1. 高压型天气形势下的污染物输送模拟

基于空气质量数值模型计算分析发现，2019 年 9 月下旬，海南省污染物浓度快速上升时段的污染气团主要来自珠三角及以北地区（图 6-1-2）。

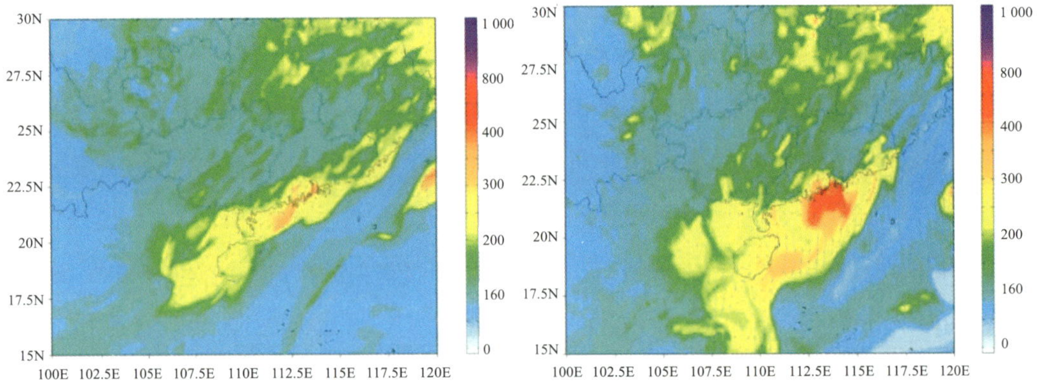

图 6-1-2 高压型天气形势下的环境空气质量数值模型模拟污染输送图

2. 高压型天气形势对环境空气的影响

2019 年 9 月 21—22 日，华南区域受台风外围下沉气流影响，主导风向为东北风，23—30 日华南地区与海南省处于高气压底部的天气形势中，具有明显的下沉气流，扩散条件不利，尤其是珠三角区域的城市污染物浓度快速上升，空气质量明显转差，O_3 容易生成，且主导风向由夏季的偏南风转为东北风（图 6-1-3）。

在此天气形势下，海口市环境空气超标 9 天，文昌、屯昌和澄迈 3 个市县超标 8 天，定安县超标 7 天，三亚、琼海、东方、白沙、乐东、保亭、昌江、陵水 8 个市县超标 1～6 天，五指山、儋州、万宁、临高、琼中 5 个市县未出现超标。受区域污染传输影响，2019 年国庆期间海南省出现持续性 O_3 污染（表 6-1-1）。

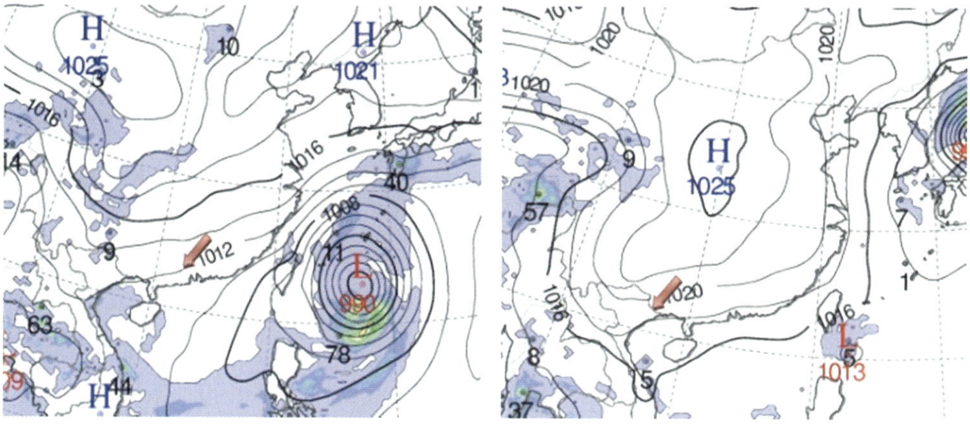

图 6-1-3 高压型天气形势

表 6-1-1 2019 年 9 月 21—30 日海南省各市县城市环境空气质量（AQI）

市县	9 月 21 日	9 月 22 日	9 月 23 日	9 月 24 日	9 月 25 日	9 月 26 日	9 月 27 日	9 月 28 日	9 月 29 日	9 月 30 日
海口市	102	107	90	111	111	118	110	132	114	108
三亚市	85	95	111	74	80	106	86	107	86	95
儋州市	63	60	56	50	79	76	74	78	70	64
琼海市	70	85	76	51	80	100	88	95	129	53
五指山市	48	48	57	45	50	78	50	64	72	45
文昌市	102	101	106	71	102	134	115	116	113	—
万宁市	79	82	78	52	69	90	74	95	—	55
东方市	95	101	95	106	105	94	118	114	120	100
定安县	105	107	96	66	106	130	107	130	130	98
屯昌县	111	119	108	70	115	132	104	120	115	71
澄迈县	115	108	93	78	126	123	110	125	122	103
临高县	85	94	70	71	100	95	93	80	90	79
白沙县	79	74	83	62	92	94	85	102	68	62
昌江县	88	90	80	82	96	86	89	105	101	87
乐东县	75	72	81	69	76	117	80	116	112	75
陵水县	90	113	104	75	97	131	100	142	113	62
琼中县	61	66	73	51	75	91	73	94	95	60
保亭县	69	67	75	64	77	—	83	111	118	59

注：1. 当 AQI 值≤50 时，空气质量为优；当 AQI 值为 51～100 时，空气质量为良；当 AQI 值＞100 时，空气质量超标。
2. 绿色代表空气质量为优，黄色代表空气质量为良，橙色代表空气质量为轻度污染。
3. “—”为仪器故障，无法开展评价。以下同。

3. 国家大气背景监测站、国家区域站环境空气质量同期状况对比

2019 年 9 月下旬，文昌铺前国家区域环境空气质量自动监测站 O_3 浓度值及变化趋势与海口市基本保持一致，而空气质量受人类活动影响较小的五指山国家大气背景监测站所在区域环境空气质量同期也出现下降，其中五指山国家大气背景监测站出现 4 天超标，表明背景监测站地区受人为污染影响明显，污染过程主要受外来传输影响。

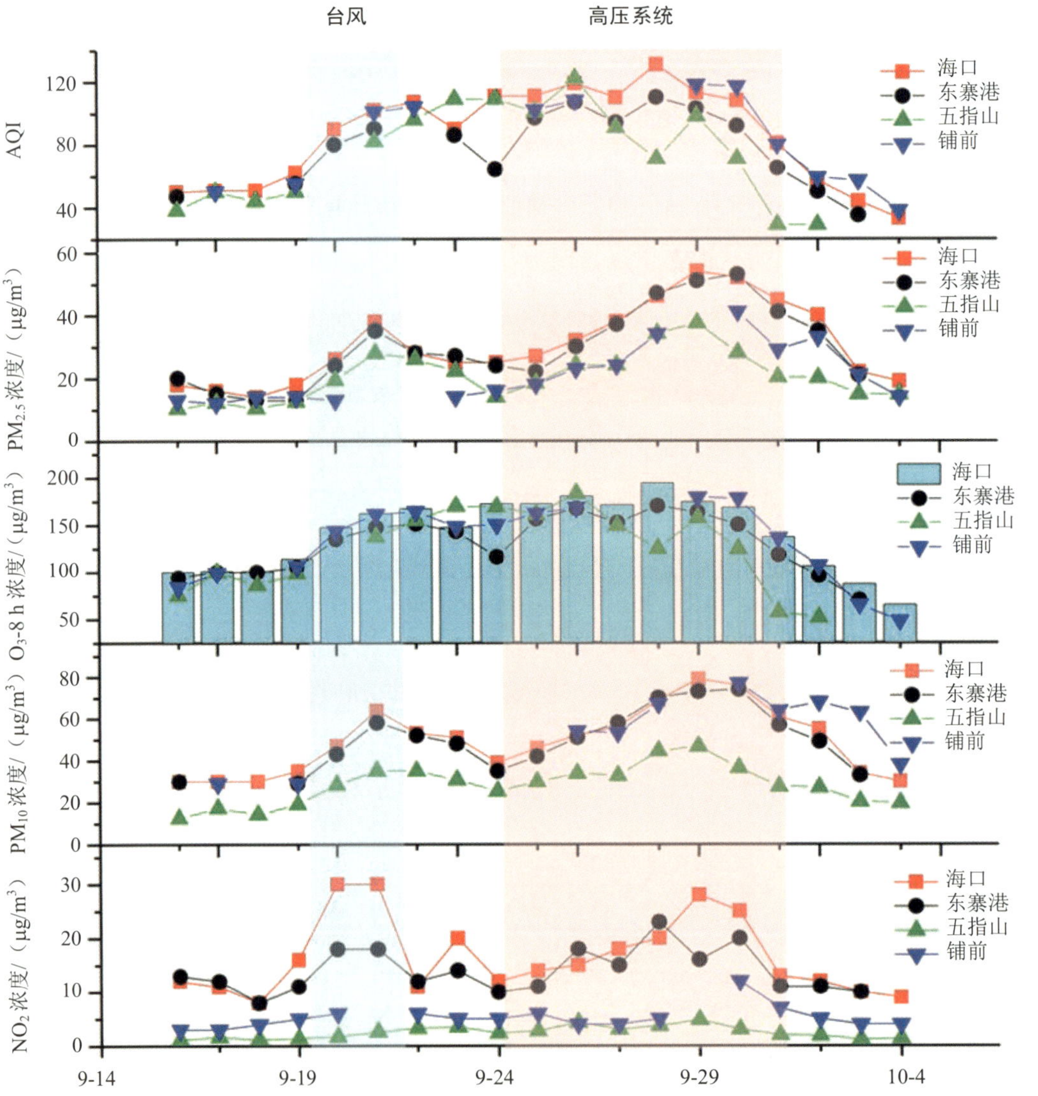

图 6-1-4　2019 年 9—10 月污染过程期间国家大气背景监测站、国家区域站环境空气质量同期状况

（二）台风外围型天气形势下的污染过程分析

2020 年 10 月 11—12 日，海南省出现一次由台风外围系统影响的典型环境空气污染过程，污染天数为 2 天。污染过程期间，海南省 18 个市县（不含三沙市）累计超标 6 天，超标污染物均为 O_3。此次污染过程影响范围呈带状分布，覆盖面积广，但持续时间短，AQI 值整体呈现西北部高于其余区域城市的态势。

1. 台风外围型天气形势下的污染物输送模拟

基于空气质量数值模型计算分析发现，台风期间，在热带气旋的作用下，海南省主要受东北气流影响，来自珠三角地区或更北部地区的污染物也随气流输送，影响海南省空气质量（图 6-1-5）。

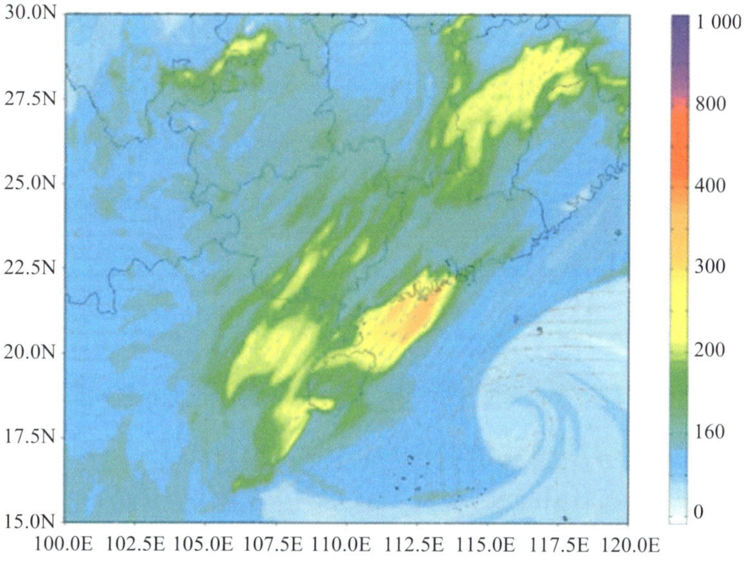

图 6-1-5 台风外围型天气形势下的环境空气质量数值模型模拟污染输送图

2. 台风外围型天气形势对环境空气的影响

2020 年 10 月，台风“浪卡”登陆前，海南省相对湿度较大，近地面风速较大，受台风外围下沉气流控制，高层大气对近地面的 O_3 垂直传输，这是污染过程产生的原因之一。其中，10 月 11 日出现 2 个超标县，分别为临高县和昌江县；12 日出现 4 个超标市县，北部区域的海口市和澄迈县 AQI 值分别为 131 和 117，西部区域的临高县和昌江县 AQI 分值别为 139 和 110，均达到轻度污染级别（表 6-1-2）。

表 6-1-2　2020 年 10 月 8—14 日海南省各市县环境空气质量（AQI）

市县	10 月 8 日	10 月 9 日	10 月 10 日	10 月 11 日	10 月 12 日	10 月 13 日	10 月 14 日
海口市	57	63	82	99	131	49	26
三亚市	43	55	73	56	48	57	39
儋州市	42	42	45	59	79	47	29
琼海市	60	70	69	55	74	65	40
五指山市	46	59	67	60	54	89	40
文昌市	60	81	74	79	94	60	32
万宁市	47	50	60	51	54	—	40
东方市	45	47	62	72	82	77	33
定安县	46	45	55	83	94	56	36
屯昌县	63	64	—	100	95	74	44
澄迈县	54	53	62	89	117	57	37
临高县	60	64	71	101	139	67	37
白沙县	41	38	45	50	46	43	30
昌江县	50	57	55	103	110	98	29
乐东县	50	59	74	76	72	88	35
陵水县	49	72	92	75	69	99	48
琼中县	46	45	53	63	55	66	43
保亭县	50	70	94	85	70	100	42

以海口市为例分析发现，台风“浪卡”登陆前后，近地面O_3浓度变化幅度较大。台风“浪卡”生成期间，沿着菲律宾西岸逐渐向海南省靠近，海口市近地面的每日O_3小时浓度峰值逐渐攀升，12日22时台风“浪卡”在距海南省430 km海域时，海口近地面O_3小时浓度达到最高值（195 μg/m^3）。台风“浪卡”移动期间，西侧强烈的下沉运动使海南省被均压场所控制，地面水平风速较小，在区域内的污染物难以扩散，海口市10日夜间O_3浓度并未下降，受台风影响时期，O_3最低小时浓度与未受台风影响时期O_3最高小时浓度基本持平，污染物浓度逐渐升高并在11日、12日出现O_3超标。台风“浪卡”登陆期间，台风环流上升运动伴随着大风降水，迅速将污染物清除，海南省污染物浓度下降（图6-1-6）。

此外，近地面 O_3 浓度升高可能是本地生成、周边地区的水平传输或高空平流层 O_3 的垂直传输所致。对流层 O_3 通常是由前体物 NO_x 和 VOCs 经过一系列复杂的光化学反应生成，此次污染过程期间海口市近地面 NO_2 与 O_3 的变化并无相似规律，NO_2 小时浓度峰值均出现在 11 时，O_3 峰值出现时间不固定。CO 等一次污染物主要来源于本地污染源排放，可作为大气一次污染物的示踪物，台风“浪卡”登陆前海口市近地面 CO 和 NO_2 浓度变化基本一致且在 12 日达到最高值，10 月 10—12 日海口市 CO 和 O_3 的平均浓度相关性分别为−0.473、−0.031、−0.612，表明此期间 O_3 除本地生成外还有其他来源（图 6-1-7）。

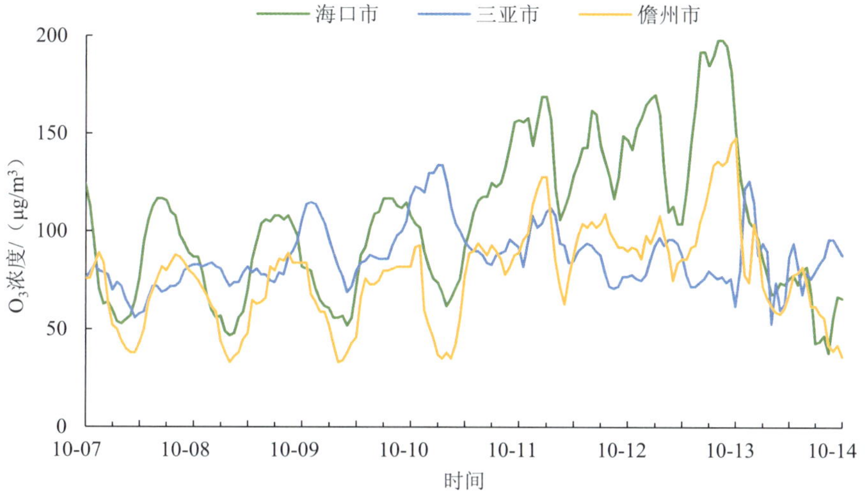

图 6-1-6　台风外围型天气形势下国控点城市环境空气质量变化情况

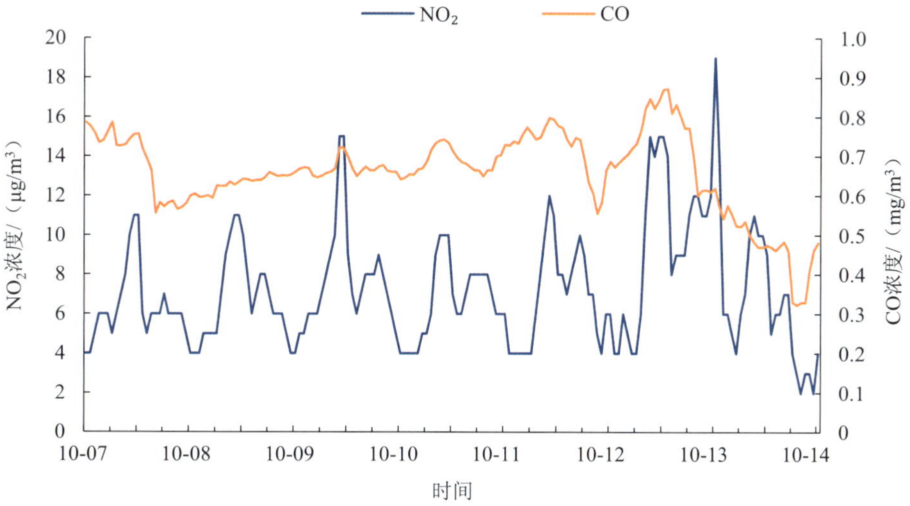

图 6-1-7　海口市 NO_2 和 CO 浓度的时间变化序列

（三）副热带高压和台风系统叠加型天气形势下的污染过程分析

2019 年 11 月 2—12 日，海南省出现一次由两种天气系统前后共同作用下的长时间污染过程，污染天数为 7 天。污染过程期间，海南省 18 个市县（不含三沙市）累计超标 44 天，超标污染物均为 O_3。此次污染过程影响范围呈带状分布，覆盖面积广，但持续时间短，污染主要分布于北部、东部和南部部分市县。

1. 副热带高压和台风系统叠加型天气形势下的污染物输送模拟

基于空气质量数值模型计算分析发现，在副热带高压和热带气旋的作用下，海南省主要受东北气流影响，2019 年 11 月 3 日污染浓度急剧上升，后向轨迹分析表明高浓度污染主要来自东北部海域，11 月 8 日热带低压开始影响气流方向，高浓度污染主要来自湖南、江西等中南地区（图 6-1-8）。

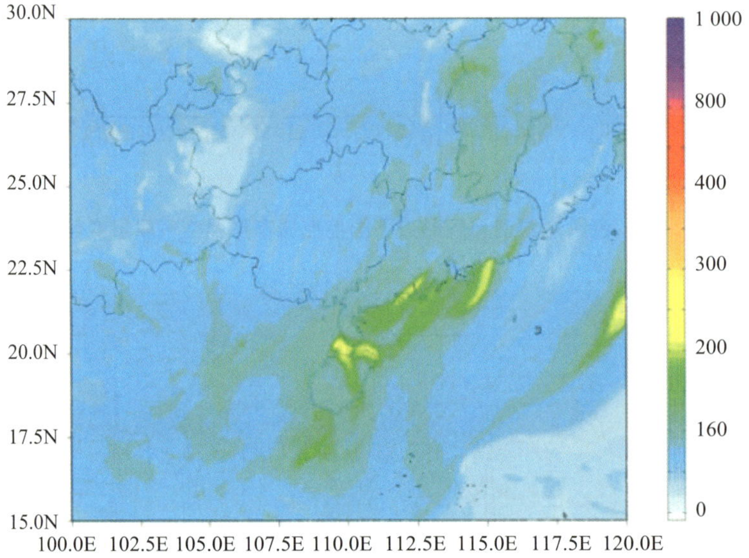

图 6-1-8　副热带高压和台风系统叠加型天气形势下的环境空气质量数值模型模拟污染输送图

2. 副热带高压和台风系统叠加型天气形势对环境空气的影响

2019 年 11 月 2—12 日污染过程期间，海南省所处位置等压线稀疏，风速较小。3 日海南省位于副热带高压东部，处于强烈的下沉运动区，副热带高压影响下的气候一般是高温，层结稳定，扩散条件差。副热带高压在秋季转弱后，其温暖气流令原先被高压区覆盖的水域水温增加，使海面气压下沉而容易产生热带气旋，低压气旋接替控制，气旋外围同样带来下沉气流，当有污染生成或传输至海南省时，污染物扩散条件差，易累积造成持续性长时间的污染。其中，定安县连续 7 日超标，海口市、临高县均出现 7 天超标天，屯昌县、澄迈县、东方市、陵水县、万宁市出现 3～6 天的超标天，三亚市出现 2 天超标天，琼海市和昌江县均出现 1 天超标天（表 6-1-3）。

表 6-1-3 2019 年 11 月 2—12 日海南省各市县城市环境空气质量（AQI）

市县	11 月 2 日	11 月 3 日	11 月 4 日	11 月 5 日	11 月 6 日	11 月 7 日	11 月 8 日	11 月 9 日	11 月 10 日	11 月 11 日	11 月 12 日	11 月 13 日
海口市	47	130	105	116	122	107	98	107	113	99	49	45
三亚市	37	65	102	119	82	85	89	100	80	62	29	38
儋州市	35	63	66	77	72	70	61	71	87	57	37	32
琼海市	45	90	80	107	99	90	84	86	76	68	41	43
五指山市	18	49	55	60	44	60	49	53	57	34	20	25
文昌市	40	85	90	96	78	80	72	66	65	47	31	40
万宁市	39	80	—	121	102	110	102	90	82	65	37	46
东方市	33	95	82	118	124	114	94	109	133	100	42	43
定安县	48	99	105	123	122	129	110	124	119	95	67	47
屯昌县	54	102	100	123	115	123	98	113	115	73	41	45
澄迈县	48	100	95	116	115	113	93	103	114	79	42	40
临高县	58	119	93	115	128	110	94	108	123	115	47	42
白沙县	36	70	74	89	58	78	65	75	93	52	28	32
昌江县	35	77	70	90	—	98	76	86	108	82	34	31
乐东县	35	67	69	84	78	73	64	81	93	80	30	33
陵水县	39	89	101	111	102	90	89	90	85	80	31	39
琼中县	35	63	62	79	65	79	61	77	80	50	26	31
保亭县	36	80	99	97	68	85	72	78	86	72	26	32

五、小结

秋、冬季节，海南省频繁受到冷空气影响，盛行偏北风，大气边界层较低，逆温现象增多，空气污染扩散条件不利，且主导风向由夏季的偏南风转为东北风，受区域污染传输影响明显增大。高压控制型天气易造成持续性大面积污染过程，台风期间易造成短时局地污染过程。

此外，机动车、燃煤电厂和工厂、加油站、石油化工、汽修涂装等本地排放源排放的氮氧化物和挥发性有机物在一定程度上加快了 O_3 的生成，造成 O_3 浓度升高，增加了以 O_3 为首要污染物的污染风险。

专题二 精细化大气污染防治措施成效分析

海南省环境空气质量一直处于全国领先水平，2020 年 $PM_{2.5}$ 浓度首次达到一级标准，精细化大气污染防治措施成效显著。“十四五”期间海南省 $PM_{2.5}$ 浓度要完成降至 11 μg/m^3 的目标，确保海南省生态环境质量只能更好、不能变差，仍离不开精细化大气污染防治措施的有力管控。

一、土法熏烤槟榔治理措施成效

首创编制槟榔行业排放地方强制标准，技术革新与执法联动保障空气质量优良。2017 年 12 月，海南省政府发布《关于加强槟榔加工行业污染防治的意见》，全面禁止槟榔土法熏烤。2018 年以来，海南省集中清理淘汰对大气环境污染较严重的槟榔熏烤土法工艺。琼海、万宁、陵水、屯昌、定安等市县政府通过政策扶持、资金补贴改造等措施，淘汰传统土法烟熏烘烤加工槟榔的家庭式小作坊，引进槟榔绿色烘干蒸汽生产线，以减轻其对大气环境造成的污染。同时针对因烟熏槟榔土灶“死灰复燃”、烟熏槟榔时部分区域“榔烟四起”造成的个别市县出现的污染时段，开展重点区域大气联合交叉执法行动，在监管行动中使用先进监管技术手段进行联合交叉执法，并积极落实“回头看”，通过“暗访+夜巡”的现场检查方式，确保土灶全部依法拆除。例如，2018 年国庆期间，万宁市和琼海市 $PM_{2.5}$ 浓度显著上升且明显高于周边市县，通过各部门联合监管执法的有效机制及时干预，确保环境空气质量优良，其中，万宁市拆除槟榔土法加工厂 22 个，拆除厂房面积 2 972.5 m^2，拆除黑灶 472 个，查扣、处理槟榔干果约 3 537.5 kg；琼海市拆除传统烟熏槟榔灶 84 个，制止“死灰复燃”槟榔灶 80 个。

二、春节期间烟花爆竹管控措施成效

春节期间，海南省颗粒物峰值浓度显著下降，为全年颗粒物浓度进一步下降奠定基础。2018 年以来，海南省各市县通过划定禁燃区域、明确禁燃时间、加大宣传力度、加强巡逻检查、严格监管执法等措施强化管控，2019 年 3 月 1 日起实施的《海南省大气污染防治条例》也对禁燃和处罚作出了明确的规定，得益于对烟花爆竹燃放管控力度的加大，海南省春节期间环境空气质量明显改善。超标市县个数逐年下降，其中 2018 年为 8 个，2019 年为 1 个，2020 年实现清零，春节期间，海南省未出现污染天气；颗粒物浓度逐年下降，2018 年、2019 年、2020 年春节期间，PM_{10}浓度分别为 46 μg/m^3、27 μg/m^3、19 μg/m^3，$PM_{2.5}$浓度分别为 33 μg/m^3、18 μg/m^3、13 μg/m^3，2020 年较 2018 年下降幅度达 60%左右。目前，各市县实施烟花爆竹差异化禁燃禁放政策，即在市县建成区内、各住宅小区内及其周边 50 m 范围内，全年禁止燃放烟花爆竹，并可以根据本地实际情况，在广泛征求社会意见后适当扩大禁燃区范围，农村地区暂不实施烟花爆竹禁燃管控。下一步将从指导科学、合理划定禁燃区域、强化联合执法、倡导绿色文明生活方式、完善烟花爆竹定级分类等方面加强海南省烟花爆竹燃放等面源污染管控工作（图 6-2-1、图 6-2-2）。

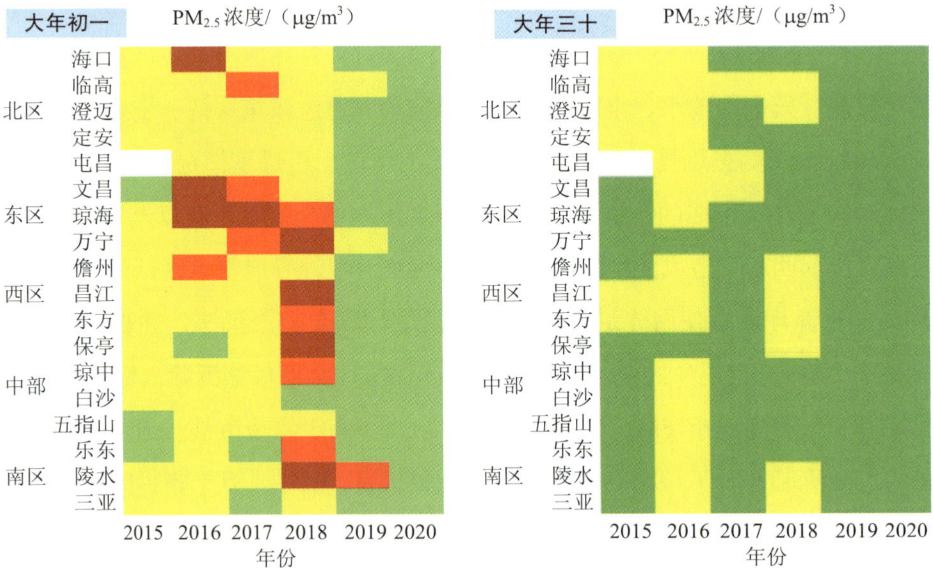

图 6-2-1　2015—2020 年春节期间海南省各市县 $PM_{2.5}$ 浓度变化

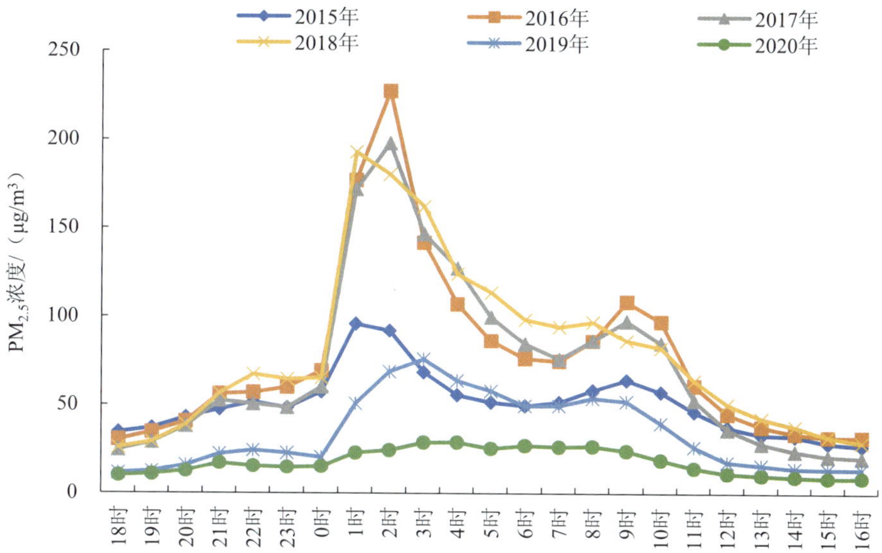

图 6-2-2　2015—2020 年除夕夜海南省 $PM_{2.5}$ 浓度小时变化

专题三 典型河流污染成因分析

珠溪河位于海南省文昌市东北部，发源于文昌市翁田镇，自西南向东北流经翁田、冯坡、锦山、铺前 4 个镇及罗豆农场，由东寨港入海。流域面积为 392 km^2，干流河长为 46.2 km，河道平均坡降为 0.32‰。流域内有爱梅河、白芒溪、排港溪等 45 条大小支流。

文昌市珠溪河是海南省主要河流中唯一一条水质常年为劣Ⅴ类的河流。该河污染时间长，污染程度严重，污染来源复杂，水质受水产畜禽养殖污染、农业种植面源、农村生活污水直排等外源污染及自身多年累积的内源污染共同影响，具有点面源复合、内外源共存的污染特征，在海南省河流中具有典型性、代表性意义。故以其为例分析海南省典型河流污染成因。

一、珠溪河水质状况

“十三五”期间，文昌市珠溪河河口断面连续 5 年水质均为劣Ⅴ类，珠溪河水质以重度污染为主。2016 年 1 月至今，珠溪河河口断面共开展 50 次监测，其中 38 次监测结果水质为劣Ⅴ类，9 次为Ⅴ类，3 次为Ⅳ类（图 6-3-1）。

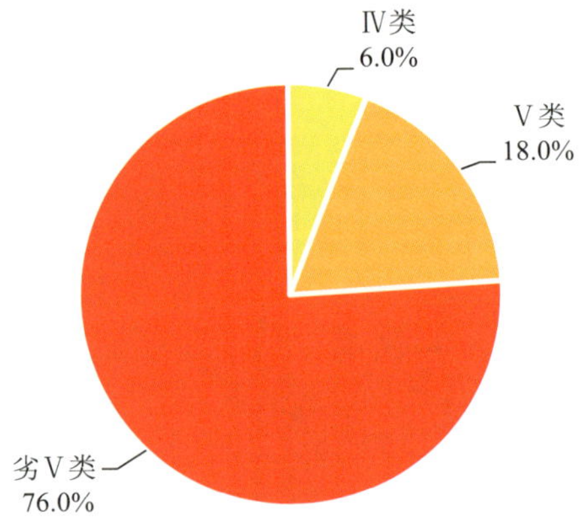

图 6-3-1　“十三五”期间珠溪河监测水质类别占比

从历年数据来看，2016—2018 年珠溪河污染总体呈加重态势，从 2019 年起，化学需氧量、高锰酸盐指数浓度出现回落，但总磷、氨氮浓度仍呈上升趋势；2020 年，珠溪河河口氨氮浓度首次降至Ⅲ类标准限值以下（1.0 mg/L），同比降幅高达 76.5%；总磷、高锰酸盐指数浓度较 2019 年均下降，降幅分别为 11.1%、25.0%；化学需氧量浓度较 2019 年略有升高，但较 2018 年有所下降。可见，珠溪河污染加重态势已初步得到遏制，但由于该河污染积弊甚深，当前污染形势依然十分严峻（图 6-3-2）。

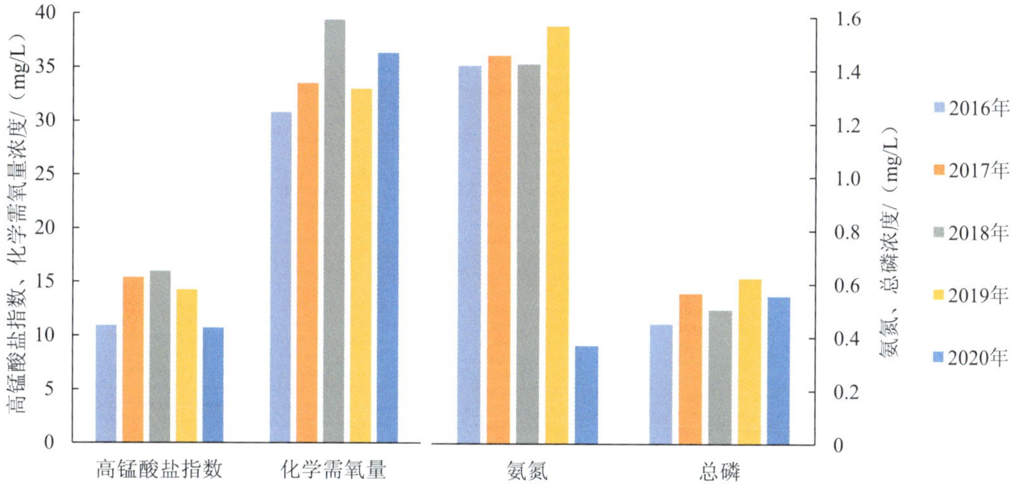

图 6-3-2 珠溪河河口主要污染指标浓度

二、珠溪河水质时空变化规律

（一）主要污染物浓度变化

珠溪河河口断面总磷浓度年均值连续 5 年超出Ⅴ类标准限值（0.4 mg/L），是影响珠溪河水质的首要污染物。从月度监测数据来看，总磷邻近月份间浓度波动较大，无明显季节性变化规律，可见总磷污染来源不稳定，疑有污染源不定期汇入。

化学需氧量单因子评价在Ⅳ～劣Ⅴ类间波动，以Ⅴ类为主；月度变化无明显规律，除个别月份出现极值外，全年波动较为平稳，说明污染来源相对稳定。

高锰酸盐指数浓度于 2016 年下半年起呈明显上升趋势，后长期维持在高位波动，2017—2019 年单因子评价以Ⅴ～劣Ⅴ类为主，至 2020 年出现下降，可能是相关污染源有所削减的缘故。

总体来看，珠溪河河口断面主要污染物浓度波动较大，季节性变化规律不明显，说明珠溪河污染来源不稳定、污染因素较为复杂（图 6-3-3）。

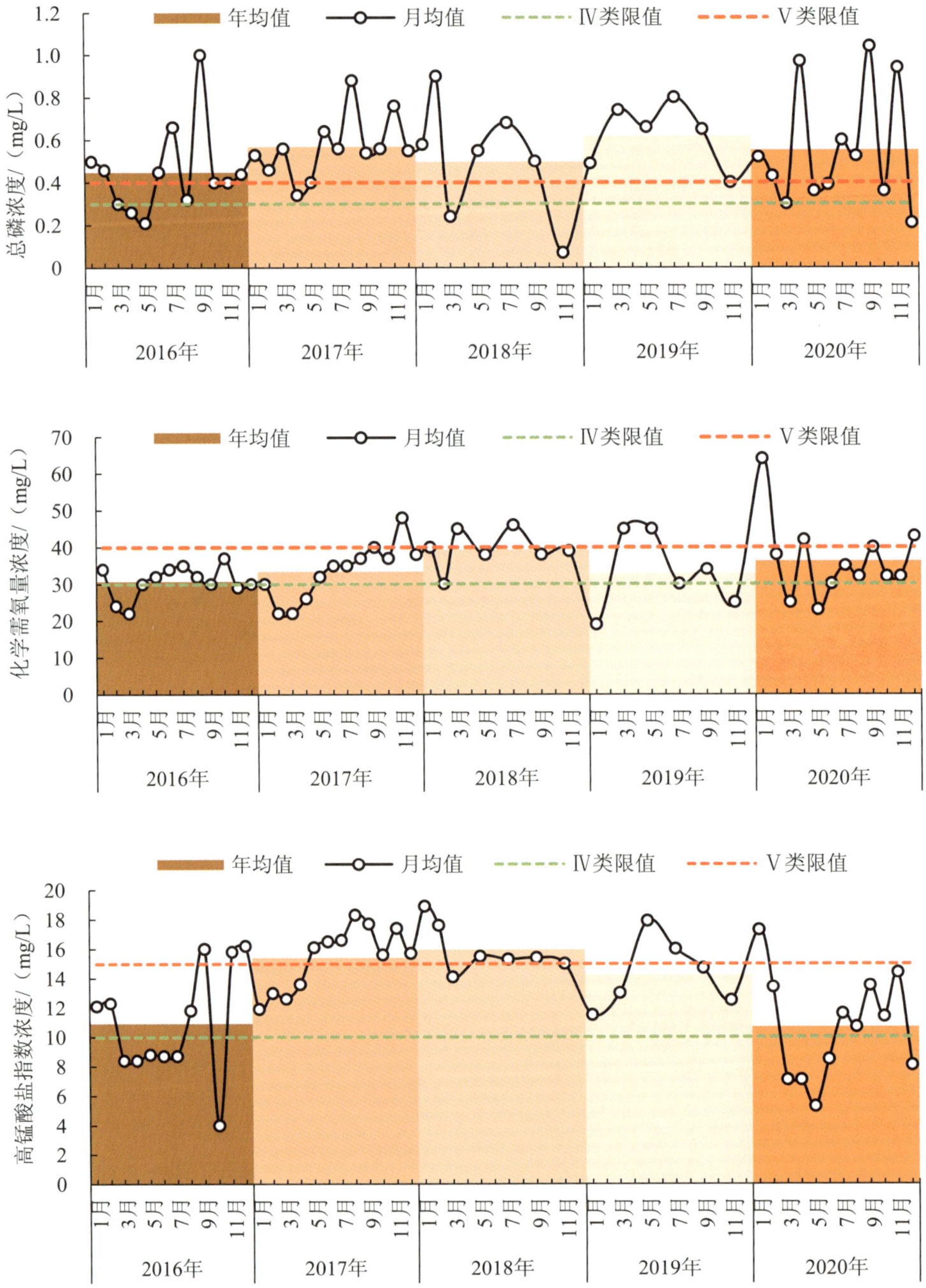

图 6-3-3　“十三五”期间珠溪河河口主要污染指标浓度变化趋势

（二）污染空间分布特征

文昌市生态环境局于 2019—2020 年对珠溪河沿程 7 个断面组织开展了调查监测，监测断面为珠溪河翁田镇上游（源头）、翁田镇与冯坡镇交界处、冯坡镇与锦山镇交界处、珠溪河河口、锦山镇与铺前镇交界处、铺前镇与罗豆农场交界处、罗豆农场下游（入海口），监测频次为每月 2 次。

监测结果显示，珠溪河自发源处水体污染便已形成，全程水质处于中度到重度污染水平。珠溪河源头水质主要受到周边农业面源影响，同时随着沿途养殖、种植、生活污染源的不断汇入，自上游向下游珠溪河污染逐步加重，但抵达入海河口区后污染略有缓解。

从各项污染指标沿程浓度变化图可见，珠溪河污染最严重的区域为冯坡—锦山段，总磷、化学需氧量、高锰酸盐指数在上游河段均呈先降后升趋势，从源头流经翁田镇时各指标浓度略有下降，进入冯坡镇后出现明显上升，可见总磷、化学需氧量、高锰酸盐指数主要污染增量来自冯坡境内。珠溪河冯坡段有爱梅水、白茅水两条主要支流汇入，水质常年为劣Ⅴ类。

氨氮则在翁田段及锦山镇入境至珠溪河河口段出现明显上升。源头污染主要来自农业面源，而锦山镇境内沿河村落密集，未经处理的农村污水应是主要污染来源。

从各支流贡献来看，高锰酸盐指数污染物贡献来源主要是三大支流——爱梅水、白茅支渠、白芒溪；总磷污染物贡献来源主要是爱梅水、白芒溪；氨氮污染物贡献来源主要是白芒溪（图 6-3-4）。

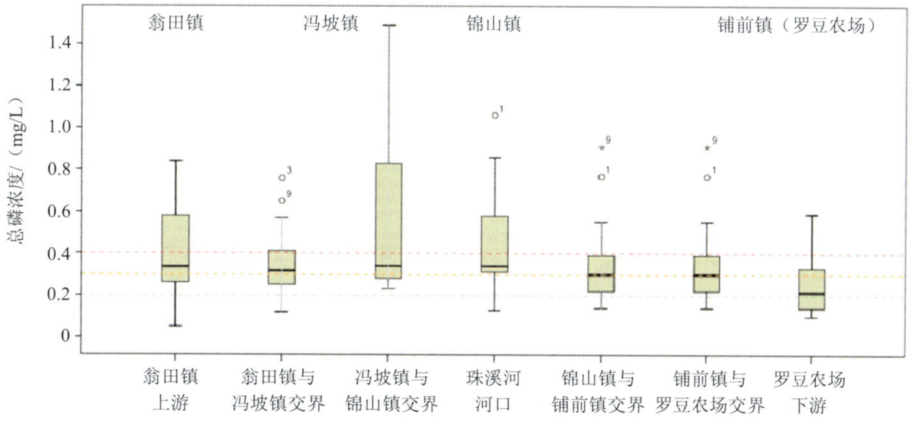

（a）

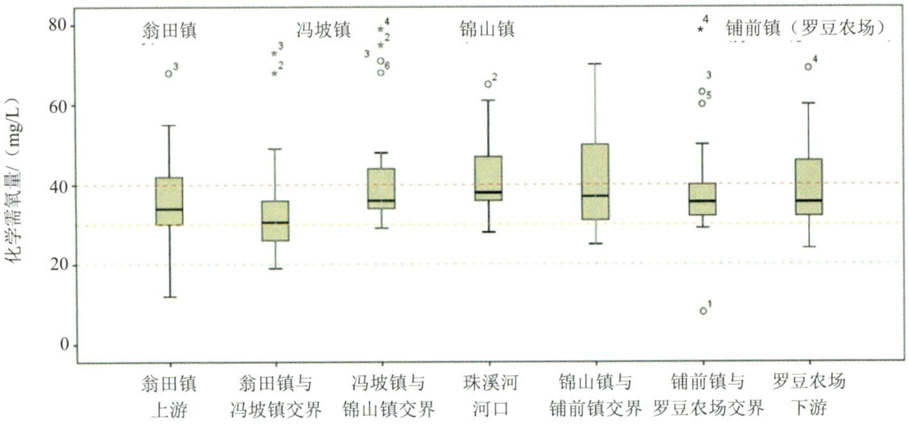

（b）

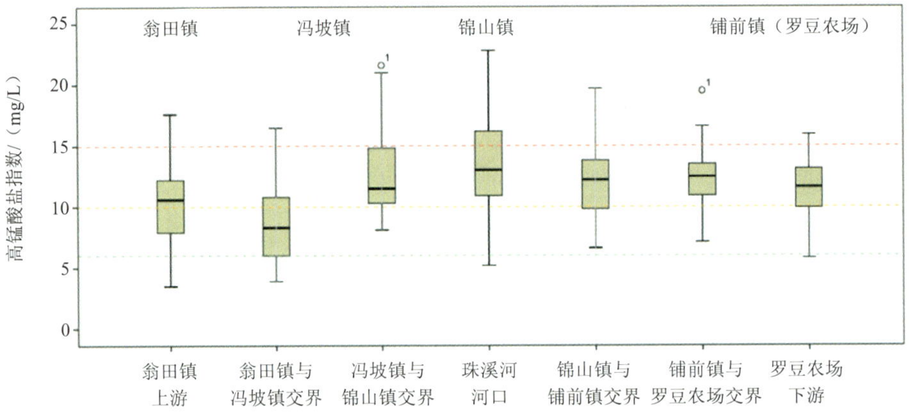

（c）

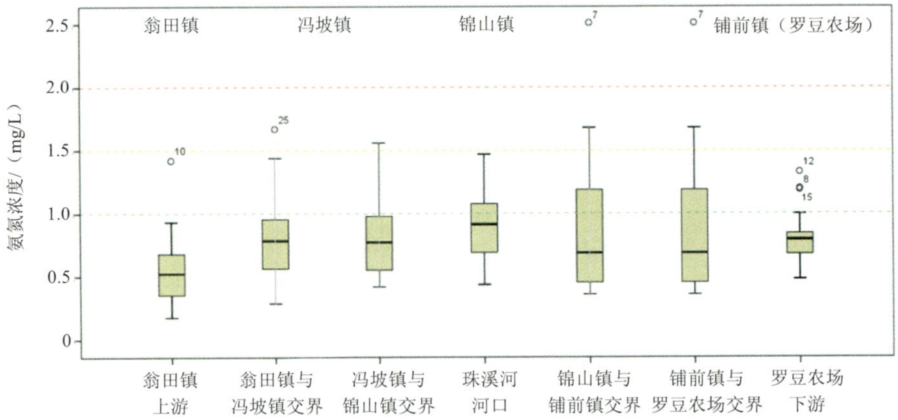

（d）

图 6-3-4　珠溪河主要污染物沿程浓度变化

三、珠溪河主要污染成因

（一）沿途养殖业发展粗放，养殖污染积弊已久

珠溪河沿途区域养殖业自20世纪80年代兴起，目前已发展成为当地乃至海南省东北部地区的主要畜禽养殖区及海淡水养殖区。但由于地方政府早年缺少科学规划，养殖业集约化、规模化程度低，养殖污染未加管控。2018年污染源调查结果显示，珠溪河沿线500 m范围内共有畜禽、水产养殖142处，其中散养占比在90%以上。大多数散户未对养殖废污采取任何处理措施，大量畜禽粪污及水产养殖废水直排入河，远超珠溪河生态承载能力，水体污染物无法及时得到消纳自净，污染日益严重，长此以往，造成珠溪河水生态环境严重恶化。

（二）流域内农业种植面源污染范围广

珠溪河流域基本为农村地区，除坐落于两岸的数个村镇外，沿途遍布农田、林地，种植有大面积的水稻、果树、橡胶、茶叶等经济作物。受经济发展水平限制，珠溪河沿线农业仍以传统耕作模式为主，基础设施不完善、现代化水平偏低。施肥多采用浸漫、抛撒方式，测土配方施肥占比低，农药化肥使用普遍过量，农田灌溉采取漫灌方式，灌溉尾水就近直排入河，将未被吸收的农药、化肥一并带入水体，造成水体氮、磷超标。

（三）城镇、农村生活污水收集范围小、污水处理率低

珠溪河流域城镇污水处理设施建设落后、雨污管网配套不全，农村生活污水治理设施匮乏，生活污水直排河道、水塘等随意排放方式广泛存在。根据2018年的调查结果，冯坡镇、锦山镇、铺前镇3个城镇共有生活污水入河排污口103个，污水均未经处理直接排入珠溪河；而沿途农村排污口则缺乏台账，排放污染物类型、排放规模均无统计，底数难以摸清。2018年以来，文昌市加强了对入河排污口的整治工作，加快推进翁田、冯坡、锦山、铺前建制镇生活污水处理厂及农村生活污水治理工程建设进度，但目前相关设施仍未投入使用。沿河村镇大部分生活污水仍直排入河，对珠溪河水质产生较大影响。

（四）河流水动力条件差，污染物迁移扩散难，内源污染成顽疾

珠溪河地处海南省东北部沿海平原地区，流域内地势平坦、起伏小，河道平均比降仅为0.32‰，流速常年低于0.5 m/s；主要支流爱梅水、白芒溪、排港溪等流域面积均小于100 km^2，集雨面积小、来水较少。受此影响，珠溪河整体水动力条件较差，水体更新周期长，不利于污染物的迁移扩散。入河污染物在缓慢迁移过程中，易沉淀吸附至河床底泥中，并不断淤积富集，形成内源污染。2020年6月现场调查发现，珠溪河干流自翁田镇与冯坡镇交界起，河床可见明显黑色淤泥，爱梅水、白芒溪等支流同样存在底泥淤积，且水体散发臭味，白茅支渠则有水浮莲大量滋生。尽管文昌市已开展大量河道清淤、水浮莲打捞工作，但内源污染问题仍未得到有效解决（图6-3-5）。

翁田镇与冯坡镇交界处

干流与爱梅水交汇处

冯坡镇与锦山镇交界处

爱梅水支流

白芒溪支流

白茅支渠

图 6-3-5　珠溪河沿程及支流现场照片

专题四
城镇内河（湖）治理成效分析

为切实加大水污染防治力度，改善生态环境质量，依据“水十条”和海南省人民代表大会常务委员会水污染防治执法检查的要求，海南省人民政府于 2015 年、2018 年先后出台《海南省城镇内河（湖）水污染治理三年行动方案》（琼府〔2015〕74 号，以下简称第一个三年治理行动）、《海南省污染水体治理三年行动方案》（琼府办〔2018〕27 号，以下简称第二个三年治理行动），对海南省城镇内河（湖）实施专项治理。两个三年治理行动开展以来，海南省城镇内河（湖）水质达标率呈逐步上升趋势，2020 年达标率较第一个三年治理行动实施前上升 87.7 个百分点，较第二个三年治理行动实施前上升 68.7 个百分点，治理成效显著。

一、监测概况

（一）监测情况

2016 年 1 月至 2018 年 3 月，第一个三年治理行动实施期间，海南省各市县政府对辖区内 60 条城镇内河（湖）污染水体的 64 个断面（点位）实施集中专项整治；2018 年 4 月至 2020 年 12 月，第二个三年治理行动期间，治理范围扩大到 91 个城镇内河（湖）污染水体的 97 个断面（点位）。在此期间，城镇内河（湖）断面每月监测 1 次。

（二）评价方法和依据标准

城镇内河（湖）水质评价执行《地表水环境质量标准》（GB 3838—2002）和《地表水环境质量评价办法（试行）》（环办〔2011〕22 号）的规定。感潮断面盐度大于 2‰ 时，水质评价执行《海水水质标准》（GB 3097—1997）。采用当年最后一个月有效水质监测数据开展年度治理成效考核。

二、监测结果

2020 年 12 月，海南省纳入第二个三年治理行动的 91 个城镇内河（湖）治理水体的 97 个断面（点位）中，除因水体填平不复存在、断面无水等 5 个断面未开展监测评价外，实际监测的 86 个城镇内河（湖）治理水体的 92 个断面（点位）中，85 个断面（点位）达到相应治理目标，水质总体达标率为 92.4%，较第一个三年治理行动实施前上升 87.7 个百分点，较第二个三年治理行动实施前上升 68.7 个百分点；劣Ⅴ类（海水劣四类）比例为 13.0%，较第一个三年治理行动实施前下降 65.1 个百分点，较第二个三年治理行动实施前下降 51.9 个百分点（图 6-4-1）。

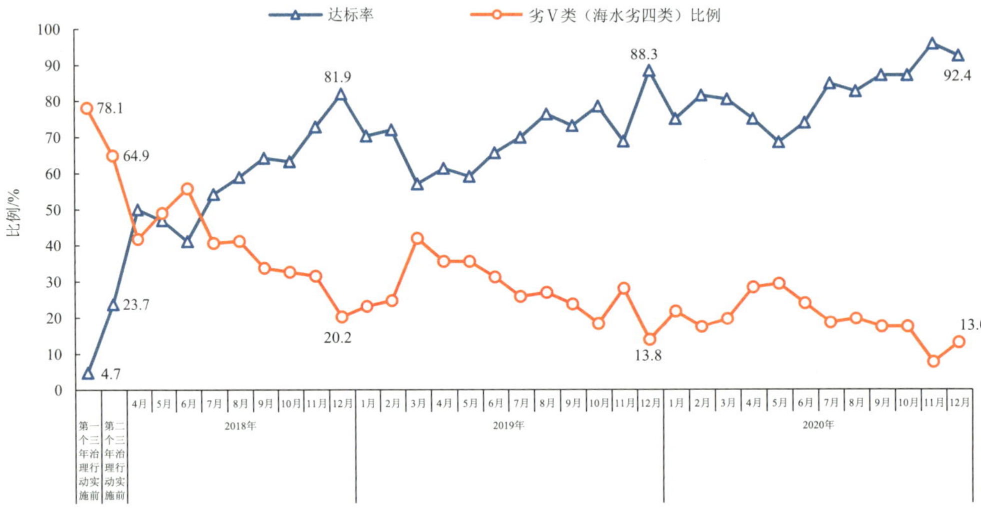

图 6-4-1　海南省城镇内河（湖）治理断面（点位）水质情况变化

经过 6 年的城镇内河（湖）污染水体治理，海南省城镇内河（湖）水体水环境质量总体改善，人民群众获得感持续增强，治水公众满意度有所提高，但仍未达到第二个三年治理行动水质目标和 2020 年度水污染防治工作目标。截至 2020 年 12 月，仍有 7 个治理水体断面（点位）水质不达标，12 个水体断面未消“劣”。

“十四五”期间，海南省各级政府将继续因河施策、持续发力，针对不达标水体及重度污染水体加强监测分析和污染源排查，强化控源截污，推动城镇内河（湖）的综合治理，确保消“劣”攻坚战打好打赢。

三、典型治理案例成效分析

（一）美舍河

美舍河是海口绿色生态系统的一个关键性、基础性廊道，全长约 31 km，流域面积约 74.1 km^2，上游为沙坡水库，发源于海口市南部羊山地区，呈圆弧状流经龙华、琼山、美兰 3 个区，以及永兴、城西、府城、白龙等 4 个乡镇及街道，在和平北路桥东侧流入海甸溪，最终从新港码头归入琼州海峡。海口在城市化进程加快的同时，也患上了水污染等城市病，美舍河美丽不再。2015 年，海南省政府将美舍河纳入第一个三年治理行动，经过 6 年的治理，美舍河主要污染指标氨氮、总磷大幅下降，又恢复了最初的山清水秀的模样；“绿水青山就是金山银山”“山水林田湖草是一个生命共同体”“望得见山，看得见水，记得住乡愁”，浓缩了生态文明理念的精髓。美舍河水体治理就是生态文明建设在海南的具体实践（图 6-4-2～图 6-4-4）。

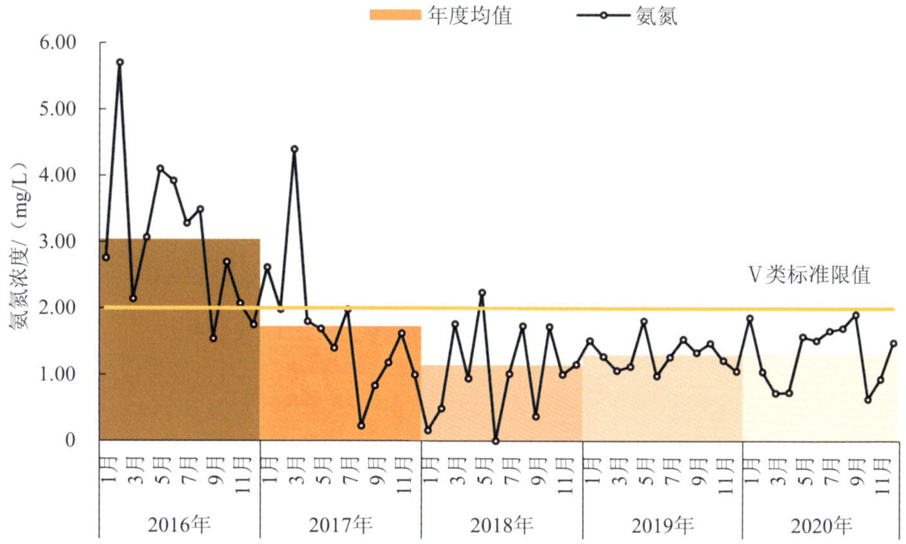

图 6-4-2　美舍河 3 号桥氨氮浓度变化趋势

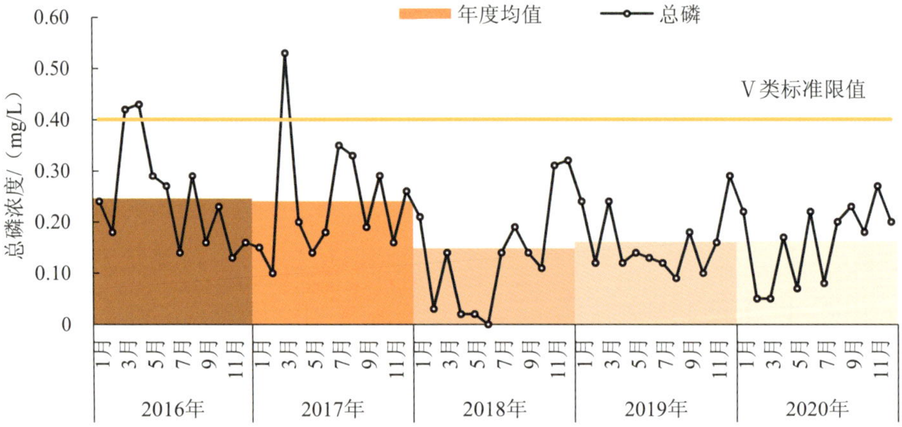

图 6-4-3　美舍河 3 号桥总磷浓度变化趋势

（a）治理前　（b）治理后

图 6-4-4　美舍河治理前后对比

（二）东西湖

东西湖水体位于海口市人民公园，总面积约为74 667 m^2，是海口市人民公园重要的景观水体。东西湖20世纪50年代与美舍河相连，60年代因居民盖房和道路建设被逐渐阻断，成为死水湖，没有活水源，造成水体水质恶化。当前，通过水体循环、自然降解、设备兜底环环相扣，结合人文绿植景观提升，东西湖治理后整体水环境焕然一新，主要污染指标氨氮、总磷浓度呈现波动下降的趋势，成为海口市中心城区一处旅游及“网红”“打卡”景点（图6-4-5～图6-4-7）。

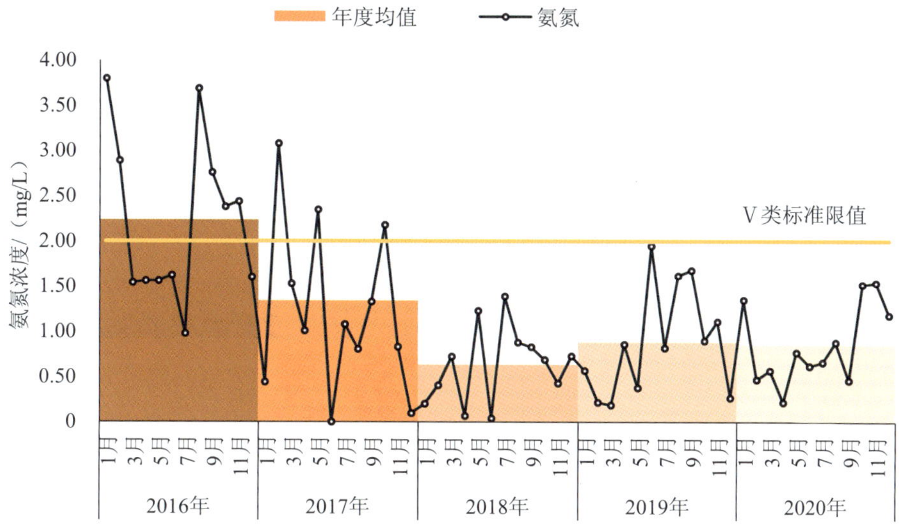

图 6-4-5 东西湖氨氮浓度变化趋势

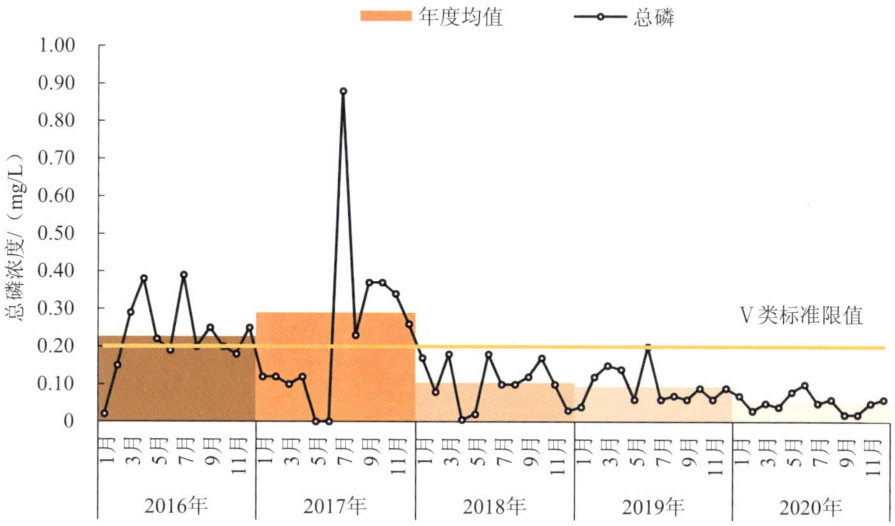

图 6-4-6 东西湖总磷浓度变化趋势

（a）治理前

（b）治理后

图 6-4-7 东西湖治理前后对比图

（三）鸭尾溪

鸭尾溪是美兰区海甸岛中部横沟河左岸的一个分支，呈东西向横贯海甸岛，鸭尾溪向东和南渡江相连，西接五西路排洪沟，长 2.3 km，集水面积为 3.05 km^2。2016 年 2 月被央视作为黑臭水体典型曝光。通过控源截污、内源治理、补水活水、生态修复 4 项措施，海南省对鸭尾溪进行了整治，主要污染指标氨氮、总磷呈现大幅下降的趋势，治理之后的鸭尾溪水质得到明显改善（图 6-4-8～图 6-4-10）。

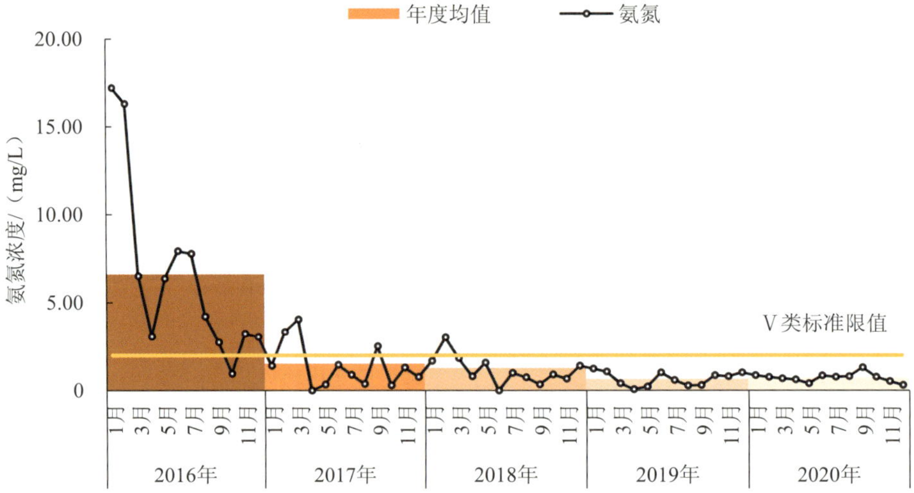

图 6-4-8 鸭尾溪海达路氨氮浓度变化趋势

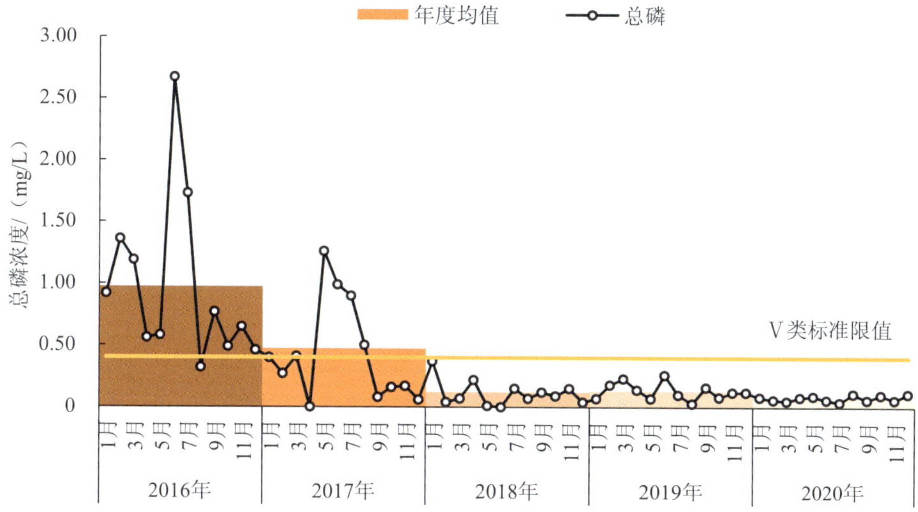

图 6-4-9　鸭尾溪海达路总磷浓度变化趋势

（a）治理前

（b）治理后

图 6-4-10　鸭尾溪治理前后对比